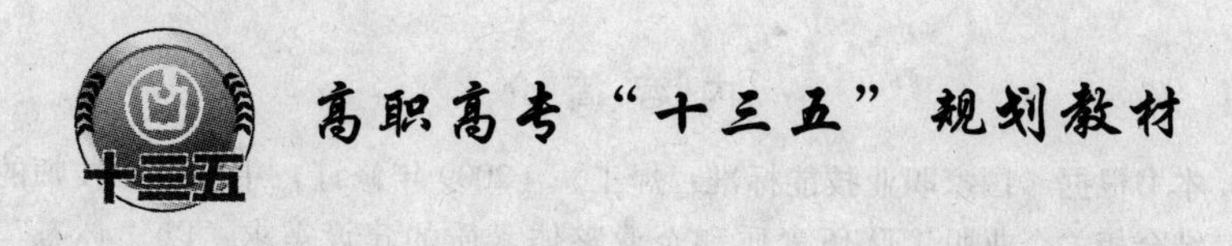

焊工技师

主　编　闫锡忠　任晓光　安　才
副主编　肖增启　车建春　王晓飞　崔国建

北京
冶金工业出版社
2016

内容简介

本书根据《国家职业技能标准：焊工》（2009年修订）中对焊工技师的要求，结合相关企业职工队伍素质和企业整体素质的建设需求，以“必需”和“够用”为度，以实用为原则而编写。本书主要内容包括焊接安全生产与焊前准备、特种焊接方法、难焊材料及新材料焊接、焊接接头的强度计算、焊接结构生产、焊接管理、焊工培训和考核7个章节，每一部分都有详细的考核标准和细则。内容由浅入深、循序渐进，实用性很强。

本书可以作为技师学院、高等专科院校、成人高校、民办高校及本科院校举办的二级职业技术学院等焊接及相关专业教材，也可用作焊工技师技能鉴定培训教材，还可作为从事焊接工作的科研、工程技术人员的参考书。

图书在版编目(CIP)数据

焊工技师/闫锡忠，任晓光，安才主编. —北京：冶金工业出版社，2016.1

高职高专“十三五”规划教材

ISBN 978-7-5024-7100-2

Ⅰ.①焊…　Ⅱ.①闫…　②任…　③安…　Ⅲ.①焊接—高等职业教育—教材　Ⅳ.①TG4

中国版本图书馆CIP数据核字（2015）第303754号

出 版 人　谭学余

地　　址　北京市东城区嵩祝院北巷39号　邮编　100009　电话　(010)64027926

网　　址　www.cnmip.com.cn　电子信箱　yjcbs@cnmip.com.cn

责任编辑　贾怡雯　美术编辑　杨　帆　版式设计　葛新霞

责任校对　卿文春　责任印制　李玉山

ISBN 978-7-5024-7100-2

冶金工业出版社出版发行；各地新华书店经销；固安华明印业有限公司印刷

2016年1月第1版，2016年1月第1次印刷

787mm×1092mm　1/16；16.25印张；391千字；250页

40.00元

冶金工业出版社　投稿电话　(010)64027932　投稿信箱　tougao@cnmip.com.cn

冶金工业出版社营销中心　电话　(010)64044283　传真　(010)64027893

冶金书店　地址　北京市东四西大街46号(100010)　电话　(010)65289081(兼传真)

冶金工业出版社天猫旗舰店　yjgycbs.tmall.com

（本书如有印装质量问题，本社营销中心负责退换）

前　言

焊接这一古老而先进的制造工艺，以其快速的发展和应用而被各国所重视，也吸引着中国从事先进制造业的工程技术人员。随着国民经济的发展和科学技术的进步，焊接技术越来越广泛地应用于制造业的各个领域，如能源、交通、石油化工、冶金、建筑和城市建设等。目前我国装备制造业正快速发展，焊接用钢占我国用钢总量的比例不断提高，焊接技术已成为我国机械工业设备升级和提高性价比的首选技术。因此焊接行业的发展需要大量的高素质、高技能的焊接从业人员。为此我们编写此书，以期读者在使用本教材后能快速掌握焊工技师的相关知识，掌握焊工技师考核鉴定的要求，顺利通过考核，取证上岗。

本书根据《国家职业技能标准：焊工》（2009 年修订）中对焊工技师的要求，结合相关企业职工队伍素质和企业整体素质的建设需求，以“必需”和“够用”为度，以实用为原则而编写。内容由浅入深、循序渐进，实用性很强。

本书由辽宁机电职业技术学院任晓光负责编写第 2 章，安才负责编写第 5 章和第 7 章，肖增启负责编写第 3 章，闫锡忠、车建春、王晓飞、崔国建共同负责编写第 1、4、6 章。

本书在编写过程中参阅了部分高校同类教材内容及相关专业资料，在此向有关作者一并表示衷心感谢！

由于编者经验及知识水平有限，不足之处，敬请读者批评指正！

编者

2015 年 8 月

目 录

1 焊接安全生产与焊前准备

1.1 安全检查

1.1.1 焊接安全管理的基本原则和安全技术措施

安全管理是企业生产管理的重要组成部分。安全管理就是对生产中的一切人、物、环境的状态进行管理和控制，消除人的不安全状态，确保生产过程安全。焊接生产安全管理的内容包括安全组织管理、场地与设施管理、行为控制和安全技术管理4个方面。分别对生产中的人的行为和物的状态、环境进行具体的管理与控制。为了有效地实施安全管理，必须牢记国家的安全生产方针，坚持安全管理的基本管理原则，采取正确的安全技术措施。

1.1.1.1 安全生产方针

《中华人民共和国安全生产法》规定：安全生产管理、坚持“安全第一、预防为主”的方针，生产经营单位必须遵守安全生产的法律、法规，加强安全生产管理，建立、健全安全生产责任制，完善安全生产条件，确保安全生产。

根据国家安全生产法的规定，许多行业、企业制定了本单位的安全生产方针和安全生产目标。比如，我国的石油石化行业采用了国际上通用的一种安全生产管理模式——安全、环境与健康（HSE）管理体系。中国石化集团公司的HSE管理方针是：安全第一、预防为主，全员动手、综合治理，改善环境、保护健康，科学管理、持续发展。其HSE管理目标是：追求最大限度地不发生事故、不损害人身健康、不破坏环境，创国际一流的HSE业绩。

1.1.1.2 安全管理六项基本原则

（1）管生产同时管安全。安全为了生产，生产必须安全。安全与生产虽然从表面上看有时是矛盾的，但从安全和生产的目标来看，却表现出高度的一致和完全的统一，存在着共同管理的基础。管生产同时管安全，是指向一切与生产有关的机构、人员明确业务范围内的安全管理责任。安全管理责任的建立与落实，是管生产同时管安全的具体表现。一切与生产有关的机构、人员，都必须参与安全管理并在安全管理中承担责任。认为安全管理只是安全部门或安全员的事，是一种片面的、错误的观点。

（2）坚持安全管理的目的性。安全管理的目的是保护劳动者的安全与健康，实现经济效益、社会效益和环境效益。因此，必须真正做到对人的不安全行为和物的不安全状态进行有效的控制，从而消除和避免事故，没有明确的安全管理只能是花架子，不能起到预防事故、保证安全的作用。

(3) 贯彻预防为主的方针。进行安全管理不是处理事故，而是在生产活动中，针对生产的特点，对生产因素采取管理措施，控制不安全因素的发展与扩大，把可能发生的事故消灭在萌芽状态。在生产过程中要经常检查，及时发现不安全因素，积极采取有效措施，尽早予以消除，才是安全管理应有的鲜明态度。

(4) 坚持“四全”的动态管理。安全管理是一切与生产有关的人共同的事，同时，安全管理涉及生产活动的方方面面，涉及生产的全过程，涉及一切变化着的生产要素。因此，必须坚持全员、全过程、全方位、全天候的动态管理。只抓一时一事，简单草率，一阵风式安全管理，达不到安全管理的目标。

(5) 安全管理重在控制。对生产因素状态的控制与安全管理目的的关系最为直接。一切事故的发生都是由于人的不安全行为和物的不安全状态交叉的结果。因此，对生产中人的不安全行为和物的不安全状态的控制是动态管理的重点。

(6) 在管理中发展、提高。既然安全管理是在变化着的生产活动中的管理，是一种动态的管理，这种动态性就意味着它是不断发展、不断变化的。适应不断变化的生产活动，消除新的危险因素，是安全管理的一个重要特征。因此，安全管理是一个持续改进的螺旋式上升过程。

1.1.1.3 安全技术措施

安全技术措施是指企业为了防止工伤事故和职业病的危害，保护职工生命安全和身体健康，促进生产任务的顺利完成，从技术上采取的措施。通常，在编制施工组织设计或施工方案中，应针对工程特点、施工方法，使用机械、动力设备及现场环境等具体条件，制定相应的安全技术措施，以及确定各种设备、设施所采取的安全技术装置。

(1) 气焊与气割安全防护的一般技术措施。一般要求乙炔发生器、回火防止器、氧气瓶、减压器均应处于良好状态。整个供气系统密封良好，若发生着火，应采用干砂、二氧化碳或干粉灭火器灭火。各类气瓶应定期检验，保证承压时合乎技术要求并远离火源。

胶管长度以10~15m为宜，使用时，胶管内不得有残气，胶管上不得有气孔焊炬、割炬应保证气路畅通，射吸能力良好，气密性合格，禁止用火柴点火。严格执行操作规程，防止火灾和爆炸的发生。

(2) 电焊安全防护的一般技术措施。焊接电源必须独立使用，而且要有足够的容量，能保证与焊接操作匹配。

焊机外壳与带电体必须有完好的绝缘保护，接线头不裸露，焊接各部分连接牢靠。

焊机必须保护性接地，必要时设置接零装置。

焊机空载一定时间后应能自动断电。焊机周围应通风，散热良好。

应经常检查焊钳，检查焊条能否在规定的角度内夹紧。

焊接电缆必须柔软、耐油、耐热、耐腐蚀。

焊工要加强个人防护，工作服、绝缘手套、绝缘鞋、垫板等必须使用并保持完好。

焊接时，焊接点周围应与易燃、易爆危险品隔离，若无隔离，则空间应达到25m。

焊接工作前应制定工作预案，焊接场地应照明良好，空气流通。

若发生触电事故，首先要切断电源，然后对触电者进行救助。

(3) 焊接电弧辐射的防护技术措施。在焊接作业区严禁直视电弧，施焊时焊工应穿着标准的防护服，施焊场地应用围屏或挡板与周围隔离，施焊场地要有较强的照明。

（4）焊接粉尘与有害气体的防护技术措施。焊接场地要尽量全面通风，在不能完全通风的密闭容器或船舱里施焊，最好上下都设通风口，使空气对流良好。烟尘较大的情况下，可以使用排气机或使用通风管把新鲜空气送到焊工身边，但严禁把氧气送入。特殊情况下，焊工可使用可换气头盔。

合理组织调度焊接作业，避免焊接作业区过于拥挤，造成粉尘和有毒气体的聚集，形成更大的危害。

积极采用焊接新工艺、新技术；积极推广机械化焊接和半机械化焊接，改善焊工的劳动条件，降低焊工劳动强度；积极采用低尘、低毒焊接材料。

1.1.2 电焊安全检查

从事电焊作业的人员必须经过培训，考试合格后持证上岗。

1.1.2.1 焊前检查

（1）认真检查所用焊接设备及工具的绝缘是否良好。

（2）认真检查焊接设备的输入、输出端的接线柱是否完好，接线柱是否与外界有良好的隔离防护，接线是否牢固，并能承受一定的外力不动。

（3）认真检查所用焊接设备是不是单独使用容量和该设备容量相匹配的电源开关。

（4）认真检查所用焊接设备是否有良好的保护接地（保护接零）装置，其所用连接螺栓不得小于8mm，并有明显标志。接入电网时特别要注意两者电压必须相同。

（5）认真检查施焊现场是否存在易燃易爆、有害有毒物品。

（6）认真检查施焊现场是否有良好的自然通风或良好的通风设备。

（7）认真检查施焊施工现场是否有良好的照明和符合国家标准的工作通道和消防通道。

1.1.2.2 劳动保护用品及其使用

（1）施焊前，从事焊接作业的操作人员必须要穿好全棉制品的工作服、工作帽、绝缘鞋，禁止穿化纤类服装。

（2）工作服穿用方法必须符合规定要求，禁止将工作服上衣及内衣系在腰内，禁止将工作服口袋盖叠在口袋内，禁止将工作裤的下角卷起，禁止工作绝缘鞋不系带子。

（3）焊接有毒金属及化学容器时应戴好防毒面具。

（4）在离地面2m以上的高空进行操作应系好符合国家有关标准的安全带，并把安全带扎在牢固可靠的地方。

（5）焊接时，应选择适合自己视力的电弧焊专用面具，清渣时要带好防护镜。

1.1.2.3 实际操作的安全要求

（1）操作现场如有多人同时进行施焊，应设挡光板，若为单人进行施焊，在引燃电弧时应提示协助人员注意，避免弧光伤害协助人员。

（2）如果在露天进行焊接操作，焊接设备应安装在挡雨雪设施的地方，并安放平稳。

使用硅整流焊机时要有保护冷却设施。严禁在不透风的情况下使用。

（3）在离地面2m以上的地方焊接时应注意火花落地的方向。施焊点下面10m内不应有易燃易爆物品，并应设立防护栏。

（4）在工作潮湿的环境下焊接，脚下应垫绝缘板，更换焊条时应戴好防护手套，用于照明的安全灯电压不得超过12V。

（5）严禁把自来水管、暖气管、脚手架管、钢丝当作焊接地线使用，焊接电缆线不应超过30m。

（6）如果施工现场是电、气焊同时操作，严禁将焊接电缆线搭在气瓶上。

（7）施焊过程中所用的焊条应放在专用焊条筒内，禁止随地乱扔焊条头。

（8）操作现场物料、工具、零件应摆放整齐，焊接场地应足够大。

（9）如需在管道内、容器内进行焊接，要保持内部空气流通良好，使用的通风设备应符合国家有关标准，外面应设专职人员进行监护。在容器内施焊的操作人员禁止依靠金属，如需使用气焊、气割炬时，应在容器外面点燃，使用完毕应立即撤出气焊设备。

（10）焊接容器时应把所有阀门、入孔打开，严禁在有压力的容器上进行焊接。

（11）焊接过程中，如需调整焊接电流，则应在空载的情况下进行，如需改变焊接设备的输出电流方式，则应在断电的情况下进行。

（12）焊接过程中，应按焊接电源的额定暂载率使用，禁止超载使用。

（13）焊接过程中，如需移动焊接设备，拆线时应先拆火线端，最后拆保护接地端，在安装焊接设备时，应先接保护接地，后接火线端。当焊接电源出现故障时，应设专职电工进行检修，禁止焊接人员进行拆动和检修。

（14）进行实际操作的焊工，必须持上级部门培训合格后发放的特殊作业操作证，禁止无证操作，合格证的副本应戴在胸前醒目的地方。

（15）如需在禁火区进行操作，必须要进行三级动火审批，并在有专职消防员在场的情况下进行焊接，禁止焊接人员未经审批私自进行焊接。

（16）在进行焊接的过程中，当发现有不安全因素时，应立即停止焊接工作，找有关领导协商解决。当安全与生产在实际工作中发生矛盾时，应首先以安全为主，任何人不能在不安全因素存在的情况下指挥焊接人员进行焊接。

（17）采用大电流进行施焊时会出现焊钳过热的现象，禁止将焊钳浸水冷却，应采取两把焊钳交替使用的方法进行。

（18）登高焊接作业时，应使用符合安全要求的梯子，梯脚需包防滑橡胶，与地面夹角应大于60°，上下端均应放置牢固。使用人字梯时应将单梯用限跨铁钩挂住，使用夹角为40°±5°。不准两人同时在梯子上作业，不准站在梯子上顶挡工作。

（19）禁止在6级以上的大风、雨天、大雪和有浓雾的天气条件下登高焊接。

（20）焊接电缆需横过马路或通道时，必须采取护套保护等措施。

1.1.2.4 结束后的安全要求

（1）工作结束后，应立即切断电源。盘好电缆线，清理工具，物料摆放整齐，清扫工作现场。

（2）认真仔细检查工作现场，查看是否有余火存在，确认无安全隐患后方准撤离。

（3）如果工作中使用的是气电焊，在撤离前还要仔细检查水源是否关闭。

1.2　焊件的展开与放样

1.2.1　焊件的可展表面和不可展表面

1.2.1.1　焊件的可展表面

把制成焊件的全部表面或一部分表面形状，在纸上或地板上画成平面图形，并且不发生撕裂或皱折，这种表面称为可展表面。

可展表面的展开，主要有圆柱体（如圆管弯头、圆管三通等的展开）、锥体（如圆锥和方锥等的展开）、多面体（如工程上的各种多面体漏斗等），异形体（如各种异径管件等）。圆柱体的展开如图 1-1 所示，正圆锥体的展开如图 1-2 所示，多面体的展开如图 1-3 所示，异径直交三通管的展开如图 1-4 所示。

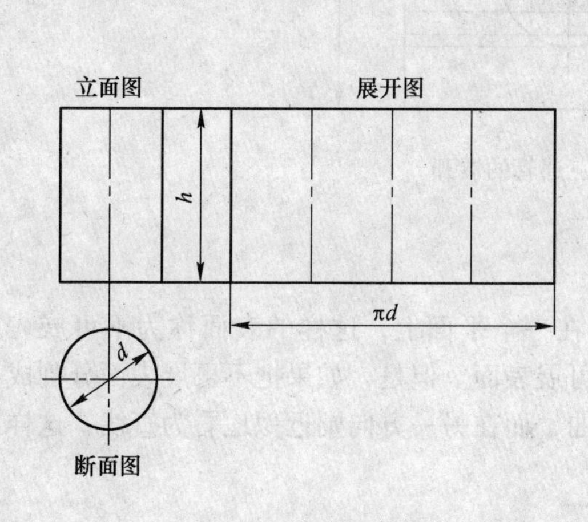

图 1-1　圆柱体的展开

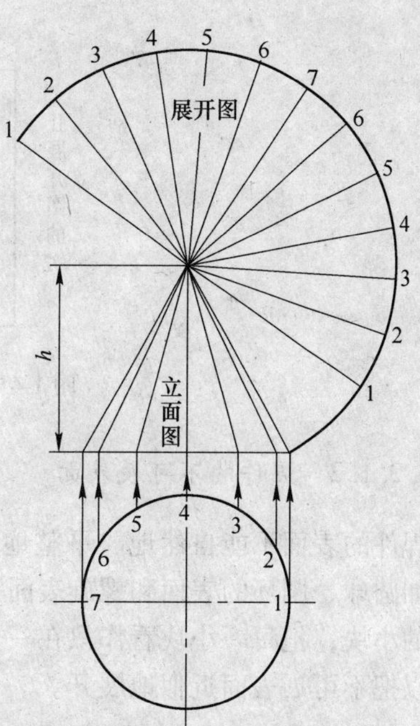

图 1-2　正圆锥体的展开

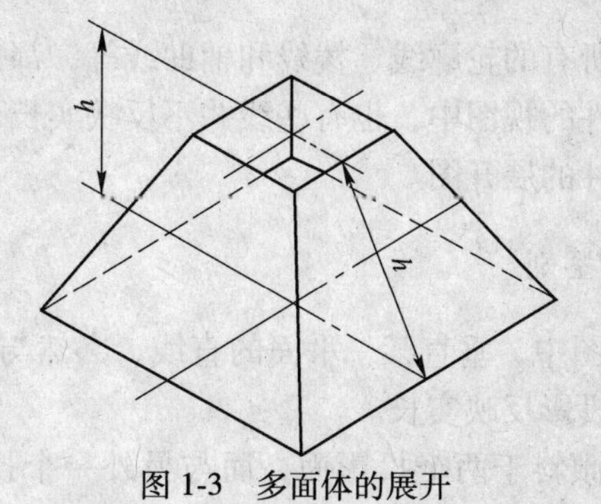

图 1-3　多面体的展开

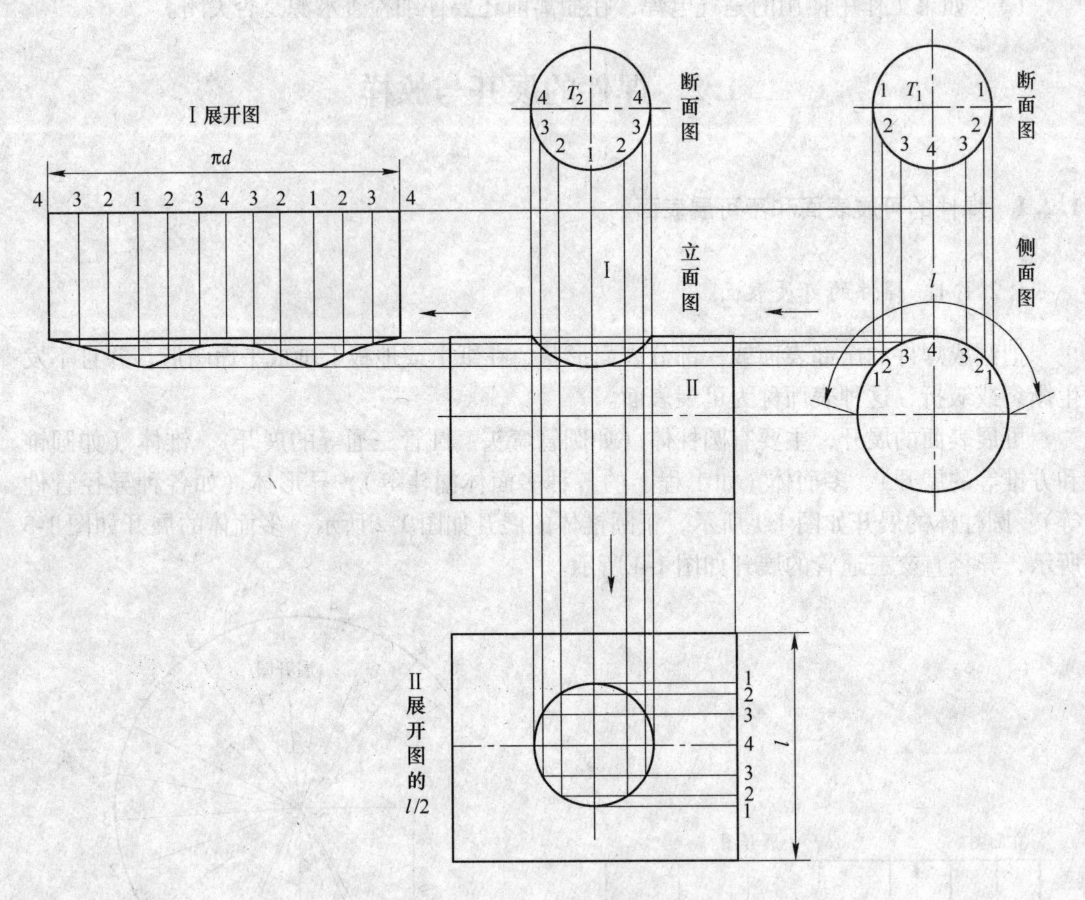

图 1-4　异径直交三通管的展开

1.2.1.2　焊件的不可展表面

焊件的表面不能自然地、平整地展开摊平在一个平面上，这样的表面称为不可展表面。如圆球、圆环的表面和螺旋表面等都是不可展表面。但是，如果把不可展表面分割成很多的小块，把每一小块看作只在一个方向弯曲，而在另一方向则近似地看为直线，这样即可以把不可展表面近似地展开。

1.2.2　线段实长的鉴别和求实长的方法

在构件的展开图上，所有的轮廓线、棱线和辅助线等，都是与构件表面相对应部分的实长线，但是，在一些构件的视图中，也有些线并不反映实长，只有将这些线先鉴别出实长和非实长，才能画出构件的展开图。

1.2.2.1　线段实长的鉴别

（1）垂直线。在三视图中，垂直某一平面的直线，必然与另外两投影面平行，因此，该线在另外两投影面上的投影反映实长。

（2）平行线。当直线倾斜于两个投影面，而与另外一个投影面平行时，则该线与平行投影面的投影反映实长，在相倾斜的两平面的投影则较其实长短。

（3）一般位置线。倾斜于各个投影面的一般位置线，在各个投影面上的投影都不反映实长，并且都比实长短。

（4）平面曲线。平面曲线在视图中是否反映实长，由曲线所在平面相对于投影面的位置决定。

当曲线位于平行面上，则在与它平行的投影面上的投影则反映实长，而在另外两投影面上的投影，则为平行于轴线的积聚性直线。

当曲线位于垂直面上，则在其垂直的投影面上的投影积聚成直线，而在另外两个投影面上的投影仍为曲线而不反映实长。

1.2.2.2 母线与素线

焊件的可展开体，是一条直线段以一定的倾斜角度，围绕固定的轴线旋转而形成的回转体的素线。

（1）母线。在空间的运动轨迹是曲面的线段。

（2）素线。母线在曲面上的任一位置称为素线，即旋转体的经线。如：圆柱面上平行于圆柱轴线的直线，圆锥面上过圆锥顶点的直线，棱锥侧面上过棱锥顶点的直线等，都可以称为上述形体的素线。如图 1-5（a）所示的 *AB* 线，图 1-5（b）所示的 *CD* 线（*C* 点与 *D* 点虚线为不可见素线，*C* 点与 *D* 点实线为可见素线），图 1-5（c）所示的 *EF* 线。

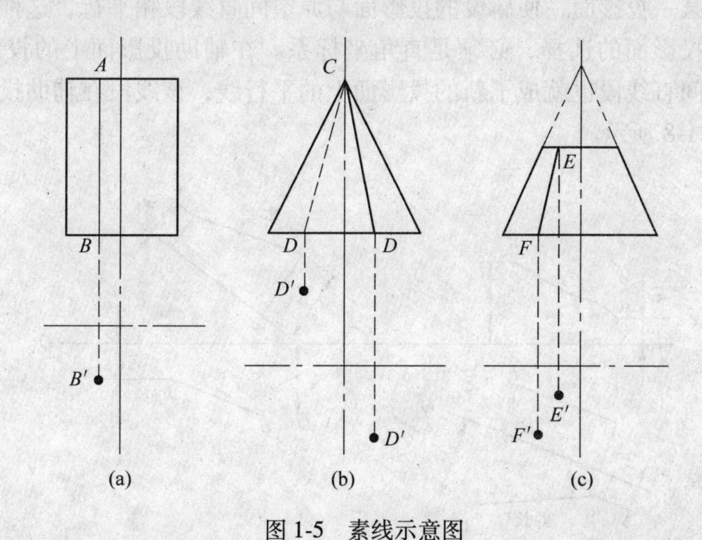

图 1-5 素线示意图

1.2.2.3 求实长的方法

求实长的方法很多，常用的方法主要有旋转法、直角三角形法和变换投影面法三种。

（1）旋转法。把处于空间一般位置的直线段，绕一固定垂直轴旋转并使之与某投影面平行，则该线段在此投影面上的投影即为实长，如图 1-6 所示。

（2）直角三角形法。用直角三角形法求直线段的实长，既可以将图画在主视图内，也可以将图画在俯视图、侧视图内。具体作法如：求 *ab* 线（水平投影）的实长。以 *ab* 线为直角三角形的斜边，过 a 点做垂线，以 ab 线的正面投影为直角三角形的另一直角边，其斜边为 ab 线的实长，如图 1-7 所示。

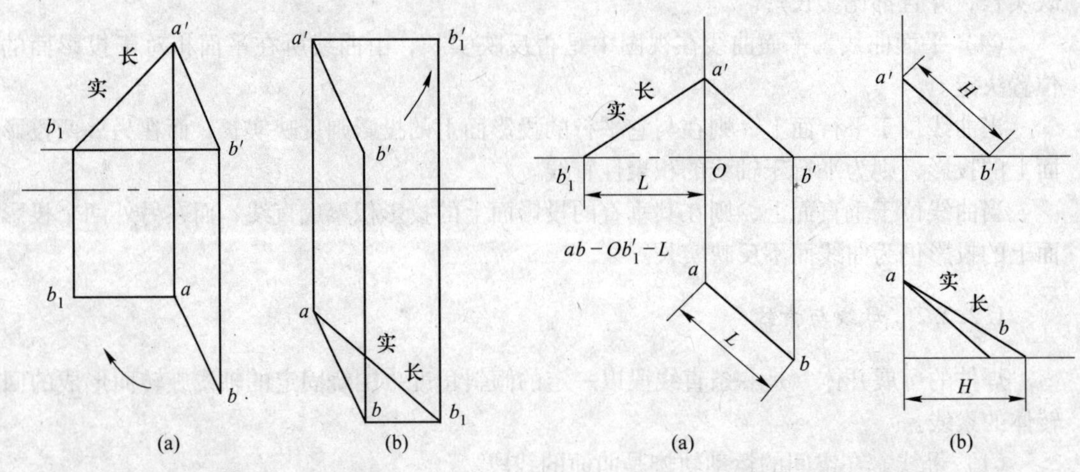

图 1-6　旋转法求线段实长

（a）旋转为正平线；（b）旋转为水平线

图 1-7　直角三角形法求线段实长

（a）用旋转法求线段实长；（b）用三角形法求线段实长

（3）变换投影面法。由旋转法可知：当未知实长的直线段平行于投影面时，则该线段在投影面上的投影即是实长。所以，变换投影面法就是根据这一规律，设法用新的投影面来代替原来的某一投影面，使新设的投影面与原空间直线段相平行，这种投影面称为辅助投影面，辅助投影面的选择，必须是直角坐标系。在辅助投影面上的投影称为辅助投影。这样，原空间直线段也就成了新的投影面上的平行线，该线段在辅助投影面上的投影就是实长，如图 1-8 所示。

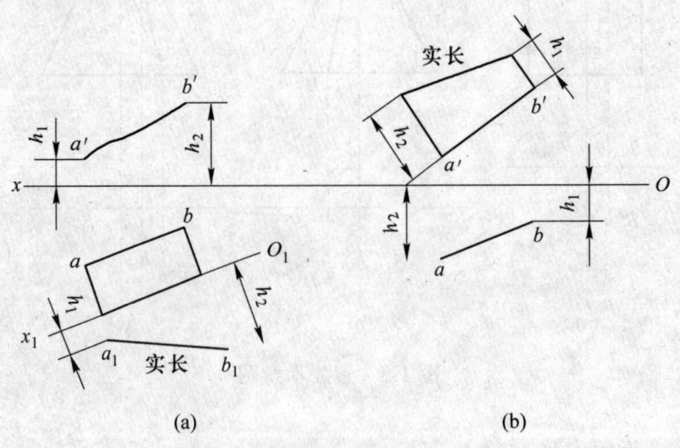

图 1-8　变换投影面法求线段实长

（a）垂直于水平面辅助投影；（b）水平面辅助投影

1.2.3　焊件展开的基本方法

焊件的展开，就是将由板料构成的焊件表面形状，根据投影的原理，通过几何作图展开成平面图形的操作过程。不论焊件的板料形状如何复杂，都可以采用不同的方法进行展开。常用的展开图画法有平行线展开法、放射线展开法、三角形展开法、相贯体展开法以及不可展开曲面的近似展开法五种。

1.2.3.1 平行线展开法

以斜口圆筒（见图 1-9）为例说明平行线展开法的展开步骤。

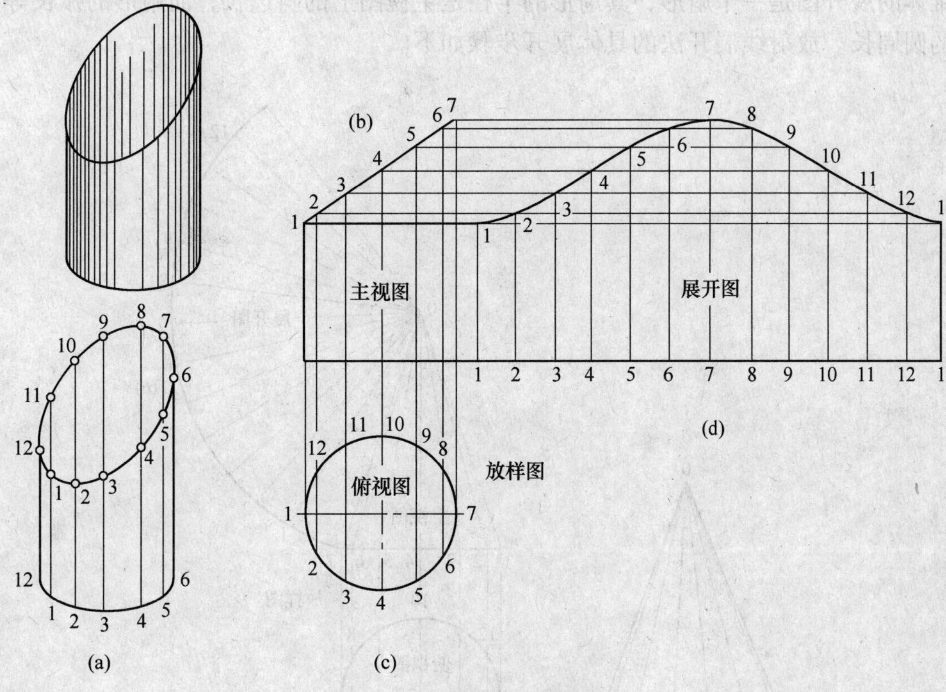

图 1-9 斜口圆筒平行线展开

(a) 斜口圆筒；(b) 主视图；(c) 俯视图；(d) 展开图

(1) 作出斜圆筒的主视图和俯视图。

(2) 将图 1-9 (c) 俯视图圆周作 12 等分，如 1、2、3、…、12（等分点越多越精确）。

(3) 通过各等分点向上引至主视图［图 1-9 (b)］中心线的平行线，在圆筒的斜面上相交于 1、2、3、…、7 各点（第 8、9、…、12 各点与 1、2、3、…、7 点重合）。

(4) 作展开图，如图 1-9 (d) 所示。

1) 在主视图［图 1-9 (b)］底部线的延长直线适当位置上，取其长度为俯视图的圆周长，并将其 12 等分［见图 1-9 (d) 展开图］，然后，分别在 12 等分点上向上作主视图延长线的垂线。

2) 将俯视图［图 1-9 (c)］12 等分。

3) 在俯视图［图 1-9 (c)］的 12 等分点上，分别向图 1-9 (b) 的斜面作垂线（其中 8 点与 6 点重合，9 点与 5 点重合，10 点与 4 点重合，11 点与 3 点重合，12 点与 2 点重合）。

4) 在主视图［图 1-9 (b)］斜面的 12 个等分点上，分别作与底部直线延长线的平行线，并与底部直线延长线垂线分别相交于 1、2、3、…、12、1 点。

5) 用圆滑曲线连接 1、2、3、…、12、1 各点，就完成了该斜口圆筒展开图的作图工作。

1.2.3.2　放射线展开法

放射线展开法主要用于锥体类焊件的展开，现以正圆锥体（图 1-10）的展开为例，该圆锥体的展开图是一个扇形，其扇形的半径是主视图上的斜边长，而扇形的弧长等于俯视上的圆周长。放射线展开法的具体展开步骤如下。

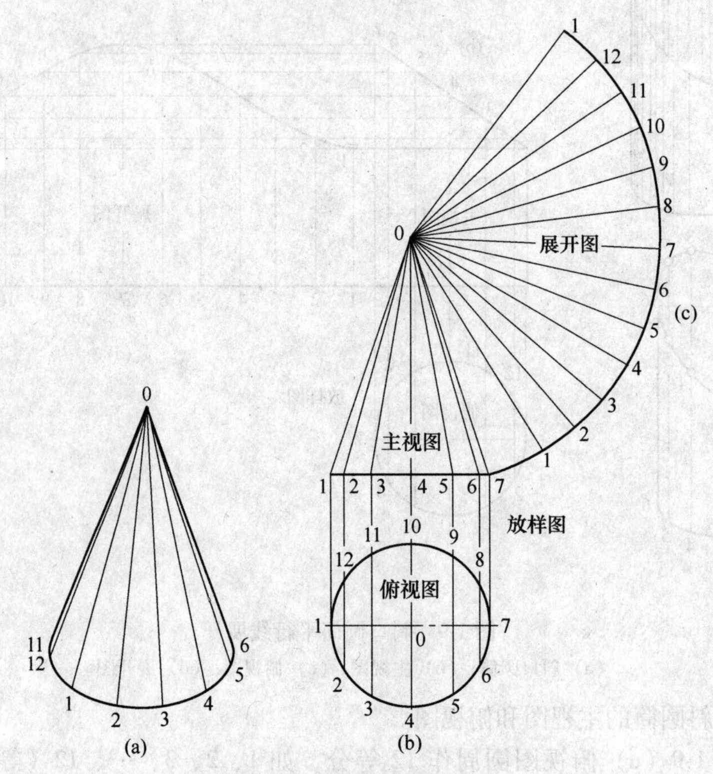

图 1-10　正圆锥体放射线展开

(a) 正圆锥体；(b) 主视图和俯视图；(c) 展开图

(1) 作出正圆锥体的主视图和俯视图［图 1-10 (b)］。

(2) 将正圆锥体底部圆周作 12 等分。

(3) 在主视图，以圆锥的顶点 0 为圆心，以 0-1 或 0-7 长为半径画圆弧，以俯视图 12 等分的各弧长（1、2、2、3、3、4、…、11、12、12、1），分别等于主视图 12 等分的各弧（$\overset{\frown}{1\,2}$、$\overset{\frown}{2\,3}$、$\overset{\frown}{3\,4}$、…、$\overset{\frown}{11\,12}$、$\overset{\frown}{12\,1}$）弧长，图 1-10 (c) 展开图的弧长等于俯视图圆锥底部的圆周长。

1.2.3.3　三角形展开法

凡是用平行线展开法、放射线展开法不能展开的构件，采用三角形展开法几乎都能进行展开，所以，三角形展开法的应用非常广泛。

三角形展开法，首先是求出三角形三条边的实长，然后才能作出构件的展开图。用三角形展开法求实长，有直角三角形法和直角梯形法两种方法。构件的中心（轴）线与水平投影面相互垂直时，采用直角三角形法展开；构件的中心（轴）线与水平投影面相互倾斜时，采用直角梯形法展开。以等腰梯形为例，说明直角三角形展开法的步骤。

（1）在图 1-11（a）、（b）中，分别画出主视图和俯视图，并分别在图中标出 1、2、3、4 各点。

（2）在 1-2 点的水平延长线上，以 5 点为圆心，以图 1-11（a）中 1-3 点长为半径画圆交于 3-4 点的延长线上于 1′点；在 3-4 点的延长线上，以 1′点为圆心，取图 1-11（a）中 1-2 点长为半径，以 1′点为圆心，画圆交于 3-4 点反延长线上于 2′点，连线 2′-5 点，从而求得等腰梯形的实长 1′-5 和 2′-5。

（3）按图 1-11（b）俯视图数字标注，依次作三角形△123 和三角形△243，共四组即成等腰梯形的展开图。

等腰梯形直角三角形展开如图 1-11（c）所示。

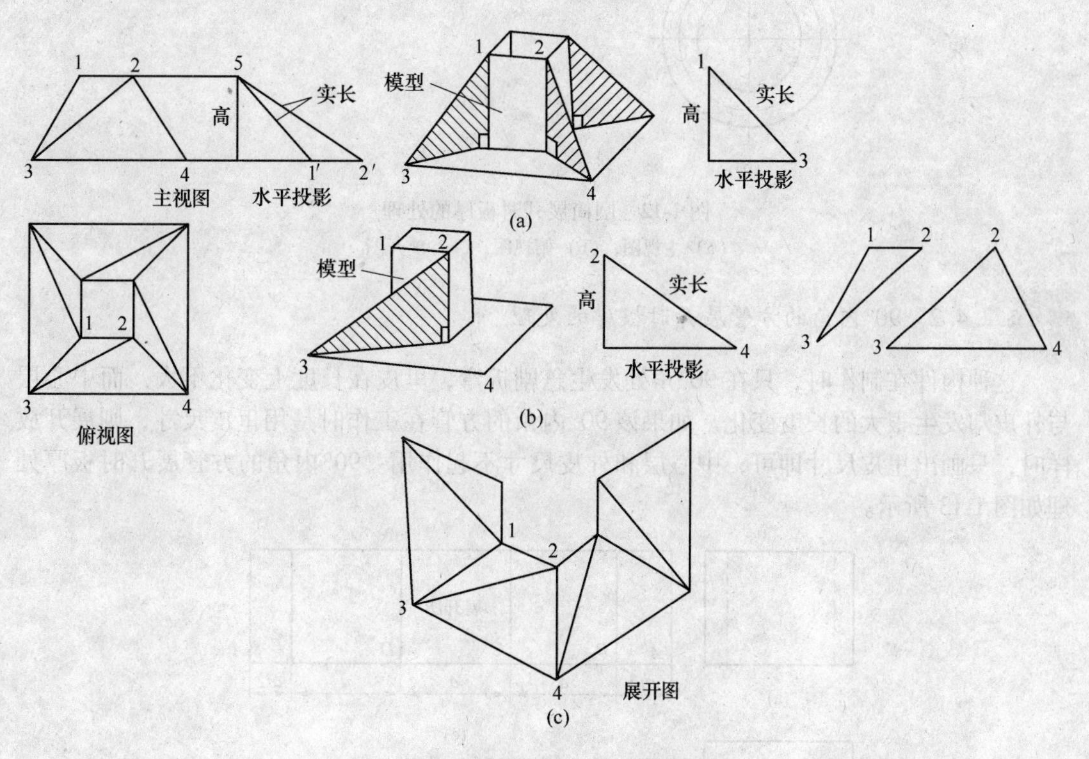

图 1-11 等腰梯形直角三角形展开

1.2.4 焊件展开时板厚的处理

焊件的板厚本身都有一定的厚度，钣金工俗称里皮（焊件的内表面）、外皮（焊件的外表面）和板厚中心（中性面）。在实际工作中，焊件在展开时必须考虑厚度问题，如果厚度处理不当，就会造成焊件的外形尺寸不准，质量不高，甚至是废品。

因此，在进行焊件的展开和制作时，应该根据具体情况，确定采用里皮、外皮或按板厚中心去进行放样、展开、下料，解决这个问题的过程就是板厚处理。下面以几个典型构件为例说明在展开时对板厚处理的方法。

1.2.4.1　厚壁圆筒展开时板厚的处理

在厚壁圆筒展开时，假定其板厚的中心层与中性面是重合的，下料时的展开长度应等于按中径展开的长度。构件的外径和内径在展开过程中，不起任何作用，如图 1-12 所示。

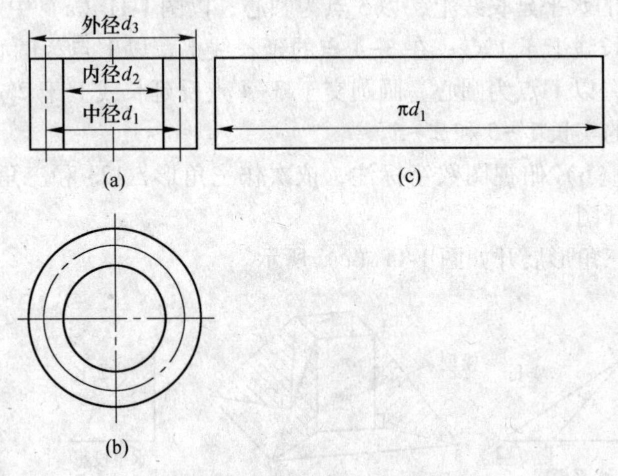

图 1-12　圆筒展开时板厚的处理

（a）主视图；（b）俯视图；（c）展开图

1.2.4.2　90°内角的方管展开时板厚的处理

这种构件在制作时，只在 90°角处发生急剧折弯，里皮在长度上变化不大，而中心层与外皮却发生很大的长度变化。如果该 90°内角的方管在工作时是用里皮尺寸，则展开放样时，只画出里皮尺寸即可，中心层和外皮尺寸不起作用。90°内角的方管展开时板厚处理如图 1-13 所示。

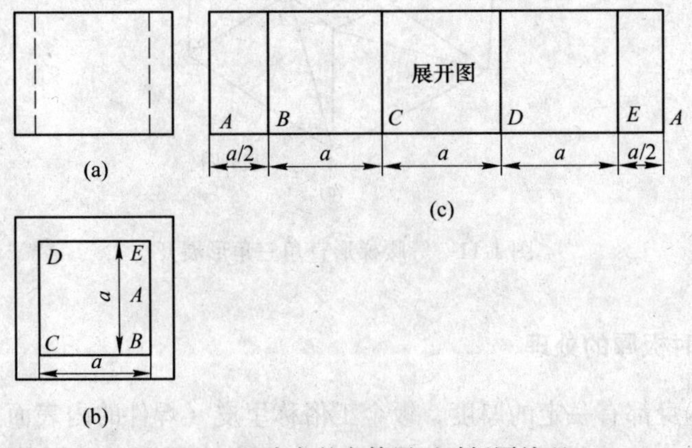

图 1-13　90°内角的方管展开时板厚处理

（a）主视图；（b）俯视图；（c）展开图

1.2.4.3　等径圆管 90°弯头展开时板厚的处理

图 1-14 为等径圆管 90°弯头展开时板厚处理图。该弯头筒体在制作时，两个筒体斜面

的接口没有开坡口，所以，里侧圆管外皮在 A 点接触，坡口在里；中间的 O 点在圆管的中径接触；外侧圆管里皮在 B 处接触，坡口在外。通过以上分析，圆筒的展开高度，A 处以圆筒外皮高度为准（即图 1-14 断面图上的等分点 1、2、3 画在外皮上，因为它们离 A 点最近）。O 处以圆筒的板中心层的高度为准（即等分点 4），B 处以圆筒的里皮高度为准（即断面图上的等分点 5、6、7 画在里皮上，因为它们离 B 点最近），下料展开长度为筒体中径展开长度。

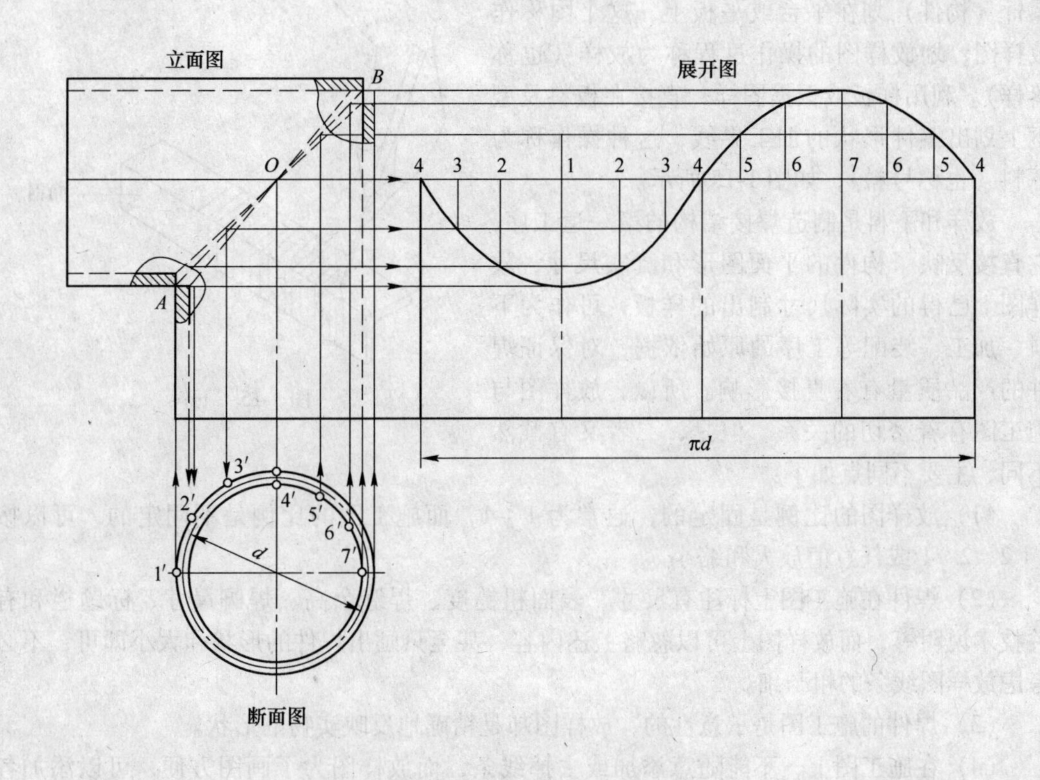

图 1-14　等径圆管 90°弯头展开时板厚的处理

1.2.4.4　展开件板厚处理的一般原则

（1）管件展开长度的确定。凡管件断面为折线形时，一律以板的里皮伸直长度为准；凡管件断面为曲线形时，一律以板厚中心层展开长度为准。

（2）相交的零件不论开坡口与否，其放样图高度和展开图高度，一律以接触部位的尺寸为准。如，里皮接触则以里皮尺寸为准；中心层接触则以中心层尺寸为准；外皮接触则以外皮尺寸为准。

（3）在画侧面为倾斜零件的放样图与展开图时，其高度一律以板厚中心层的高度为准。

（4）同一构件的各组成零件的接口部分不开坡口时，有的地方是里皮接触，有的地方是中心层接触，有的地方是外皮接触。但是，在画放样图（断面图）时要考虑板厚处理，要把相应的接触点画出来，展开图上各处的高度也相应地取各接触部位尺寸。

1.3　焊件放样和下料

1.3.1　下料与放样的关系

按照施工图的要求，按正投影的原理，把零件（构件）划在平台或平板上，这个图称作放样图，划放样图的操作过程称为放样（也称落样）。利用样板或根据图样，直接在板料及型钢上划出零件形状的加工界线，这种操作称为下料（也称号料），如图 1-15 所示。

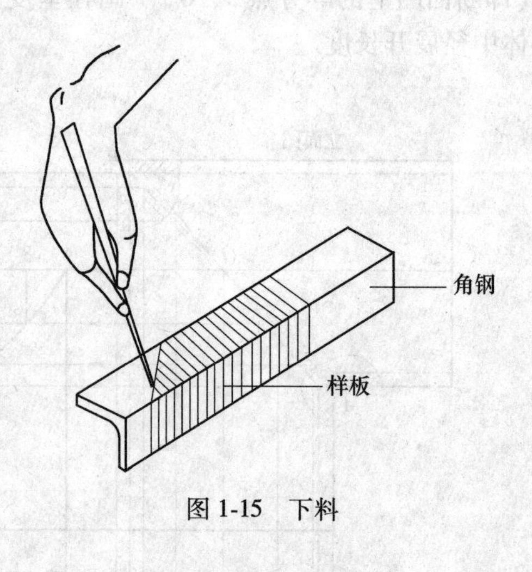

图 1-15　下料

放样和下料是制造焊接结构的第一道工序，它直接反映了构件的平面图形和真实尺寸，放样图上已得的实际尺寸制出的样板，可作为下料、加工、装配等工序的原始依据，对保证焊件的产品质量有着直接影响。所以，放样图与施工图有着密切的关系。但是，二者又有截然不同，主要不同点如下：

（1）放样图的比例是固定的，通常为 1∶1，而施工图的比例是不固定的，可以按 1∶2、2∶1 或任意值放大和缩小。

（2）焊件在施工图上标注有尺寸、表面粗糙度、焊缝余高、焊脚尺寸、标题栏和有关技术说明等，而放样图上可以忽略上述内容，甚至只画出焊件的形状和大小即可，不必考虑放样图线条的粗与细。

（3）焊件的施工图是示意性的，放样图却是精确地反映实物的形状。

（4）在施工图上，不能随意添加或去掉线条，而放样图为了画图方便，可以添加各种必要的辅助线，也可以去掉与放样无关的线条。

1.3.2　下料方法简介

为了合理使用和节约原材料，在进行展开图下料时，必须最大限度地提高原材料的利用率，常用的几种下料方法简介如下：

（1）集中下料法。把相同厚度的钢板零件和相同规格的型钢零件集中在一起下料，既提高了生产效率，又减少了材料的浪费。

（2）巧裁套料法。把各种不同形状的零件和同一形状的零件（厚度相同），巧妙排料，如图 1-16 所示。排料时，应尽量消灭空白板面，既方便下道工序的剪裁，又使剩余板料最少。

（3）统计计算法。由于零件的长短不一，而原材料的尺寸是一定的，所以，在型钢下料时，常采用统计计算法下料，即先把较长的料排出来，然后根据余料的长度，再把和余料长度相同或相近的零件排上，直至整根料被充分利用为止。

（4）利用余料下料法。在每一张板料和型钢下料后，总会有一定形状的剩余板料和型钢料头，把这些剩余的余料和料头收集在一起，把较小的零件放在上一张焊件的展开与放样余料上进行下料，这种下料方法称为利用余料下料法。

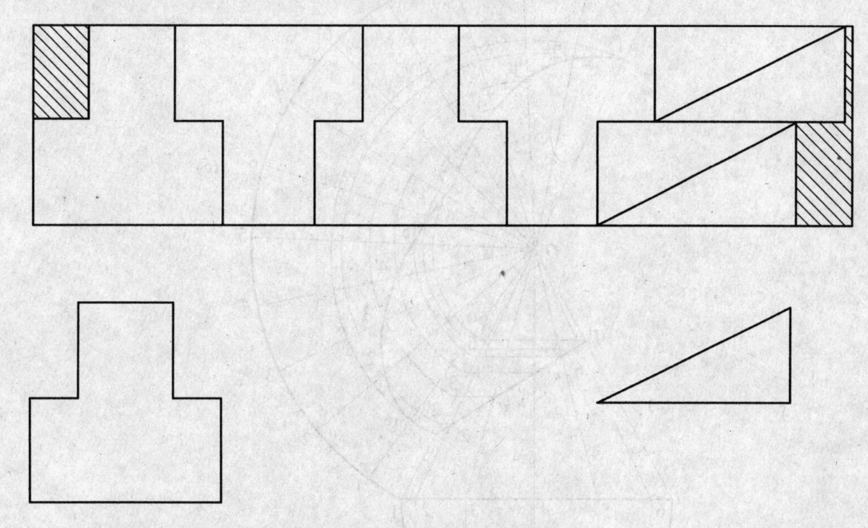

图 1-16 巧裁套料法

1.3.3 下料工序的注意事项

在下料前，应该仔细阅读技术文件和图样，仔细地检查下料样板的尺寸是否正确，核实下料的板材、型材是否符合技术文件要求。此外，还应注意以下事项：

（1）为了充分利用时间，在下料前，应该准备好下料工具，如锤子、圆规、划针、样冲和錾子等。

（2）发现板料、型材上有疤痕、裂纹、夹层以及厚度不足等现象时，应该及时与有关部门联系。

（3）当板材和型钢有较大的弯曲和凹凸不平时，下料前应首先将其进行矫平和矫直；为了保证下料安全，不要在人行道、运输道上下料；大型型钢划线多的平面，应搁置于平面位置，防止经常翻动浪费时间和发生安全事故；下料时，型钢和型钢之间最少应有 10~12mm 的距离。

（4）完成下料工序后，应该在零件的加工线、孔与眼的位置、零件与零件的接缝处，用白粉或白漆做个记号，为下道工序提供方便。

1.4 焊件展开实例

1.4.1 上部斜截正圆锥的展开

该图实质是在正圆锥上，用斜截面切出一个斜面圆锥台。可按照旋转法求实长的原理进行展开，其步骤如下：

（1）作出主视图和下口断面图，如图 1-17（a）、(b) 所示。

（2）将主视图上的两斜边，向上延长，与锥体中心线相交于点 O，形成一个正圆

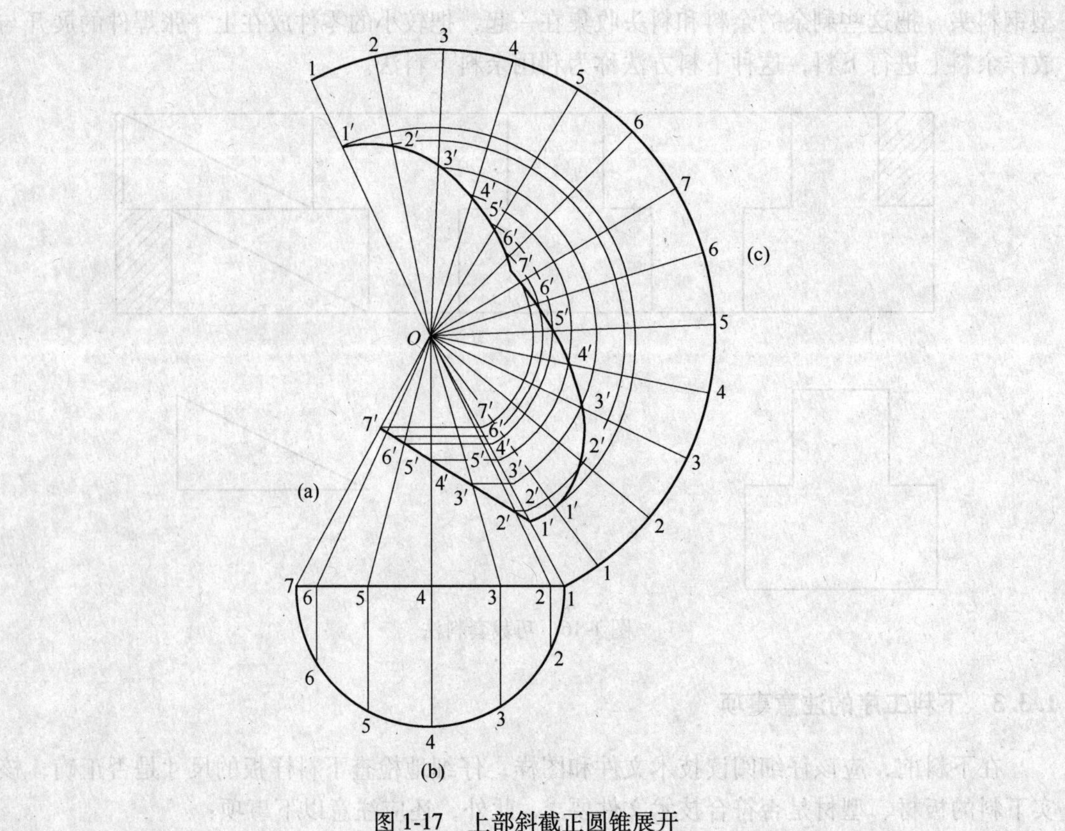

图 1-17　上部斜截正圆锥展开

（a）主视图；（b）下口断面图；（c）展开图

锥体。

（3）用旋转法在主视图上求出 2-2′、3-3′、4-4′、5-5′、6-6′、7-7′等各线的实长。自斜面线上点 1′、2′、3′、4′、5′、6′各点作主视图圆锥底面 1-7 的平行线，与 O-1 线相交于 1′、2′、3′、4′、5′、6′各点。

（4）按正圆锥的展开法将正圆锥展开。在正圆锥的展开图上，截取 1-1′、2-2′、3-3′、4-4′、5-5′、6-6′、7-7′线段，分别等于主视图斜边上的（自下向上）1-1′、2-2′、3-3′、4-4′、5-5′、6-6′、7-7′的长度。

（5）将展开图上的 1′、2′、3′、4′、5′、6′、7′等各个交点连成圆滑的曲线，这个曲线形成的图形就是上部斜截正圆锥展开图，如图 1-17（c）所示。

1.4.2　90°焊接直角弯头的展开

（1）画出 90°焊接直角弯头的主视图和下口断面图，如图 1-18（b）、（c）所示。

（2）作主视图底部边线的延长线，其长度为下口断面图的圆周长，并将其 12 等分，在等分点垂直延长线向上作直线。

（3）由下口断面图的等分点向上作垂直线，交于主视图斜口各点，从与主视图斜面相交的各点，引出与主视图底部延长线相平行的直线，与 12 等分点垂直线相交于 1′、2′、3′、4′、5′、6′、7′各点，用圆滑的曲线连接各点，就完成了展开图的作图工作，如图1-18（d）所示。

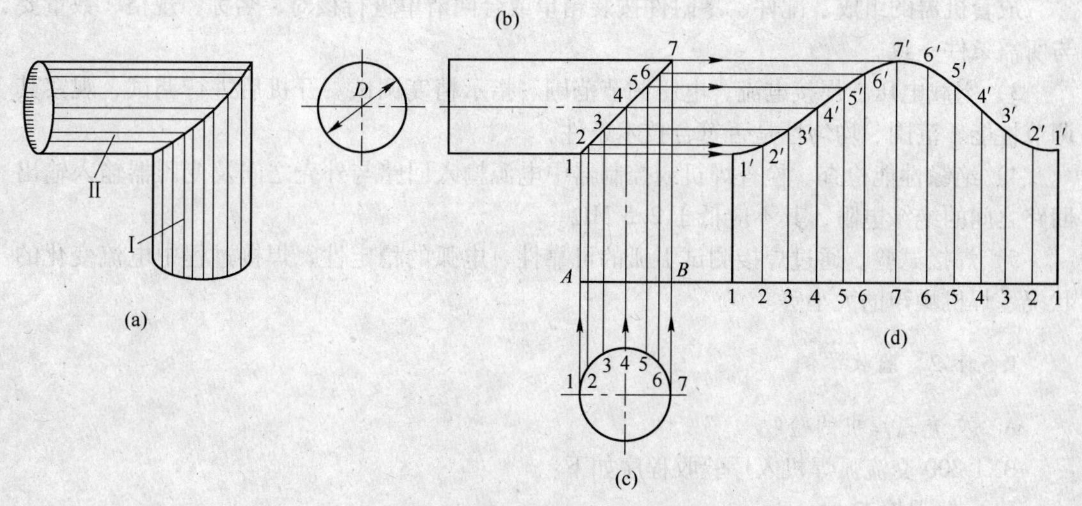

图 1-18 90°焊接直角弯头展开

（a）立体图；（b）主视图；（c）下口断面图；（d）展开图

1.5 焊接设备的调试与维修

1.5.1 焊接设备验收

1.5.1.1 验收内容和步骤

（1）验收标准。焊接设备验收应按国家标准和机械工业部标准中的主要内容进行，常用的标准如下：

GB/T 8118—1995 电弧焊机通用技术条件；

JB/T 7824—1995 逆变式弧焊整流器技术条件；

JB/T 7834—1995 弧焊变压器；

JB/T 7835—1995 弧焊整流器；

GB/T 15578—1995 电弧焊机的安全要求；

JB/T 7438—1994 空气等离子弧切割机；

JB/T 8747—1998 手工钨极惰性气体保护弧焊机；

JB/T 8748—1998 MIG/MAG 弧焊机。

（2）验收内容和步骤。

1）外观检查。开箱后对焊机装配质量进行检查，如紧固用的螺钉、螺栓及螺母是否旋紧，冷却用风机、各种调节装置及推动滚轮是否转动灵活；各种标志是否符合图样要求；标牌上的数据是否齐全、准确；保护性导体接线端是否可靠。

机箱表面漆层有无划伤，是否光滑平整，有无裂纹、凸起或下凹等缺陷。

2）文件检查。随机文件包括使用说明书、装箱单、合格证、保修单等应齐全，而且必须与该机的型号、编号一致。

成套机器的组成、配件、零附件按装箱单或合同清单进行核对，名称、规格、数量要与所需条件一致。

3）空载电压、焊接电流、电压调节范围、指示精度调试。开机后进行调试、观察其调节性能、范围、均匀性是否符合技术条件。

4）绝缘性能检查。检查焊机或控制器中电源输入回路与外壳之间及变压器输入输出回路之间的绝缘电阻，其不应低于2.5 MΩ。

5）焊接试验。通过焊接测试引弧的可靠性、电弧的稳定性、焊接过程中电流变化的状况、焊机噪声的大小等。

1.5.1.2　验收举例

A　交流弧焊机的验收

BX1-300 交流弧焊机入厂验收程序如下：

（1）外观检查。

1）检查所有紧固件螺钉有无松动。

2）机壳外表油漆和喷塑表面无划伤，机壳表面有无凸凹、裂纹等缺陷。

3）接地导体螺钉是否可靠。

4）一次、二次接线端是否裸露，有无保护。

5）铁芯摇把转动是否轻松、灵活。

6）铭牌技术数据是否齐全。

7）该焊机有无有关认证标志。

上述各项均按 JB/T 7834—1995 标准执行。

（2）文件检查。

1）文件是否齐全，有无出厂合格证、使用说明书、装箱单、保修单等。

2）检查装箱单所列货物的名称、数量与实物是否相同。

BX1-300 型弧焊变压器 1 台，说明书 1 份，合格证 1 份，电焊电缆（截面 $50mm^2$、长 10m）1 根，焊钳 1 把，面罩 1 只，电焊护目镜 1 块。

（3）绝缘性能检查。用兆欧表测量变压器输入端与输出端之间以及它们对机壳之间的绝缘电阻，一般不应小于 2.5 MΩ。

（4）空载电压测量。电焊接通电源后，二次侧开路，用三块表（或电压表）测量空载电压是否与铭牌标志一致。

（5）电流调节范围测量。用钳型电流表卡在电缆上，将铁芯摇到最小电流位置，测量其电流值；再将铁芯逐渐向外摇，选取多个位置，测量其电流；最后摇到电流最大位置，测量电流值，比较电流的最大、最小值和调节性能，以及它们与技术指标的差别。

（6）焊接试验。用 E4303、$\phi3.2mm$ 焊条进行焊接试验，观察引弧状况、电弧稳定性、焊机的噪声大小；进行焊接时飞溅状况的实验。

若上述各项均无问题，则该焊机通过验收，可以使用。

B　整流弧焊机的验收

BX5-400A 晶闸管整流弧焊机验收程序如下：

（1）外观检查。

1）检查所有紧固件螺钉有无松动。

2）机壳外表油漆或喷塑表面有无划伤，有无凸凹、裂纹等缺陷。

3）接地导体螺钉是否可靠。

4）一、二次接线端是否裸露，有无保护。

5）铭牌技术数据是否齐全。

6）各调节旋钮及轮子转动是否正常。

7）该焊机有无认证标志。

上述各项均按 JB/T 7835—1995 标准执行。

（2）成套性检查。

1）文件是否齐全，有无出厂合格证、使用说明书、装箱单、保修卡等。

2）检查装箱单所列焊机、配件、零部件及其他货物的数量、规格与实物是否相同。ZX5-400A 晶闸管整流弧焊机 1 台，使用说明书 1 份，合格证 1 份，电焊电缆（截面为 $50mm^2$、长 10m）1 根，焊钳 1 把，面罩 1 只，护目镜 1 块。

3）绝缘性能检查。用兆欧表测量变压器输入端与输出端之间以及它们与机壳的绝缘电阻；控制变压器的输出端与机壳的绝缘电阻。上述电阻值均应大于 2.5 MΩ。

4）空载电压测量。开机后用电压表观察空载电压数值与技术指标是否一致。

5）电流调节范围测量。将焊机电流调至最小值，看焊接能否起弧，其数值与技术参数是否相同；然后逐渐加大焊接电流至最大值，期间电流调节是否均匀，最大值与技术参数是否相同，通过检测了解焊机电流的调节性能。

6）焊接试验。用 E4303 和 E5015 焊条分别进行焊接试验，尤其在小电流范围内观察电弧的稳定性、引弧可靠性，有无断弧现象；风扇转动有无异常现象，噪声大时应进行评定。

上述各项如均无问题，验收通过。

1.5.2　焊条电弧焊设备故障分析和维修

1.5.2.1　弧焊变压器故障分析和维修

交流弧焊机也称弧焊变压器，这类焊机的构造简单，发生故障的可能性也较少。其常见故障、故障产生的原因及其处理方法，见表 1-1。

表 1-1　交流弧焊机的常见故障及处理方法

常见故障	产生的原因	处理方法
焊机外壳带电	（1）焊机没有接地或接地不良； （2）一次或二次绕组与机壳相碰产生漏电； （3）电源线或焊接电缆线的接线与机壳相碰	（1）检查接地线，保证接地良好； （2）检查绕组与机壳的隔离，消除相互接触； （3）检查各接线处，消除接线与机壳的接触

续表 1-1

常 见 故 障	产生的原因	处 理 方 法
空载电压低，引不起电弧	（1）供电网络电压不足； （2）焊接电缆的导电截面太小或电缆线过长产生电压降过大； （3）焊接电缆盘绕成圈状产生感抗； （4）焊接电缆接头处接触不良产生阻抗	（1）调整电源电压达到要求； （2）更换导电截面大的焊接电缆或缩短焊接电缆的长度； （3）消除焊接电缆盘绕现象； （4）检查接头，紧固接头
焊机发出较大的嗡嗡响声	（1）机械调节机构松动，产生振动； （2）一次或二次绕组发生短路而产生振动声； （3）铁芯振动声	（1）消除调节机构松动现象； （2）找出短路点，做好绝缘处理，消除短路； （3）夹紧铁芯片，消除松动现象
输入电路的熔丝熔断	（1）输入电源线的接头相碰或与机壳相碰发生短路； （2）输入电源线裸露处与外部金属相碰发生短路	（1）检查输入线路，消除接头相碰产生的短路； （2）检查输入线路的绝缘，消除裸露现象
焊机过热	（1）焊机过载使用； （2）焊机一次或二次绕组发生短路； （3）铁芯紧固件绝缘损坏	（1）按规定使用； （2）检查绕组，做好绝缘，消除短路； （3）更换紧固件的外包绝缘

1.5.2.2　弧焊整流器故障分析和维修

整流弧焊机也称弧焊整流器，其主变压器及电抗器等部件，也是由铁芯、导电绕组等构成。其可能发生的故障与弧焊变压器大多相同，对其常见故障的分析处理可参照交流弧焊机的常见故障及处理方法。对于整流弧焊机的整流器及控制部分应按具体特点正确使用和维护。整流弧焊机的常见故障、产生原因及处理方法见表 1-2。

表 1-2　整流弧焊机常见故障及处理方法

常 见 故 障	产生的原因	处 理 方 法
机壳带电	（1）没有接地或接地线接触不良； （2）电源线及其连接处与壳体相碰； （3）主变压器、电抗器、整流器及控制线路与壳体相碰	（1）按要求做好接地保护检查接线处； （2）消除与壳体接触现象，检查各部件及其连接线路； （3）消除导线与机壳相互接触现象
焊机输出电压过低引不起弧	（1）输入的电源电压过低； （2）焊机的磁力启动器接触不良，产生压降； （3）电源线及电缆线的连接处接触不良	（1）检查电源电压，调整到规定值； （2）检查磁力启动器，便各触点良好接触； （3）检查各接头处，使其良好接触

续表 1-2

常见故障	产生的原因	处理方法
冷却风机故障	(1) 风机开关接触不良； (2) 风扇电动机线圈断线； (3) 风机熔丝熔断	(1) 调整好开关或更换开关； (2) 检查风扇电动机，修复线圈； (3) 更换熔丝
焊接电流不稳	(1) 主回路交流接触器抖动，接触不好； (2) 控制回路接触不良，影响控制电路导通	(1) 检查交流接触器，消除抖动； (2) 检查控制回路，消除故障点
焊接电流调控失效	(1) 控制回路发生断路； (2) 控制元件击穿失效； (3) 控制线圈匝间短路	(1) 检查控制回路，消除断路； (2) 检查控制元件，更换失效元件； (3) 检查短路点，消除短路
焊接电压突降	(1) 整流元件击穿失效； (2) 控制回路发生断路失控； (3) 主回路中发生短路	(1) 检查整流元件，更换击穿失效的元件； (2) 查出断路点，处理复原； (3) 检查主回路各部，消除短路

对于焊机使用故障的处理，应参阅该焊机的使用说明书，并按照说明书的指导进行故障检查及维修。

1.6 焊接工艺规程的制订

1.6.1 焊接工艺评定

焊接工艺评定是保证产品焊接质量的重要措施，世界各国均制订了有关焊接工艺评定的规范和标准，规定了焊接工艺评定的内容和方法，如欧洲的 EN288，电力的 SD340-89，机械工业、石油和化学工业的 JB 4708—2000 等。通过焊接工艺评定，可以验证施焊单位拟订的焊接工艺的正确性，并评定施焊单位的生产加工能力。同时，焊接工艺评定为制订正式的焊接工艺规程和焊接工艺指导书提供了可靠的依据，这对于制订合理的焊接工艺，确保锅炉、压力容器生产的焊接质量有着重要的意义。

1.6.1.1 焊接工艺评定的定义

在《钢制压力容器焊接工艺评定》(JB 4708—2000)中，焊接工艺评定的定义是：为验证所拟订的焊件焊接工艺的正确性而进行的试验过程及结果评价。

所谓焊接工艺的正确性是指按拟定的焊接工艺生产的焊接接头是否能满足产品使用性能的要求。而影响锅炉压力容器使用性能的因素很多，如：强度、高温性能、耐腐蚀性等，但是材料的力学性能是影响其性能的最基本因素。通过工艺评定的各项试验，对其力学性能进行评估，以确定是否能满足要求。按照对焊接接头力学性能的影响，将焊接工艺因素分为重要因素、补加因素和次要因素。

重要因素是指影响焊接接头抗拉强度和弯曲性能的焊接工艺因素。如在《钢制压力容器焊接工艺评定》(JB 4708—2000)中，规定焊条电弧焊的重要因素有焊条牌号和预热温度等。预热温度比已评定的合格值降低 50℃以上。埋弧焊的重要因素有药芯焊丝牌号(只考虑类别代号后两位数字)、焊丝钢号、焊剂牌号、混合焊剂的混合比例、添加或取消附加的填充金属和预热温度等。预热温度比已评定的合格值降低 50℃以上。

补加因素是指影响焊接接头冲击韧度的焊接工艺因素。当规定进行冲击试验时，需要增加补加因素。如在《钢制压力容器焊接工艺评定》(JB 4708—2000)中，规定焊条电弧焊的补加因素是用非低氢型药皮焊条代替低氢型药皮焊条；焊条的直径改为大 6mm；将评定合格的焊接位置改为向上立焊；最高层间温度比经评定的记录值高 50℃以上；电流种类或极性；增加线能量或单位长度焊道的熔敷金属体积超过已评定的合格值。埋弧焊的补加因素有最高层间温度，它比经评定的记录值高 50℃以上；电流种类或极性；增加线能量或单位长度焊道的熔敷金属体积超过已评定的合格值；由每面多道焊改为每面单道焊；单丝焊改为多丝焊，或反之。

次要因素是指对要求测定的力学性能无明显影响的焊接因素。一般来说，当变更次要因素时不需要重新评定焊接工艺，但需要重新编制焊接工艺指导书。

1.6.1.2 焊接工艺评定的前提条件

一般来说，在焊接产品以前，企业应根据产品的设计要求、技术条件和相关的规程、标准的要求来确定该产品是否需要做焊接工艺评定。具体来说，需要做焊接工艺评定的情况可以分为以下几种。

(1) 规程、标准要求在施焊该项产品前做焊接工艺评定如《蒸汽锅炉安全技术监察规程》第 71 条规定，锅炉产品焊接前，焊接单位应按照附录 1 的规定对下列焊接接头进行焊接工艺评定：

1) 受压元件之间的对接焊接接头。

2) 受压元件之间或者受压元件与承载的非受压元件之间连接的要求全焊透的 T 形接头或角接接头。

(2)《钢制压力容器焊接规程》(JB/T 4709—2000) 第 4.1 条规定：施焊下列各类焊缝的焊接工艺必须按 JB 4708 标准评定合格：

1) 受压元件焊缝。

2) 与受压元件相焊的焊缝。

3) 熔入永久焊缝内的定位焊缝。

4) 受压元件母材表面堆焊、补焊。

5) 上述焊缝的返修焊缝。

企业在焊接上述规程、标准或其他规程、标准要求的焊缝时，应根据焊接工艺评定规程的要求做焊接工艺评定。

(3) 产品设计对生产有要求时，应做焊接工艺评定除规程、标准要求以外，产品在设计时对一些焊缝在生产、安装前就要求生产单位或安装单位进行焊接工艺评定，以确定企业的施焊能力，以及是否有能力制定合格的焊接工艺来保证产品要求焊接接头的使用性能。在这种情况下，企业也应根据产品相应的技术规程或技术条件、工艺评定标准的规定组织专业人员拟订焊接工艺指导书，进行焊接工艺评定。

(4) 原有焊接工艺评定不能覆盖产品生产范围时，基于焊接工艺评定主要是验证焊接接头的力学性能，所以，在工艺评定规程中，都将母材化学成分、力学性能和焊接性进行分类分组，以减少评定数量。如在《钢制压力容器焊接工艺评定》(JB/T 4708—2000)中将材料分为8类14组，同时规定：

1）当重要因素、补加因素不变时，某一钢号母材评定合格的焊接工艺可以用于同组别号的其他钢号母材。

2）组别号为Ⅳ-2母材的评定适用于组别号为Ⅱ-1的母材。

3）在同类别号中，高组别号母材的评定适用于该组别号与低组别号母材所组成的焊接接头。

4）除2)、3）规定情况外，母材组别号改变时，需重新评定。

另外还规定了试件母材厚度和试件焊缝金属厚度的适用范围。

(5) 当发生下列情况时，需重新进行焊接工艺评定。

1）改变了焊接方法。

2）超出了厚度的适用范围。

3）改变了基本金属的分类组别。

4）改变了重要因素。

5）增加或变更了补加因素时，则按增加或变更的补加因素增焊冲击韧度试件进行试验。

6）改变了热处理类别。

1.6.1.3 焊接工艺评定的程序和步骤

焊接工艺评定是根据拟定的焊接工艺指导书焊接试件，通过各种检验和试验，确定在这种工艺下焊接的焊接接头是否具备要求的使用性能的过程。具体的程序可以分为：拟订焊接工艺指导书、焊接试件、检验并出具焊接工艺评定报告、编制焊接工艺规程和焊接工艺卡等。

(1) 拟定焊接工艺指导书在编制焊接工艺指导书以前，焊接技术人员应根据产品制造或安装图样和有关的技术要求，对要求按评定合格工艺施焊的所有焊缝按照钢材类别、组别进行分类汇总，再结合本企业原来已有的焊接工艺评定项目，然后根据焊接工艺评定规程，本着既不重复又不遗漏的原则，确定尚未评定的以及变更条件和要素后需要重新评定的项目，给出焊接工艺评定清单，并提出本产品的具体评定要求（如果有)。

根据焊接工艺评定清单，焊接技术人员根据实践经验和相关技术数据以及企业具体的生产条件编制每一项的焊接工艺指导书，如需要可以在编制以前进行焊接性试验，确定材料的焊接性，为拟订焊接工艺指导书提供依据。

焊接工艺指导书应包括以下内容：

1）单位名称。

2）焊接工艺指导书编号和拟定日期。

3）焊接工艺评定报告编号。

4）焊接方法和自动化程度。

5）焊接接头的坡口形式以及衬垫的材料和规格。

6）用简图表示的接头形式，坡口形式与尺寸，焊层、焊道布置及顺序。

7）母材的钢号与类别号和组别号。

8）母材、熔敷金属的厚度范围。

9）焊材的类别（指焊条、焊丝、焊剂等）；焊材的标准号；焊条、焊丝的直径；焊材的型号和牌号（或填写耐蚀堆焊金属的化学成分）。

10）焊接位置和焊接方向。

11）焊后热处理温度范围和保温时间。

12）预热温度（允许最低值）；层间温度（允许最高值）。

13）保护气体种类、混合比、流量（如果有）。

14）每层焊缝的焊接方法；填充材料的牌号、直径；电流极性、电流值、电压值；焊接速度；线能量。

15）钨极类型及直径；喷嘴直径；熔滴过渡形式；焊丝送进速度。

16）技术措施。摆动焊或不摆动焊；焊前清理和层间清理；背面清根方法；单道焊或多道焊；单丝焊或多丝焊等；导电嘴至工件的距离；有无锤击等。

17）编制、审核、批准人员签字。

焊接技术人员应根据以上内容编制焊接工艺指导书，编制时应注意结合生产条件，以便于实现。

（2）焊接试件根据拟定的焊接工艺指导书焊接试件时应注意做到以下几点：

1）焊接应在主管焊接工程师的主持下进行，以便及时处理在焊接过程中出现的一些意外情况。

2）应选用操作技能水平较高的焊工焊接，把人为的因素减小。焊接工艺评定是验证预先制订的工艺焊接接头能否满足使用性能的要求，而不是考核焊工的操作技能。选择水平较高的焊工，可以有效地避免把焊工技能水平因素与工艺因素相混淆，从而导致不必要的修订工艺而重新评定。

3）施焊前检查钢材、焊材的材质证明或复验单，以确保评定的有效性。

4）检查焊条的烘干记录与烘干质量。

5）确保所用焊接设备、控制装置处于完好状态。

6）按工艺指导书要求清理试件，组对焊口，调整好工艺规范。

7）严格按工艺指导书的要求施焊，做好评定原始数据的记录。

（3）检验并出具焊接工艺评定报告试件焊接完以后，按照焊接工艺评定规程的要求进行检验，制备试样，进行各种性能试验，评定结果，出具焊接工艺评定报告。

在焊接完毕后，根据工艺评定规程的要求和产品图样的设计要求进行检验和试验。如在《钢制压力容器焊接工艺评定规程》(JB 4708—2000)中规定对接焊缝试件和试样的检验项目有外观检查、无损检测、力学性能和弯曲性能试验；角焊缝试件的检验项目有外观检查和金相检查（宏观）。

1）首先进行外观检查，然后按 JB 4730 进行无损检测，要求试件不得有裂纹。

2）按要求制备拉伸试样、弯曲试样和冲击试样（当规定时），取样时注意避开缺陷位。

3）按标准进行拉伸试验、弯曲试验和冲击试验，确认各项性能是否合格。

拉伸试验：

① 试样母材为同种钢号时，每个试样的抗拉强度应不低于母材钢号标准规定的下限值。

② 试样母材为两种钢号时，每个试样的抗拉强度应不低于两种母材钢号标准规定值下限的较低值。

③ 同一厚度方向上的两片或多片试样拉伸试验结果的平均值应符合上述要求，且单片试样如果断在焊缝或熔合线以外的母材上，其最低值不得低于母材钢号标准规定值下限的95%（碳素钢）或97%（低合金钢或高合金钢）。

弯曲试验：试样弯曲到规定的角度（180°）后，其拉伸面上沿任何方向不得有单条长度大3mm的裂纹或缺陷，试样的棱角开裂一般不计，但由夹渣或其他焊接缺陷引起的棱角开裂长度则应计入；若采用两片或多片试样时，每片试样都应符合上述要求。

冲击试验：每个区3个试样为一组的常温冲击吸收功平均值应符合图样或相关技术文件的规定，且不得小于27J，至多允许有1个试样的冲击吸收功低于规定值，但不低于规定值的70%。

4）根据工艺评定指导书、焊接原始记录和检验、试验结果，出具焊接工艺评定报告。焊接工艺评定报告中的内容除包括工艺指导书中的内容外（应注意：报告中所填写的内容均为实际焊接试件时的实测值，而工艺指导书中为预先拟订值，两者可能相同，也可能存在差异），还应包括以下内容：

① 拉伸试验记录。包括试验报告编号、试样编号、试样尺寸、断裂载荷、抗拉强度以及断裂部位和特征、试验值。

② 弯曲试验记录。包括试样编号、试样类型（面弯、背弯或侧弯）、试样厚度、弯心直径、弯曲角度和试验结果。

③ 冲击试验记录（如果要求）。包括试样编号、试样尺寸、缺口类型、缺口位置、试验温度、冲击吸收功。

④ 金相检验（角焊缝）。包括根部是否焊透，焊缝有无未熔合，焊缝、热影响区有无裂纹以及检验截面焊脚差。

⑤ 无损检验记录。包括无损检验报告编号以及评定试件无损检验后有无裂纹。

⑥ 金属化学成分（耐蚀堆焊）。

⑦ 结论部分。包括所做工艺评定依据的标准、最后的结论是否合格。

⑧ 焊工姓名、焊工代号和施焊时间。

⑨ 编制、审核、批准签字。

根据上述内容，形成一份完整的焊接工艺评定报告，如果所要求的各项性能均符合要求，则该项工艺评定合格，如有一项内容，或一个试样不合格，则判定评定为不合格。那么，焊接技术人员应修订工艺或重新拟定工艺，重新进行该项目的焊接工艺评定，直至获得一份合格的焊接工艺评定报告，也即合格的焊接工艺。

（4）编制焊接工艺规程和焊接工艺卡焊接工艺评定合格后，焊接技术人员可以根据评定结果，具体地编制焊接工艺规程和焊接工艺卡。要说明的是，只要在规程允许的替代范围内，可以根据一份工艺评定编制多份焊接工艺卡（用于生产的焊接工艺指导书），也可以根据多项焊接工艺评定编制一份焊接工艺指导书。

1.6.2　焊接工艺规程和焊接工艺卡

1.6.2.1　焊接工艺规程

（1）焊接工艺规程的定义焊接工艺规程是指制造焊件所有有关的加工方法和实施要求的细则文件，它可保证由熟练焊工或操作工操作时质量的再现性。

在 GB/T 3375—1994 中，将焊接工艺规程定义为：制造焊件所有有关的加工方法和实施要求，包括焊接准备、材料选用、焊接方法选定、焊接参数、操作要求等。

（2）焊接工艺规程的内容。焊接艺规程是在工艺评定合格的基础上，根据本企业的生产能力，针对某一具体产品的焊接或针对常用材料、结构、焊接方法、典型的零部件的焊接，所制定的关于生产过程的规定，是生产、制造和安装的依据。除人为因素的影响或机器、工具的原因外，合格焊工根据焊接工艺规程操作，就能够保证产品的质量。同时，焊接工艺规程也是对产品进行检验和质量控制的依据，编制焊接工艺规程的主要依据有产品的整套装配图样和零部件加工图、有关的焊接技术标准、产品验收的质量标准以及企业现有的生产能力。各企业的生产状况不同，制造产品不同，所设计的工艺规程的格式也不同，但通常来说，独立成册的焊接工艺规程的推荐格式（《钢制压力容器焊接规程》JB 4709—2000 的附录）见表 1-3。

表 1-3　焊接工艺规程格式

［单位名称］

焊接工艺规程

规程编号__________

产品编号__________　项目__________

用　　户__________　位号__________

图　　号__________　名称__________

版次	阶段	说明	修改标记及处数	编制人及日期	审核人及日期	备　注

接头编号表

焊接工艺规程					
接头编号示意图：					
	接头编号	焊接工艺卡编号	焊接工艺评定编号	焊工持证项目	无损检测要求

备注：如产品结构复杂，可另作一页不含表格的接头编号示意图。

续表 1-3

焊接材料汇总								
母材	焊接工艺规程							
	焊条电弧焊 SMAW		埋弧焊 SAW			气体保护焊 MIG/TIG		
	焊条/规格	烘干温度/时间	焊丝/规格	焊剂	烘干温度/时间	焊丝/规格	保护气体	纯度

容器技术特征						
部位	设计压力	设计温度/℃	试验压力/MPa	焊接接头系数	容器类别	备注

接头简图：	焊接顺序	焊接工艺卡编号 图号 接头名称 头编号			
		焊接工艺评定 报告编号			
		焊工持证项目			
		序号	本厂	锅检所	第三方或用户

母材		厚度/mm		检验	
焊缝金属		厚度/mm			

焊接位置		层-道	焊接方法	填充材料		焊接电流		电弧电压/V	焊接速度/cm·min^{-1}	线能量/kJ·cm^{-1}
施焊技术				牌号	直径/mm	极性	电流/A			
预热温度/℃										
层间温度/℃										
焊后热处理										
后热										
钨极直径/mm										
喷嘴直径/mm										
脉冲频率										
脉宽比/%										
气体成分		气体流量 正面								
		气体流量 负面								

工艺规程一般包括以下内容：

1）封面。封面的内容包括单位名称、规程编号、产品编号、图号以及版次、编制人和日期、审核人和日期等，各个企业可根据自己的实际情况设计封面。

2）接头编号表。接头编号表是该项焊接工艺规程所涉及的所有焊缝的汇总，包括两部分：

① 接头编号表示意图。该图是焊接工艺人员根据图样用单线表示的焊接接头位置和编号如压力容器，则按 GB150 规定的 ABCD 分类，再加上同类接头的顺序号，其他的可以自行编号，但编号不能重复。

② 接头编号明细表。该表标有接头编号、焊接工艺卡编号、焊接工艺评定编号、焊工持证项目和无损检验要求等，各个项目相对应。

通过查阅接头编号表，焊接技术人员和检测人员可以清楚地知道该产品所涉及的接头、工艺评定依据、检验类型和比例以及要求焊工的持证项目。

3）焊接材料汇总表。该表包括母材的牌号；所用的焊接方法；焊接材料的型号、规格；烘干温度和时间以及保护气体及纯度等。该表是技术人员编制预算和发放焊接材料的依据。

4）接头焊接工艺卡。接头焊接工艺卡是指导生产的细则，其中规定了加工该产品的焊接工艺。它的编制依据为产品的零部件加工图、产品的技术标准和验收标准、焊接工艺评定以及本企业的生产能力。通常是一项工艺规程中有多项工艺卡。

焊接工艺卡的内容通常包括：焊接接头简图；母材的牌号、规格；焊接材料的牌号、规格、烘干温度和时间；焊接顺序；焊接位置；预热温度、层间温度、焊后热处理和后热；焊接方法、填充材料的牌号和直径；焊接电流、电压、焊接速度；焊接工艺卡编号、接头名称、接头编号、工艺评定编号以及焊工持证项目；检验。工艺卡具有科学性和实用性，使焊工或操作工能够按卡工作。

1.6.2.2 焊接工艺卡的编制程序

一般来说，一种类型（同种材质、同样的厚度、同样的接头形式、同种焊接方法、同样的技术要求）的接头，应编制一份工艺卡，把上述要求的内容（如果涉及）叙述清楚，使工人能够根据工艺卡的内容，生产出合格产品。焊接工艺卡编制程序如下：

（1）根据产品装配图和零部件加工图以及其技术要求，确定母材钢号和厚度、焊接办法、焊接位置，找出相对应的焊接工艺评定，绘制接头简图，简图包括母材钢号、坡口形状和尺寸、厚度、焊接顺序（或层道次序）、不同的焊接办法或不同的焊材的焊缝金属厚度、清根位置、焊脚高度等。

（2）给出焊接工艺卡编号、图号、接头名称、接头编号、焊接工艺评定编号和焊工持证项目。

（3）根据焊接工艺评定和实际的生产条件及技术要求和生产经验，编制焊接顺序，如坡口清理、定位焊、预热、清根的顺序和位置、层间温度的控制、层间清理的要求以及检验或其他有关的要求等。

（4）根据焊接工艺评定编制具体的焊接工艺参数，即每一层道的焊接方法、填充材料的牌号和直径、焊接电流的极性和电流值、电弧电压、焊接速度等。

（5）根据焊接工艺评定给出其他的相关参数，如：预热温度、层间温度、焊后热处理、后热；钨极直径、喷嘴直径、气体成分和流量等。

（6）根据产品图样要求和产品标准确定产品的检验，包括检验机关、检验方法和检验比例。

至此，就形成了一份完整的焊接工艺卡，当然，各企业可以根据自己的实际情况增加或减少一些内容，但必须保证焊工或操作工能够根据工艺卡进行操作。

2 特种焊接方法

2.1 钎　　焊

钎焊、熔焊和压焊共同构成了现代焊接技术的三个重要组成部分。钎焊与熔焊相比较存在本质上的差异。它是采用比母材金属熔点低的金属材料作为钎料，利用液态钎料润湿填充到接头间隙内与母材金属相互扩散实现连接的焊接方式，属于固相连接。

2.1.1 钎焊基本原理和特点

2.1.1.1 钎焊基本原理

钎焊是利用液态钎料填满被焊金属结合面的间隙内而形成牢固接头的一种焊接方法。其过程是将钎料（作填充金属用）放置于焊件接缝间隙附近或间隙内，当加热到钎料熔化温度后，钎料熔化并渗入到固态焊件的间隙内，冷却凝固后形成牢固接头，如图 2-1 所示。

从钎焊过程可以知道，要得到牢固的钎焊接头必须具备两个基本条件：一是液态钎料润湿钎焊金属，且致密地填满全部间隙；二是液态钎料与钎焊金属进行必要的冶金反应，达到良好的金属结合。因此，钎焊包括两个过程：即钎料填满钎缝的过程和钎料同焊件金属相互作用的过程。

A　熔化钎料的填缝过程

要使熔化钎料能顺利地填缝，首先必须使熔化钎料能黏附在固体焊件的表面，这一现象称为“润湿”。如果熔化钎料在焊件表面呈球状，好像水珠在荷叶上滚来滚去一样，就称为“不润湿”，如图 2-2 所示。图中 θ 为润湿角，θ 角是表示钎焊润湿性好或差的量化指标，当 $\theta>90°$ 时，润湿性不好；当 $\theta<90°$ 时，润湿性好。钎焊时，要求熔化钎料表面张力应较小些，同时固态焊件原子对熔化钎料原子的作用力要大，这样就要求熔化钎料要有良好的流动性和润湿性。一般来说，影响润湿性因素有以下几点：

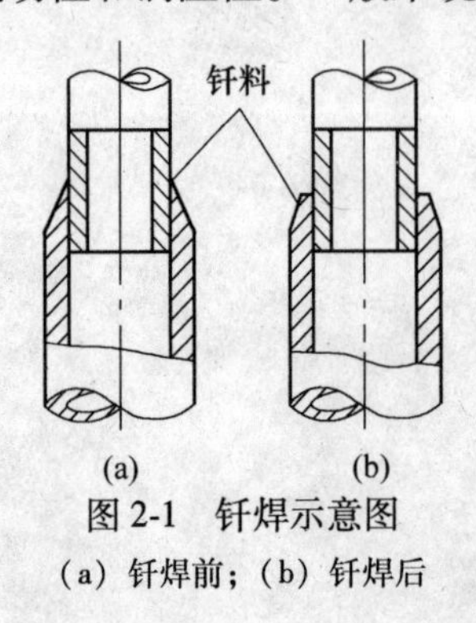

图 2-1　钎焊示意图
（a）钎焊前；（b）钎焊后

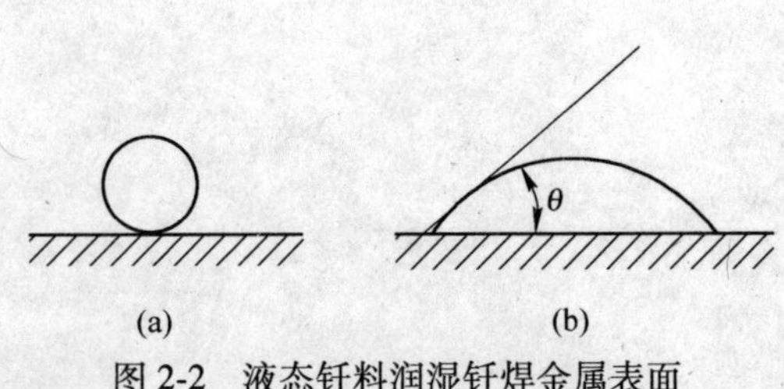

图 2-2　液态钎料润湿钎焊金属表面
（a）不润湿；（b）润湿

（1）钎料和钎焊金属的影响。钎料和钎焊金属能液态互溶、固态互溶或形成化合物，则它们之间的润湿性就好，否则润湿性就差。如果钎料和钎焊金属是多元合金，它们所含的元素相互之间具有互溶或形成化合物的作用，则这样钎料和钎焊金属间润湿性良好，否则润湿性就差，因此可以通过改变钎料的合金成分来改善钎料的润湿性。例如：纯铅对钢的润湿性很差，若在铅中加入锡，锡与钢能形成化合物，就能改善其润湿性。铅锡合金钎料在钢表面的润湿性很好，且含锡量越多润湿性越好，而铁-银就差。另外，像铁-铅、铁-镉、铁-铋、铜-钼、铅-铝等润湿性都较差。因此，在选择钎料成分时应注意避免。

（2）温度的影响。随着温度的升高，液体表面张力减小，会明显地改善润湿性。但是，加热温度不能过高，因为温度过高时，钎料润湿性太好，往往会造成钎料流失，还会引起钎焊金属晶粒粗大和熔蚀现象。因此，在钎焊过程中选择合适的钎焊温度是极其重要的。

（3）金属表面氧化膜的影响。钎料和钎焊金属表面有氧化膜时，熔化钎料的润湿性就会变得很差，往往凝聚成球状难以铺开。因此，焊前必须严格清理钎料和钎焊金属。钎焊时一般要使用钎剂来清除氧化膜。

（4）表面活性物质的影响。凡是能使溶液表面张力显著减小的物质称为表面活性物质。当熔化钎料中加入其他的表面活性物质时，它的表面张力就会明显减小，从而改善了钎焊金属的润湿性。例如银对铜、铅对银、镍对锡等都属于表面活性物质。

其次是熔化钎料的毛细管作用，这一作用越强，熔化钎料的填缝作用也越好。一般来说，熔化钎料在固态焊件上润湿性好的，毛细管作用也强。另外，毛细管作用与间隔大小有关，间隙较小，毛细管作用较强，钎料填缝强度也高。但是间隙不能过小，因为钎焊过程中钎焊金属的热膨胀，会使填缝困难。

B 钎料与焊件金属相互作用的过程

熔化钎料在填缝的同时，要与钎焊金属发生相互溶解和扩散的作用，才能获得牢固的连接接头。

钎焊金属向钎料的熔解，会改变钎料原有的成分，使钎料合金化，从而提高钎缝的强度。例如用纯锡钎焊紫铜时，纯锡钎料强度为14MPa，而钎缝强度可达到57MPa。但不易过量熔解，因为钎焊金属较多地溶解会使钎料的熔点和黏度增加，使填缝能力下降。过度地溶解会使钎焊金属表面出现熔蚀及熔穿的缺陷，如图2-3所示。因此，必须控制钎焊金属的熔解量，保证钎焊能顺利进行。

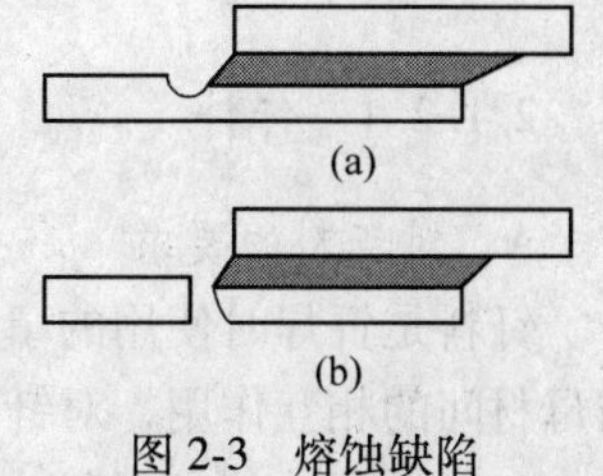

图2-3 熔蚀缺陷
（a）熔蚀；（b）熔穿

与此同时，还存在着钎料原子向钎焊金属的扩散，扩散均从高浓度向低浓度方向进行，而且扩散速度较快。当钎料中某组成分的含量比钎焊金属高时，由于存在浓度梯度，就会发生该组成分向钎焊金属的扩散。钎焊时的高温给扩散过程的进行创造了有利的条件。若熔解与扩散和扩散的结果能使它们形成固溶体，则钎焊接头的强度和塑性都会提高。如果熔解与扩散结果使它们形成化合物，则接头的塑性就会降低，因此要注意钎料成分的合理搭配。

2.1.1.2　钎焊特点

钎焊与熔焊相比较具有以下特点：

（1）生产效率高。可以一次焊几条、几十条焊缝，甚至更多。例如：前苏联制造的推力为750N的液体火箭发动机，其燃烧室内的钎缝长度达750m，就是采用钎焊一次完成的。又如：大型电子设备的印制电路板上的焊点多到成千上万，也是采用钎焊一次完成焊接的。

（2）可完成高精度及复杂零件的连接。例如：采用接触反应钎焊方法连接铜质毫米波器件，获取了连接尺寸偏离小于0.02mm、钎缝圆角半径小于0.2mm的高精度。又如：结构复杂、需要多次连接的雷达微波器件，以及薄壁、密集安装的列管式航空散热器、导弹的尾喷管、蜂窝结构和封闭结构等产品，由于其空间可达性的局限，只有选择钎焊方法才能确保优质连接。

（3）应用范围广。钎焊不仅能焊接同种金属，也能焊接异种金属，还能焊接非金属，如陶瓷、玻璃、石墨和金刚石等，典型例子是原子能反应堆中的金属与石墨的钎焊。

（4）可选择多种不同的加热方式。由于通过选择不同的钎料，连接温度可以在室温到接近钎焊金属熔点温度的范围内变化，所以可选择多种不同的加热方式。

（5）应力与变形小。由于钎焊时加热温度低于钎焊金属的熔点，钎料熔化而钎焊金属不熔化，所以钎焊金属的组织和性能变化较小，其钎焊后的应力和变形也小。

尽管钎焊与熔焊相比具有自身的优越性，但也存在固有的缺点。例如：钎焊接头的强度一般比较低，耐热性能也较差；接头的装配间隙要求较高，焊后清理要求十分严格。为了弥补强度低的缺点，钎焊较多地采用了搭接接头，因而又增加了母材的消耗量和结构的自身重量。所以，生产中应根据产品的材质、结构特点和工作条件，正确合理地选择连接方法。对于要求精密、尺寸微小、结构复杂、多焊缝及异种材料连接的工件，最好选择钎焊方法来焊接。

2.1.2　钎料和钎剂

2.1.2.1　钎料

A　对钎料的要求

钎料是钎焊时使用的填充金属，钎焊件依靠熔化的钎料连接起来，钎料自身的性能和与母材间的相互作用，对钎焊接头起着十分重要的作用。钎料应符合下列基本要求：

（1）应具有适应的熔点。钎料的熔点应比母材的熔点低40～60℃，若二者熔点过分接近，则不易控制钎焊过程，甚至出现焊件溶蚀、过烧及晶粒长大现象。但钎料的熔点要高于钎焊接头的工作温度，否则接头在工作时将会失效。

（2）应具有良好的润湿性。钎料熔化后能充分填满钎缝间隙并在母材表面充分铺展。

（3）应能与母材发生熔解及扩散等相互作用，形成牢固的冶金结合，当熔化钎料润湿母材时，钎料与母材之间就会发生母材成分向熔化钎料中溶解和钎料组分向母材扩散这样的相互作用。适当的作用可以提高接头的力学性能，而相互作用过度就会影响钎料的流动性和降低接头的性能。

（4）具有稳定和均匀的成分。钎料中不应含有易蒸发、有毒和导致偏析现象的元素，这些将使钎料成分和均匀性发生变化，造成接头性能的不均匀、不稳定，从而会影响钎焊接头的承载能力。

（5）能满足使用要求。所得到的钎焊接头应能满足力学性能和物理化学性能方面的要求。另外，还应考虑钎料的经济性，在满足工艺性能和使用性能的前提下，应尽量少用或不用稀有金属和贵金属，从而降低生产成本。

B 钎料的分类

按照钎料熔化温度的不同，可将其分为软钎料和硬钎料两大类。

（1）软钎料。熔化温度低于450℃的钎料被称为软钎料。其强度较低，一般为20~100MPa。软钎料中主要的金属元素是锡，其次是铅、铋、锌、铟、锑、镉、银和铜等。软钎料如焊锡，常采用电烙铁加热焊接。

（2）硬钎料。溶化温度高于450℃的钎料称为硬钎料。其强度较高，多数为200MPa，有的可达500MPa。

在这里应该指出的是，450℃这一分界温度是人为规定的，“软”和“硬”也是相对的。

钎料分类的另一种常见方法是按其组成的主体金属来命名，如软钎料可以分为铟基钎料、铋基钎料、锡基钎料、铅基钎料、镉基钎料和锌基钎料等，其熔点范围如图2-4所示。硬钎料可分为铝基钎料、银基钎料、铜基钎料、镍基钎料等，其熔点范围如图2-5所示。

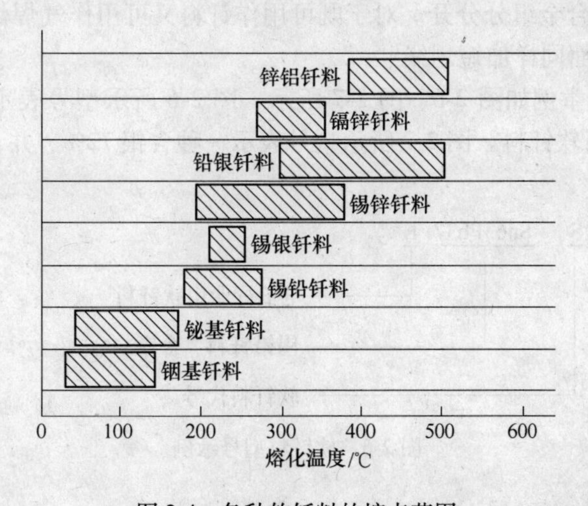

图2-4 各种软钎料的熔点范围

C 钎料的型号与牌号

a 钎料的型号

根据《钎焊型号表示方法》（GB/T 6208—1995）标准规定，钎料型号由两部分组成，第一部分用一个大写英文字母表示钎料的类型：首字母“S”表示软钎料，“B”表水硬钎料。第二部分由主要合金组元的化学元素符号组成。第一个化学元素符号表示钎料的基体组分；其他化学元素符号按其质量分数顺序排列，当几种元素的质量分数相同时，按其原子序数顺序排列。钎料型号两部分之间应用短划线“-”分开。

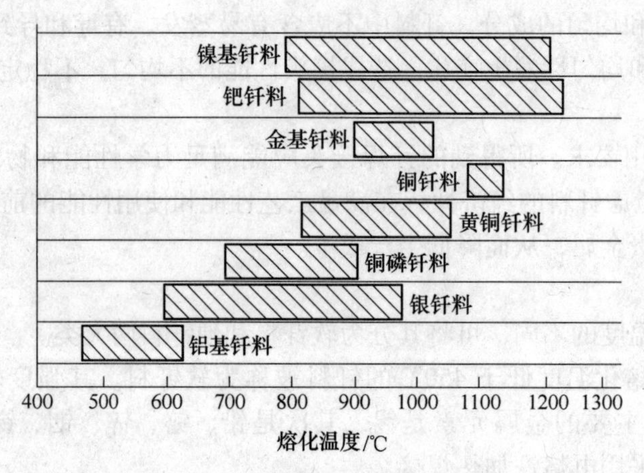

图 2-5　各种硬钎料的熔点范围

软钎料每个化学元素符号后都要标注其公称质量分数；而硬钎料仅是第一个化学元素符号后标出公称质量分数。公称质量分数取整数误差±1%，若其元素公称质量分数仅规定最低值时应将其取整数。公称质量分数小于 1%的元素在型号中不必标出。但是，如果某元素是钎料的关键组分，则必须要标出时，软钎料型号中可仅标出其化学元素符号，而硬钎料型号中应将其化学元素符号用括号括起来。

在这里应指出的是，每个钎料型号最多只能标出 6 个化学元素符号。在钎料型号第二部分之后用字母“E”是表示电子行业用软钎料。用字母“V”表示真空级钎料，字母用短划线“-”与前面合金组分分开。对于既可用作钎料又可用作气焊焊丝的铜锌合金，用字母“R”表示，前面同样加短划线“-”。

软、硬钎料型号举例如图 2-6、图 2-7 所示。图 2-6 所示型号表示一种含锡 63%、含铅 37%的电子工业用软钎料。图 2-7 所示型号表示一种含银 72%、并含铜元素的真空级硬钎料。

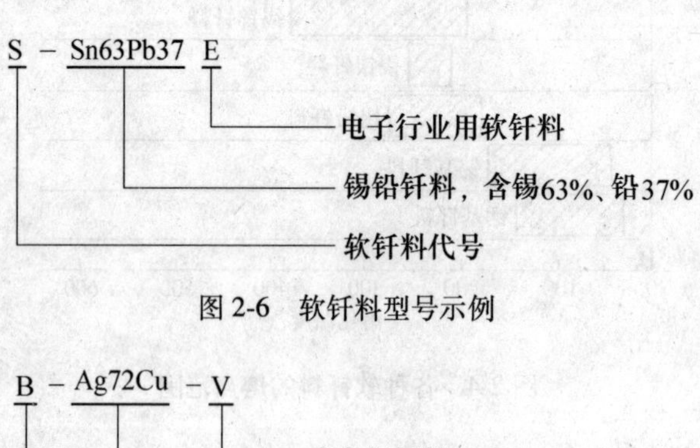

图 2-6　软钎料型号示例

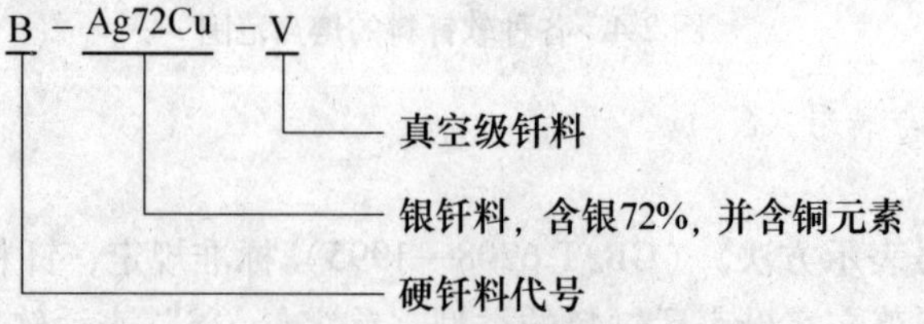

图 2-7　硬钎料型号示例

b　钎料的牌号

由原机械工业部编写的《焊接材料产品样本》(1997 年版) 中的钎料牌号编制方法为：

牌号前用“HL”表示焊料；牌号第一位数字表示钎料的化学组成类型，其系列按表 2-1 规定排列；牌号第二、第三位数字表示同一类型钎料的不同牌号。例如：成分为$w(Ag)$ = 45%、$w(Cu)$ = 30%、$w(Zn)$ = 25%的银钎料表示为“HL303”。

表 2-1 钎料的化学组成类型

牌 号	化学组成类型	牌 号	化学组成类型
HL1××	铜锌合金	HL5××	锌合金
HL2××	铜磷合金	HL6××	锡铅合金
HL3××	银合金	HL7××	镍合金
HL4××	铝合金		

D 钎料的种类

(1) 银钎料。银钎料是银、铜和锌的合金，有时加入少量的Cd、Sn、Ni和Li以满足不同的钎焊要求。银钎料是应用最多的硬钎料，主要适用于火焰钎焊、电阻钎焊、炉中钎焊等工艺方法。

常用银钎料的成分、性能及用途见表 2-2。

表 2-2 常用银钎料的成分、性能及用途

型 号	牌号（JB）	主要化学成分（质量分数）			熔化温度/℃		抗拉强度/MPa	主要用途
		Ag	Cu	Zn	固相线	液相线		
B-Ag25CuZn	HL302	24.0~26.0	40.0~42.0	33.0~35.0	745	775	353	具有良好的润湿作用和填缝能力，常用于钎焊铜及其合金、钢、不锈钢等
B-Ag45CuZn	HL303	44.0~46.0	29.0~31.0	23.0~27.0	660	725	386	应用甚广，常用于强度高、能承受振动载荷的焊件，在电子和食品工业中广泛应用
B-Ag50CuZn	HL304	49.0~51.0	33.0~35.0	14.0~18.0	690	775	343	适用于钎焊间隙不均匀或要求圆角较大的零件。可钎焊铜及其合金、钢等
B-Ag10CuZn	HL301	9.0~11.0	52.0~54.0	36.0~38.0	815	850	451	钎焊接头塑性较差，主要用于钎焊要求较低的铜及其合金、钢等
B-Ag72Cu	HL308	71.0~73.0	余量		779	780	375	不含挥发元素，导电性高，适用于铜和镍的真空和还原气氛钎焊
B-Ag65CuZn	HL306	64.0~66.0	19.0~21.0	余量	685	720	384	钎料熔化温度较低，强度和塑性好，可用于钎焊性能要求高的黄铜、青铜、钢件等

（2）铜基钎料。铜基钎料具有良好的耐腐蚀性能，由于钎料中不含银，且价格便宜，适用于火焰钎焊、电阻钎焊、炉中钎焊、感应钎焊和浸沾钎焊等工艺方法。各种铜基钎料的成分、性能及用途见表 2-3 和表 2-4。

表 2-3　铜及铜锌类钎料的成分、性能及用途

型号	牌号（JB）	主要化学成分（质量分数）/%							熔化温度/℃		抗拉强度/MPa	主要用途
		Cu	Zn	Sn	Si	Mn	Fe	Ni	固相线	液相线		
B-Cu54Zn	HL103	53.0 ~ 55.0	余量	—	—	—	—	—	885	888	254	钎料塑性较差，主要用于钎焊不受冲击和弯曲的铜及其合金零件
B-Cu58ZnMn	HL105	57.0 ~ 59.0	余量	—	—	3.70 ~ 4.30	0.15	—	880	909	304.2	广泛用于硬质合金刀具、模具及采掘工具的钎焊
B-Cu60ZnSn-R	—	59.0 ~ 61.0	余量	0.80 ~ 1.20	0.15 ~ 0.35	—	—	—	890	905	343.2	可取代 H62 钎料以获得更致密的钎缝。还可作为气焊黄铜的焊丝
B-Cu58ZnFe-R	—	57.0 ~ 59.0	余量	0.70 ~ 1.0	0.05 ~ 0.15	0.03 ~ 0.09	0.35 ~ 0.09	—	860	900	333.4	可取代 H62 钎料以获得更致密的钎缝。还可以为气焊黄铜的焊丝
B-Cu48ZnNi-R	—	46.0 ~ 50.0	余量	—	0.04 ~ 0.25	—	—	9.0 ~ 11.0	921	935	—	用于有一定耐热要求的低碳钢、铸铁、镍合金零件的钎焊，也可用于硬质合金刀具的钎焊

表 2-4　铜磷钎料的成分、性能及用途

型号	牌号（JB）	主要化学成分（质量分数）/%					熔化温度/℃		抗拉强度/MPa	主要用途
		Cu	P	Ag	Sb	Sn	固相线	液相线		
B-Cu93P	HL201	余量	6.80 ~ 7.50	—	—	—	710	800	470	流动性极好。主要用于机电和仪表工业，钎焊不受冲击载荷的铜及黄铜零件

续表 2-4

型号	牌号（JB）	主要化学成分（质量分数）/%					熔化温度/℃		抗拉强度/MPa	主要用途
		Cu	P	Ag	Sb	Sn	固相线	液相线		
B-Cu92PSb	HL203	余量	5.80~6.70	—	1.50~2.50	—	690	800	305	流动性稍差，用途与B-Cu93P相同
B-Cu80AgP	HL204	余量	4.80~5.30	14.50~15.50	—	—	645	800	503	钎料的导电性和塑性进一步改善，适用钎焊间隙较大的零件
B-Cu80SnPAg	HL207	余量	4.80~5.30	4.50~5.50	—	10.5	560	650	—	用于要求钎焊温度低的铜及其合金零件

（3）铝基钎料。铝基钎料是由铝硅合金为基料，适量地加入 Cu、Zn 和 Fe 等元素构成的，适用于火焰钎焊、炉中钎焊和盐浴钎焊等工艺方法来钎焊铝及铝合金。铝基钎料的成分、性能及用途见表 2-5。

表 2-5 铝基钎料的成分、性能及用途

牌号	名 称	化学成分（质量分数）/%		熔化温度/℃	特性及用途
HL400	铝硅钎料	Si	11.7	577~582	有良好的润湿性和流动性，抗腐蚀性能很好，钎料具有一定的塑性，可加工成薄片，是应用很广的一种钎料，广泛用于钎焊铝及铝合金
		Al	余量		
HL401	铝铜硅钎料	Si	5	525~535	具有较高的力学性能，在大气和水中抗腐蚀性能很好，熔点较低，操作容易，在火焰钎焊时应用甚广，用于铝及铝合金钎焊、修补铝铸件缺陷、LF21铝合金散热器
		Cu	28		
		Al	余量		
HL402	铝硅铜钎料	Si	10	521~585	填充能力强，钎缝强度高，在大气中有良好的抗腐蚀性，可以加工成片和丝，广泛用于钎焊纯铝、LF21 防锈铝、LD2 锻铝等铝及铝合金
		Cu	4		
		Al	余量		
HL403	铝硅锌钎料	Si	10	516~560	熔点低，强度较高，流动性好，但耐腐蚀性较差，常用于钎焊纯铝，LF21、LF2 和 LD2 等铝及铝合金
		Cu	4		
		Zn	10		
		Al	余量		

（4）锡铅钎料。锡铅钎料是应用最广泛的软钎料，它具有熔点低、润湿作用强和耐蚀性优良的特点，适用于电烙铁钎焊和火焰钎焊等工艺方法。锡铅钎料的成分、性能及用

途见表2-6。

表2-6 锡铅钎料的成分、性能及用途

牌号	名 称	化学成分（质量分数）/%		熔化温度/℃	抗拉强度/MPa	特性及用途
HL600	60%锡铅钎料	Sn	59~61	183~185	46	熔点最低，流动性好，用于无线电零件、电器开关零件、计算机零件、易熔金属制品，适于钎焊低温工作的工件
		Sb	≤0.8			
		Pb	余量			
HL603	40%锡铅钎料	Sn	39~41	183~235	37	润湿性和流动性好，有相当的抗腐蚀能力，熔点也较低，应用最广，用于钎焊铜及铜合金、钢、锌、钛及钛合金，可得光洁表面，常用于钎焊散热器、无线电设备、电器元件及各种仪表等
		Sb	1.5~2.0			
		Pb	余量			
HL604	90%锡铅钎料	Sn	89~91	183~222	42	含Sn量最高、抗腐蚀性能好，可用于钎焊大多数钢材、铜材及其他许多金属。因Pb含量低，特别适于食品器皿及医疗器械内部的钎焊
		Sb	≤0.15			
		Pb	余量			
HL608	铅银钎料	Sn	5.2~5.8	295~305	34	具有较高的高温强度，用于铜及铜合金、钢的电烙铁钎焊及火焰钎焊
		Sb	2.2~2.8			
		Pb	余量			
HL613	50%锡铅钎料	Sn	49~51	183~210	37	结晶温度区间小，流动性很好，常用于钎焊飞机散热器、计算机零件、铜、黄铜、镀锌或镀锡铁皮、钛及钛合金制品等
		Sb	≤0.8			
		Pb	余量			

2.1.2.2 钎剂

钎焊时使用的熔剂称为钎剂。钎剂的主要作用是可以清除钎料和母材金属表面的氧化物，还可以减小液态钎料的表面张力以改善其润湿性，其次作用是保护焊件和熔化钎料不氧化，使其能顺利地实现钎焊过程。

钎剂有软钎剂和硬钎剂两类。软钎剂是指在450℃以下钎焊用的钎剂，是由成膜物质、活化物质、助剂、稀释剂和熔剂组成的，主要是配合软钎焊使用。硬钎剂是指450℃以上钎焊用的钎剂，是由硼砂、硼酸及其混合物组成的，主要配合硬钎焊使用。

钎焊时要求钎剂应具有良好的热稳定性；能很好地熔解或破坏钎焊金属表面的氧化膜；钎剂的熔点应低于钎料的熔点；而其沸腾温度应比钎料的熔点高，以免钎剂蒸发耗损；钎剂的作用温度应比钎料的熔点低；钎焊后钎剂的残渣应能清除。实际生产中，钎剂是不可能完全满足上述要求的，所以，应根据钎剂的特点及具体情况来选择钎剂。

2.1.2.3 钎料和钎剂的选择

钎焊时常用金属材料选用的钎料和钎剂见表2-7，选用时可参考。

表 2-7 钎焊时常用金属材料选用的钎料和钎剂

母 材	钎 料	钎 剂
碳钢	黄铜钎料（如 HL101 等） 银钎料（如 HL303 等） 锡铅钎料（如 HL603 等）	硼砂、硼砂和硼酸 氟硼酸钾和硼酐（如 QJ102 等） 氯化锌、氯化铵溶液
不锈钢	黄铜钎料（如 HL101 等） 银钎料（如 HL312 等） 锡铅钎料（如 HL603 等）	硼砂和氟化钙（如 200 号等） 氟硼酸钾和硼酐（如 QJ102 等） 氯化锌和盐酸溶液
铸铁	黄铜钎料（如 HS221 等） 银钎料 锡铅钎料	硼砂、硼砂和硼酸 氟硼酸钾和硼酐（如 QJ102 等） 氯化锌、氯化铵溶液
硬质合金	黄铜钎料（如 105 号等） 银钎料（如 HL315 等）	硼砂、硼酐 氟硼酸钾和硼酐（如 QJ102 等）
铝及铝合金	铝基钎料（如 HL401 等） 锌锡钎料（如 HL501 等）	氯化物和氟化物（如 QJ201 等） 氯化锌、氯化亚锡（如 QJ203 等）
铜及铜合金	铜磷钎料（如 HL201 等） 黄铜钎料（如 HL103 等） 银钎料（如 HL303 等） 锡铅钎料	钎焊铜不用钎剂，钎焊铜合金用 QJ102 等 硼砂、硼酸 氟硼酸钾和硼酐 松香酒精、氯化锌溶液

2.1.3 钎焊方法及工艺

钎焊方法按照不同的特征和标准，可划分许多类型，这里重点介绍实际中应用广泛的几种钎焊方法及工艺。

2.1.3.1 火焰钎焊方法及工艺

利用可燃气体与氧气（或压缩空气）混合燃烧所形成的火焰进行加热的钎焊方法，称为火焰钎焊，如图 2-8 所示。

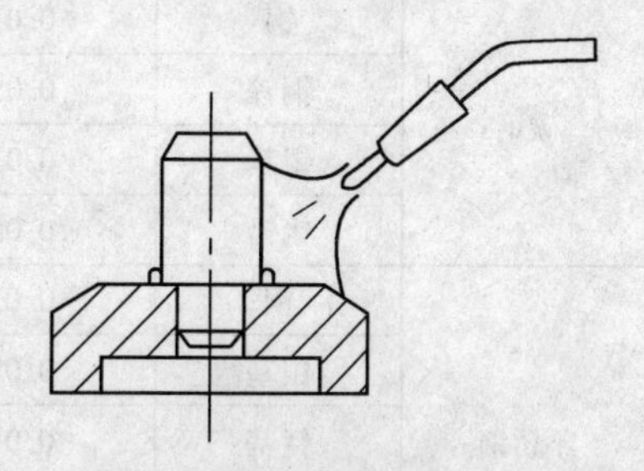

图 2-8 火焰钎焊

火焰钎焊具有设备简单，燃气来源广泛，灵活性大，通用性强及实用等特点。因此，广泛应用于铜基钎料钎焊钢、铸铁及硬质合金刀具等，对于铜、银、铝合金的小型及薄壁焊件也可用火焰钎焊，尤其适用于截面质量不等的组件。但火焰钎焊要求焊工的操作技术水平高，以保证钎焊缝的质量优良。另外工件容易发生氧化，生产效率较低。

A 接头形式

钎焊的接头形式有对接接头、斜接接头、搭接接头、T 形接头、卷边接头及套接接头等，如图 2-9 所示。

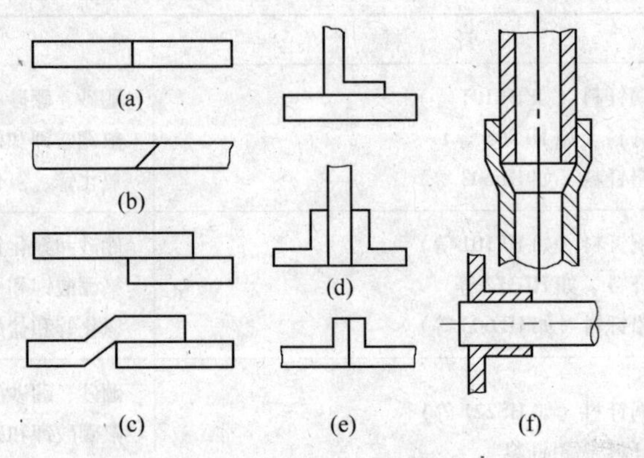

图 2-9　钎焊接头形式

(a) 对接接头；(b) 斜接接头；(c) 搭接接头；(d) T 形接头；(e) 卷边接头；(f) 套接接头

对接形式的钎焊接头强度比母材金属低，只适用于不重要或载荷较小的钎焊件。其他形式的接头，由于接触面积大，比较适合受载荷较大的焊件钎焊。

B　接头间隙

钎焊接头间隙是指在实施钎焊的条件下母材结合面之间的距离。钎焊接头间隙的大小对钎焊接头的质量有着明显的影响。间隙过大，会破坏毛细管的作用，起不到钎焊的作用，钎料与母材的合金化作用降低，或产生硬脆的金属间化合物相，导致接头力学性能下降；间隙过小，会妨碍熔化钎料流入钎料不能充满整个钎缝，尤其对于共晶型或单个元素钎料影响更大，甚至难以形成钎透率高的接头。钎焊接头间隙的大小与母材金属、所选的钎料和钎剂、钎焊方法及温度有关。对于不同形式的接头和不同类型的载荷，以及不同母材和钎料的组合，对间隙都有不同的要求。常用同种金属材料钎焊接头间隙见表 2-8。

表 2-8　常用同种金属材料钎焊接头间隙

母 材	钎 料	间隙值/mm	母 材	钎 料	间隙值/mm
碳钢	铜	0.01~0.05	铜和铜合金	铜锌	0.05~0.20
	铜锌	0.05~0.20		铜磷	0.03~0.15
	银基	0.03~0.15		银基	0.05~0.20
	锡铅	0.05~0.20		锡铅	0.05~0.20
不锈钢	铜	0.01~0.05	铝和铝合金	铝基	0.10~0.25
	银基	0.05~0.20		锌基	0.10~0.30
	锰基	0.01~0.15	钛和钛合金	银基	0.05~0.10
	镍基	0.02~0.10		钛基	0.05~0.15
	锡铅	0.05~0.20			

对于异种金属材料的钎焊，其接头间隙应根据焊件的不同装配方式而定。例如：黄铜与钢相互套装时，黄铜的线膨胀系数大于钢，若把黄铜焊件套在钢件内，则室温时的装配间隙应该比钎焊温度下所需的装配间隙大；相反，钢件套在黄铜件内时，则室温装配间隙应该适当减小。图 2-10 所示为钢与铜两种材料相互套装时的情况。

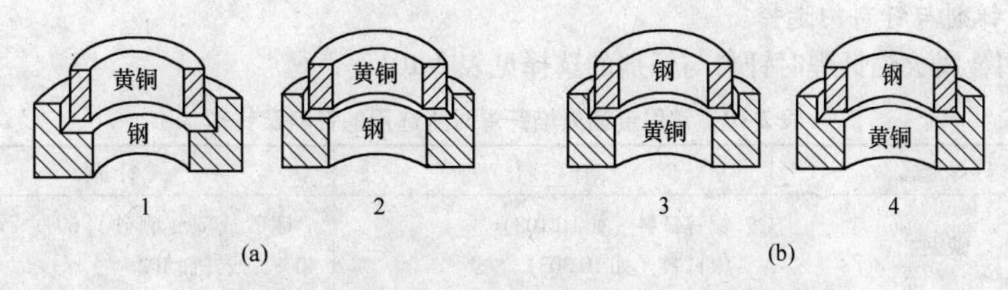

图 2-10 不同线膨胀系数材料装配间隙与装配方式

（a）黄铜焊件套在钢焊件中；（b）钢焊件套在黄铜焊件中

1—室温时大间隙；2—钎焊温度下适合间隙；3—室温时小间隙；4—钎焊温度下合适间隙

C 焊前清理

钎焊焊件表面的油脂、氧化物及锈斑，会妨碍钎料在母材上的铺展和填缝，因此，焊前必须将其彻底清除，以保证钎焊焊缝性能良好。表面油污可用丙酮、酒精、汽油等有机溶剂清洗。

焊件表面的锈蚀、氧化物主要采用机械去膜和化学去膜两种清除方法。机械去膜是一种常用的方法，可用锉刀、刮刀、砂布、砂轮打磨。但由于其生产率低，所以也只适用单件生产。用金属丝刷和丝轮去膜，效果较好，适于小批量生产。去膜效果最好的是用喷砂或弹丸，这种方法适用于形状复杂或表面大的零件。机械去膜的方法主要适用于钢、铜及铜合金、镍及镍合金等金属材料。化学去膜主要是采用酸或碱来溶解金属中的氧化物。这种方法适用于大批量生产，它不但生产效率高，去膜效果好，且质量也易于控制。但使用时要防止浸蚀过度，浸蚀后应及时进行中和处理，然后在冷水或热水中冲洗干净。常用的浸蚀液见表 2-9。

表 2-9 常用浸蚀液

适用母材	浸蚀液成分（质量分数）	处理温度
铜及铜合金	H_2SO_4 10%余量水	50~80℃
	H_2SO_4 12.5% +Na_2SO_4 1%~3%，余量水	20~77℃
	H_2SO_4 10%+$FeSO_4$ 10%余量水	50~80℃
	HCl 0.5%~10%，余量水	室温
碳钢与低合金钢	H_2SO_4 10% +缓蚀剂，余量水	40~60℃
	HCl10% + 缓蚀剂，余量水	40~60℃
	H_2SO_4 10%+HCl10%，余量水	室温
铸 铁	H_2SO_4 12.5% +HF 12.5%，余量水	室温
不锈钢	H_2SO_4 16%，HCl 15%，HNO_3 5%，H_2O 64%	100℃，30s
	HCl 25% +HF 30% + 缓蚀剂，余量水	50~60 ℃
	$H_2SO_4$10%+ HCl 10%，余量水	50~60℃
钛及钛合金	HF 2%~3%+ HCl 10%，余量水	室温
铝及铝合金	NaOH 10%，余量水	50~80℃
	H_2SO_4 10%，余量水	室温

D　钎剂与钎料的选择

常用金属火焰钎焊时钎料与钎剂的选择见表2-10。

表2-10　常用金属火焰钎焊时所选用的钎料及钎剂

钎焊金属	钎　料	钎 剂
碳钢	铜锌钎料（如HL103） 银钎料（如HL303）	硼砂或 w（硼砂）60% +w（硼酸）40%，或钎剂102
不锈钢	铜锌钎料（如HL103） 银钎料（如HL304）	钎剂102或硼砂，或 w(硼砂）60%+w(硼酸）40%
铸铁	铜锌钎料（如HL103） 银钎料（如HL304）	硼砂或 w（硼砂）60% + w（硼酸）40%，或钎剂102
硬质合金	铜锌钎料（如HL103） 银钎料（如HL304）	硼砂或 w（硼砂）60% + w（硼砂）40%，或钎剂102
铜及其合金	铜磷钎料（如HL204） 铜锌钎料（如HL103） 银钎料（如HL303）	钎焊纯铜时不用钎剂，钎焊铜合金时可用硼砂或 w（硼砂）60% +w（硼酸）40%、钎剂102或钎剂103

E　火焰钎焊操作点

a　同种金属火焰钎焊

（1）焊前准备。焊前按清理的要求应将焊件表面的油污和氧化物彻底清除，可采用前面所述方法。

（2）火焰钎焊过程。首先采用轻微碳化焰的外焰对焊件进行预热，加热时焰芯距焊件表面15~20mm，可以适当地加大受热面积。通常预热温度一般在450~600℃之间。如果焊件的厚度不相同，预热时火焰应该指向厚件，防止薄件熔化。当预热温度与钎料的熔化温度相接近时，应立即撒上钎剂，并用外焰加热使钎剂熔化。钎剂熔化后，立即将钎料与被加热到高温的焊件接触，利用焊件的高温使钎料熔化。待熔化钎料渗入间隙后，将火焰焰芯抬高至距离焊件为35~40mm，这样可以控制钎料过热。最后将焊件的全部间隙都填满钎料，焊接过程结束。

（3）注意事项。钎焊时间应力求最短，以减小接触处的氧化；不能用火焰直接加热钎料，应加热焊件，使钎料接触焊件熔化；火焰高温区不要对着已熔化的钎料和钎剂，防止过烧；必须等钎焊缝凝固之后才能移动焊件；用机械方法清除残留的焊渣。

b　异种金属火焰钎焊

（1）钎料和钎剂的选择。应根据两种金属材料的材质和使用要求来选择钎料，先用的钎剂应能同时清除两种焊件表面的氧化物，并能改善熔化钎料对它们的润湿作用。例如不锈钢和纯铜钎焊时最好选QJ200钎剂。

（2）钎焊接头预留间隙的选择。钎焊接头若采用套接形式时，被套入件的线膨胀系数如果大于外套零件，预留间隙可加大；反之，则预留间隙可适当减小。

（3）火焰能率的使用。由于两种金属的热率存在差异，所以在火焰加热时，应指向热导率大的焊件，这样才能使接头温度相同。

F　火焰钎焊的应用实例

a　纯铜弯头和纯铜管子的钎焊

散热器上纯铜弯头和纯铜管子的钎焊如图 2-11 所示，要求钎焊接头在 2.8MPa 的压力下不泄漏。钎焊过程如下：

（1）脱脂处理。在钎焊之前，用蒸汽对钎焊处作脱脂处理。

（2）装配。用直径为 0.7mm 的钎料 HL204 割成的钎料圈套在弯头的每个脚上。安装钎料圈时，必须将它紧套在弯头上，这样在钎焊时才会借助母材金属的热传导将其熔化，如图 2-11 所示。

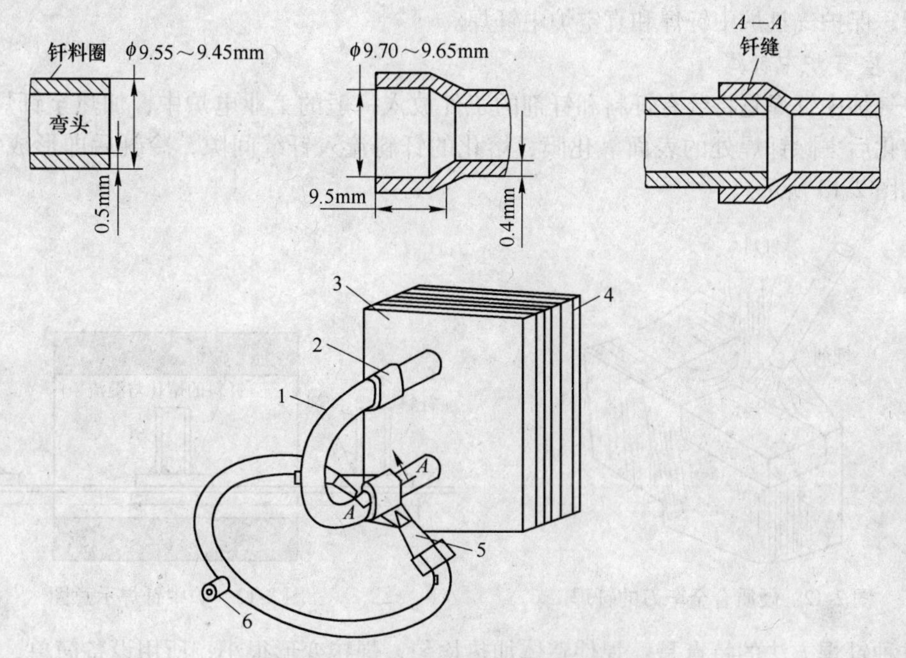

图 2-11 纯铜弯头和纯铜管子的钎焊

1—铜弯头；2—铜散热器管；3—铝压板；4—铝翘板；5—焊嘴；6—乙炔焊炬

（3）钎焊方法。钎焊时，不必加钎剂。因为钎料 HL204 中的磷能还原铜中的氧化物，能起到钎剂的作用。然后用叉形双嘴氧—乙炔焊炬来加热管子（切勿加热钎料），熔化钎料流入接头间隙完成钎焊的整个过程。

b 硬质合金车刀的火焰钎焊

图 2-12 所示为硬质合金车刀的钎焊。

（1）焊前准备。采用喷砂或在碳化硅砂轮上用手工轻轻磨去硬质合金刀片要钎焊表面的表层。用锉刀将刀槽的毛刺清除干净，然后用汽油清洗粉尘，根据图示位置把刀片放置在刀体上，待焊接。

（2）选择钎料和钎剂。一般选用 HL103 铜锌钎料，也可以选用 HS221 锡黄铜焊丝或 HS224 硅黄铜焊丝。钎剂一般可选用 QJ102 或用脱水硼砂。

（3）钎焊方法。将刀片放入刀槽后，用氧—乙炔焰加热刀槽的四周，直至呈暗红色，同时对刀片也稍加热后，用火焰加热焊丝，并蘸上钎剂 QJ102 待用。这时，继续加热刀槽四周，使其呈现暗红色，立即将蘸有钎剂的焊丝送入接头缝隙处，利用刀槽的热量把焊丝快速熔化并渗入和填满间隙。

（4）焊后处理。钎焊后，为了防止硬质合金刀片的开裂，应在空气中缓慢地冷却。

最好立即把刀具埋在热砂或草木灰中缓冷，或进行炉中低温回火，温度为 370~420℃，保温时间为 2~3h。车刀冷却后，钎剂残渣及其他表面污物可在热水中用钢丝刷刷去并按要求磨削成所需车刀待用。

2.1.3.2　炉中钎焊方法及工艺

炉中钎焊是利用电阻炉的热源来加热焊件实现钎焊的一种方法。炉中钎焊分为空气炉中钎焊、保护气氛炉中钎焊和真空炉中钎焊。

A　空气炉中钎焊

空气炉中钎焊是将装有钎料和钎剂的工件放入一般的工业电炉中，加热至钎焊温度。钎剂熔化后去除钎焊处的表面氧化膜，熔化的钎料流入钎缝间隙，冷凝后即形成钎焊接头，如图 2-13 所示。

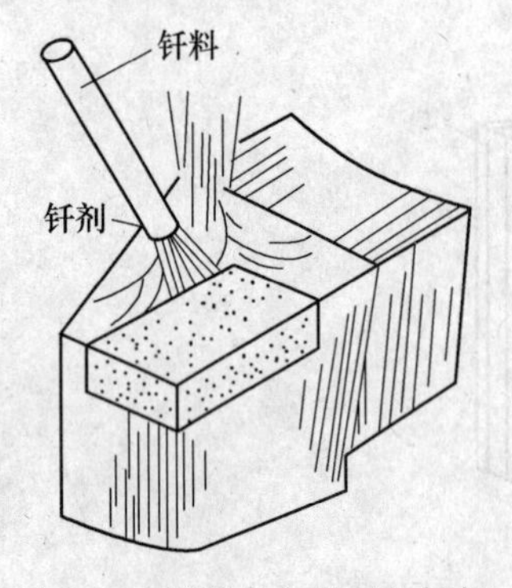

图 2-12　硬质合金车刀的钎焊

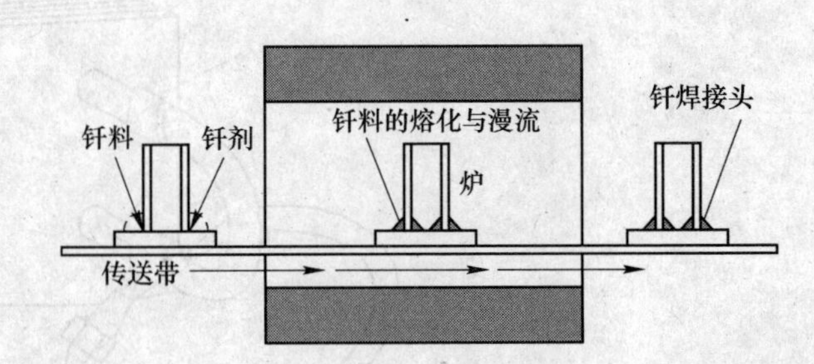

图 2-13　炉中钎焊示意图

这种钎焊方法的特点是：焊件整体加热均匀，焊接变形很小；所用设备简单，生产成本较低；可一炉同时钎焊多个焊件。但是由于加热速度较慢，在空气中加热时焊件容易氧化，特别是温度高时，氧化严重。钎料高熔点时，氧化更为严重。所以，空气炉中钎焊的应用受到限制，一般只适用碳钢、合金钢、铜及铜合金、铝及铝合金等金属材料钎焊。

空气炉中钎焊时，钎剂可以调成糊状或水溶液，也可以制成粉状使用。通常是将其先涂在间隙内和钎料上，然后放入炉中钎焊。为了缩短焊件在高温停留的时间，应先将炉温升到高于钎焊温度，再放入焊件进行钎焊。

确保钎焊质量的一个重要环节是严格控制焊件加热的均匀性。对于那些体积较大且较复杂、组合件各处的截面有差异的焊件，采用炉中钎焊时应注意以下几个要点：

（1）应保证炉内温度的均匀。

（2）焊件钎焊前应先在低于钎焊温度下保温一段时间，尽量使焊件整体温度一致。

（3）对于截面有较大差异的焊件，在薄截面的一侧与加热体之间应放置隔热屏（金属块或板）。

（4）铝合金钎焊时，应严格控制炉温和钎焊温度，其两者温度波动都不应超过±5℃。而且必须保证炉膛温度均匀。

B　保护气氛炉中钎焊

a　原理及特点

保护气氛炉中钎焊的过程是将焊件置于通有氢气或惰性气体的耐热钢或不锈钢制成的

密封容器内，再将容器放入电炉中进行加热钎焊（可用普通的电炉），钎焊后取出容器，钎焊件随着容器一起冷却。

保护气氛炉中钎焊的特点是：加有钎料的焊件是在保护气氛下的电炉中进行加热钎焊，这样可有效地避免空气入侵的不良影响。

根据所用气氛不同，保护气氛炉中钎焊可分为还原性气氛（如氢气）炉中钎焊和惰性气氛（如氩气、氦气等）炉中钎焊。

还原性气体的还原能力与氢气和一氧化碳的含量有关，且还取决于气体的含水量和二氧化碳的含量。气体的含水量是用露点来表示的。含水量越小，则露点越低。在高温时，氢气是许多金属氧化物的一种最好的活性还原剂，但是氢气也能使许多金属发生脆化，如铜、钛、锆、铌、钽等。此外，当空气中含氢量高于4%时，会成为一种易爆气体。因此，在硬钎焊时必须严格控制露点。对于氢露点，一般是采用分子筛脱水净化，足以使氢露点降到-60℃。氢也可以采取同样方式脱水。钎焊时尽管已采取了净化方式脱水，但是在是否选用氢气作为保护气氛时，还应慎重，切不可大意。

b　设备装置及供气系统

供气系统主要是由气源、净气装置、管道和阀门等部分组成。一般情况下，气源直接采用瓶装气体供钎焊使用。为了安全起见，氢气是采用专门的分解器分解氨的办法提取的。

钎焊容器的盖子通常是用胶圈密封，再用螺栓紧固的。容器上焊有保护气体的进气管和出气管。当保护气体比空气轻（如氢气）时，出气管应安置在容器的底部；保护气体比空气重（如氩气）时，出气管应安放在容器的上部，但是这种装置的生产效率低，只适用小批量生产。为了提高生产率，一般可设有钎焊室、冷却室和预热室，这种三室或多室结构前来看比较先进。图2-14所示为气体保护钎焊炉的结构。

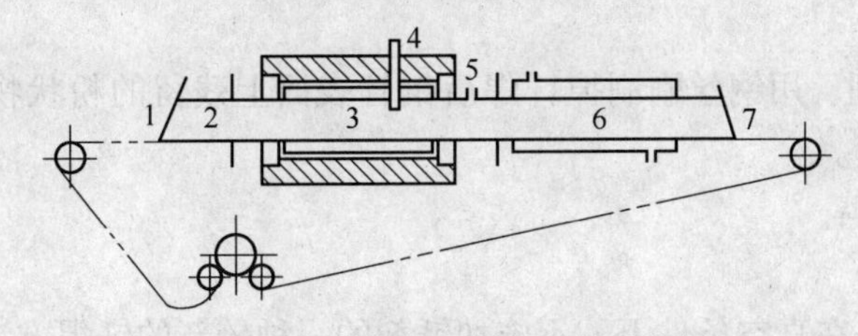

图2-14　气体保护钎焊炉结构示意图

1—入口炉门；2—预热室；3—钎焊室；4—热电偶；5—气体入口；6—冷却室；7—出口炉门

为了防止外界空气混入炉内，炉中所通的保护气体的压力高于大气压力。焊件输送和取出可以是人工的，也可以是自动的。这类炉子主要适用于钎焊碳钢。

c　工艺要点

（1）采用还原气氛钎焊时，炉子或容器加热时应先通10~15℃的氢气，用以充分排出炉中的空气，直至出气口火焰正常燃烧后，再开始加热。当使用中性气体的炉子或容器时，对其按抽真空→充氩→抽真空→充氩的程序重复数次，即可将容器中的残留空气大量排出，然后加热钎焊，便能获得很好的钎焊效果。

（2）在钎焊加热的整个过程中，应连续不断地向炉中或容器内输入保护气体，将混杂的气体全部排出炉外，使焊件在流动的保护气氛中完成钎焊。

（3）将排出的氢气点火，使之在出气口烧掉，避免氢气在炉旁富集而造成爆炸的危险。

（4）不能仅靠检验炉温来控制加热，而必须直接检测焊件温度，对于大件或复杂结构，应监测其多点温度。

（5）钎焊结束断电后，炉温和容器的温度开始下降，当温度降至150℃以下时，再断送保护气体，这样可以保护加热元件和焊件不被氧化，对于氢气来说，也是为了防止爆炸。

d　焊接实例单层钎焊管的钎焊。

单层钎焊管所用的材料是含碳量（质量分数）小于0.15%的低碳钢，管的内外壁上覆有按钎焊要求和防腐需要的铜层，管的制造是选用气体保护炉中钎焊方法来完成的。

（1）焊接材料：

1）钎料。两个表面已经镀铜的钢带在特定的成形机上，经过成形工艺制成边缘紧密搭接的成形管，其内外壁上的铜层就是钎焊所需的钎料。

2）保护气体。是液化石油气不完全燃烧后的产物，属于还原性气氛。经干燥处理后的露点降至-20~-40℃。

（2）钎焊工艺。成形管在进入钎焊炉之前，首先在其表面上涂覆一种黑漆（钎焊漆），用以保证各部分铜层均匀熔化，并起到防止熔化的铜层在管运动中流失和被刮伤的作用。然后按规定尺寸把成形管剪断，送入钎焊炉。钎焊炉是用硅碳棒作电热元件，炉内并排分布耐热合金钢导管，钎焊就是在管内还原性气氛下进行的。钎焊炉共分5个工作温度区，每个温度区的加热温度各不相同，以保证钢管在加热到生成铁铜合金温度时铜才能均匀熔化。钢管通过第五区后进入冷却区，这时钢管表面铜层开始凝固。钢管在冷却区出口处表面温度要降到100℃左右才能出炉，以防止铜层接触空气而发生氧化变色（铜的氧化温度约为350℃）。

（3）钎焊后处理。用钢丝刷刷掉钎焊后钢管表面上残留的粉状物后，经台架将管子送入矫直机进行校直。

C　真空炉中钎焊

a　原理及特点

真空炉中钎焊是在真空条件下，不施加钎剂的一种较新的钎焊方法。由于焊件是在抽出空气的炉中或在焊接室的环境下进行钎焊的，因此，可以避免空气对焊件的不利影响。真空炉中钎焊具有以下几个特点：

（1）钎焊时由于不用钎剂，所以焊件避免了钎剂残渣的有害影响。钎焊接头光亮致密，具有良好的力学性能和抗腐蚀性能，钎焊质量高。

（2）真空从根本上排除了空气，因此对所供给的气氛不需要提纯处理。

（3）焊件金属中的某些氧化物在真空钎焊温度下易分解。但是采用特殊技术可以将真空钎焊广泛地应用于不锈钢、铝合金及用其他方法难以钎焊的金属。

（4）由于钎焊前预抽真空和冷却时要花费大量时间，在真空中热量的传递较困难，所以钎焊生产周期长。

（5）真空炉中钎焊不宜使用含蒸汽压高的元素，因为在真空中金属的挥发会污染真空室和抽空系统。因此被焊金属中若含有大量的锌、镉、锰、镁和磷等元素，一般不宜采用这种钎焊方法。不过，如果能采用合适的真空钎焊技术是可以解决这一难题。

(6) 真空炉中钎焊所用设备复杂，投资较大。此外，对工作环境和焊工操作技术水平要求较高。

b 主要设备

真空炉中钎焊的主要设备是由真空钎焊炉和真空系统两部分组成，如图 2-15 所示。

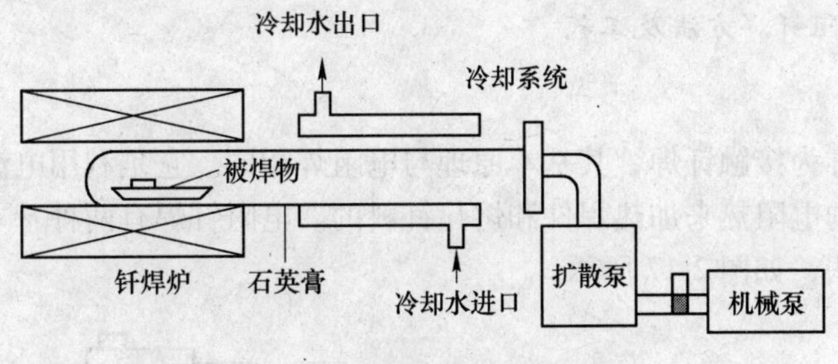

图 2-15 真空钎焊炉示意图

(1) 真空钎焊炉。有热壁炉和冷壁炉两种。

热壁炉实质是一个由不锈钢或耐热钢制成的密封真空钎焊容器。真空室与加热器是分开的。它的原理是在室温时先将装有钎焊件的容器中的空气抽出，然后将容器推进炉内，在炉中加热钎焊（此时继续抽真空），钎焊后从炉中取出容器，在空气中快速冷却。

冷壁炉是由多层表面光洁的薄金属板组成的，其炉壁为双层水冷结构，内置热反射屏。冷壁炉的真空室是建立在加热室内，即加热炉与真空钎焊室为一体。钎焊后焊件必须随炉冷却，这样对生产效率的提高有一定的限制。

(2) 真空系统。主要是由真空机组、真空管道、真空阀门三部分组成。真空机组一般由旋片式机械泵和油扩散泵组成。单用机械泵只能获得 133Pa 的真空度，如果同时使用油扩散泵就能获得 133×10^{-3}Pa 的真空度。

c 钎焊工艺

将加有钎料的焊件装入炉膛（或装入钎焊容器），关闭好炉门（或封闭钎焊容器）。盖加热前将炉中空气抽出，先启动机械泵，待真空度达到 133Pa 后转动转向阀，关断机械泵与钎焊炉的直接通路，使机械泵通过扩散泵与钎焊炉相通，利用机械泵与扩散泵同时工作，来抽出钎焊炉中的空气并达到所要求的真空度，然后通电。由于真空系统和钎焊炉各接口处会出现空气渗漏，炉壁、夹具及焊件等吸附的气体和水汽要释放，金属与氧化物受热挥发等现象，均会降低炉中真空度。因此，在升温加热的全过程中真空机必须持续工作，才能维持炉中的真空度。

尽管这样，钎焊炉在升温后能维持的真空度也比常温时要低半个至一个数量级。

加热保温的工作结束后，还要继续抽空或向炉中通入保护气体，使得焊件在真空或保护气氛中冷却至 150℃以下，以防止发生氧化。

d 焊接实例：比赛用自行车车架接头真空炉中钎焊

比赛用自行车车架接头是由一个前叉接头和两个缩颈管接头组成。前叉接头材料为 ZG65Mn 铸钢，缩颈管接头材料为 45 钢。

(1) 钎焊前准备。自行车车架受动载荷作用，为保证强度，将搭接接头定为 35mm。

钎料选用高强度铜基型 B－Cu97NiB，采用真空钎焊。将丝状钎料在芯棒上预弯成环，套在接头处（见图 2-16）。

（2）钎焊工艺。按图示位置将其装入真空炉中，冷态真空度为加热到 950℃，填充高纯氮气，使炉中压力上升 2~3Pa，稳定 10~15min。继续加热至 1100℃，保温 5min。随炉内压力冷却至 950℃，然后快速冷却到 650℃以下出炉。

2.1.3.3　电阻钎焊方法及工艺

A　原理及特点

电阻钎焊也称为接触钎焊，其基本原理与电阻焊相同。它是利用电流通过焊件或与焊件接触处所产生的电阻热来加热焊件和熔化钎料的。电阻钎焊有两种基本形式，即直接加热法和间接加热法，如图 2-17 所示。

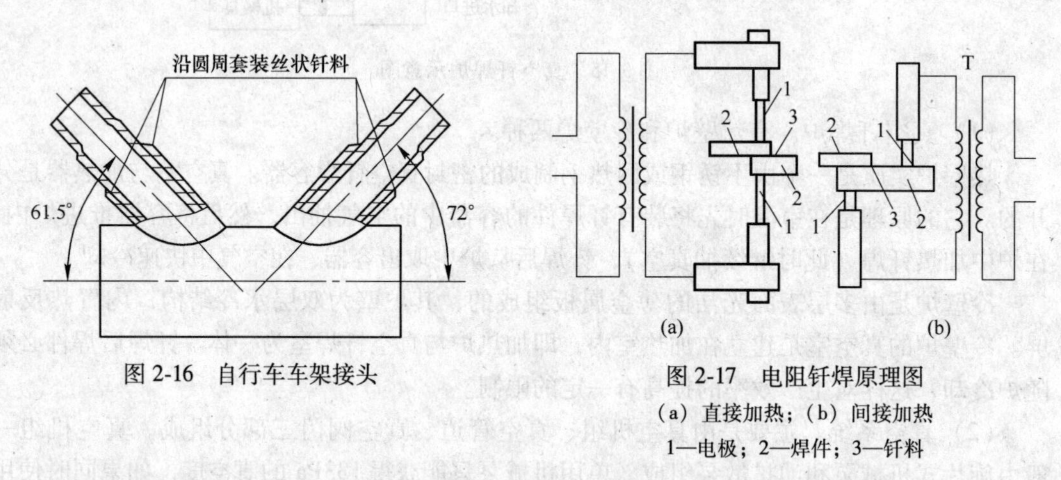

图 2-16　自行车车架接头

图 2-17　电阻钎焊原理图
（a）直接加热；（b）间接加热
1—电极；2—焊件；3—钎料

直接加热的电阻钎焊时，电极压紧两个零件的钎焊处，电流通过钎焊而形成回路，依靠钎焊面及相邻的部分母材中产生的电阻热加热到钎焊温度。这种方法的特点是：由于只有焊件的钎焊区域被加热，具有直接性和局部性，所以加热迅速。在钎焊过程中，要求焊件钎焊面紧密贴合，否则，将会因为接触不良而造成母材局部过热或接头严重未焊透等缺陷。

间接加热电阻钎焊时，电流可只通过一个焊件，而另一个焊件的加热和钎料的熔化均靠被通电加热焊件的热传导来实现。此外，电流也可根本不用通过焊件，而是通过一个较大的石墨板或耐热合金板，将焊件放在此板上，全部依靠导热来实现加热的。加热的电流介于 100~300A 之间，电极压力为 50~500N。由于电流不通过钎焊面，可以使用固态钎剂。对焊件接触面配合要求不高，所以，间接加热的电阻钎焊很适用钎焊热物理性能差别大且厚度相差悬殊的焊件；也适用于小件的钎焊，因为这种方法不存在加热中心偏离钎焊面的情况，而且加热速度也比较慢。

电阻钎焊的特点是加热极快，生产效率高；加热高度集中，对周围的热影响小；工艺简单，劳动条件好，易实现自动化。但是对钎焊接头尺寸较大且形状复杂的焊件，使用这种方法较为困难。

B　电阻钎焊工艺

（1）钎料。电阻钎焊所用钎料有粉状、膏状及箔状，最理想的是箔状钎料。因为它能直接放在零件的钎焊面之间，比较方便。电阻钎焊使用较多的是铜基和银钎料。

（2）涂覆钎料层。在钎焊面预先涂覆钎料层是生产中最常用的工艺措施，尤其是在电子工业应用广泛。如果使用钎料丝，应等到钎焊面被加热到钎焊温度后，再将钎料丝末端靠近钎缝间隙，直至钎料熔化且填满间隙，使全部边缘呈现平缓的钎角为止。

（3）电极。通常用碳、石墨、铜合金、不锈钢、耐热钢、高温合金或难熔合金等。电极材料的选用应根据焊件材质、形态及厚度来确定。使用的电极要求电导率应较高，而当做加热块的电极则应采用高电阻材料。电极的端面应制成与钎焊接头相应的形状和大小，以确保加热均匀。值得注意的是，在任何情况下，制作电极的材料都不应被钎料润湿。

（4）压力。电阻钎焊使用的压力比电阻焊使用的压力低，主要是保证焊件钎焊面良好的电接触，并能排出缝内多余的熔化钎料和钎剂残渣。

另外，电阻钎焊时可采用低电压大电流。通常可在电阻焊焊机上进行，也可采用专门的电阻钎焊设备和手焊钳。

电阻钎焊主要用于钎焊刀具、电机的定子线圈、导线端头及各种电子件的触点。

C　焊接实例：大型发电机转子线圈接头电阻钎焊

36MW 发电机的转子线圈铜带在安装下线时，经扁绕后，将其端部按 11°剖开，分别依次层层钎焊而形成完整线圈。图 2-18 所示为多层叠合钎焊接头。

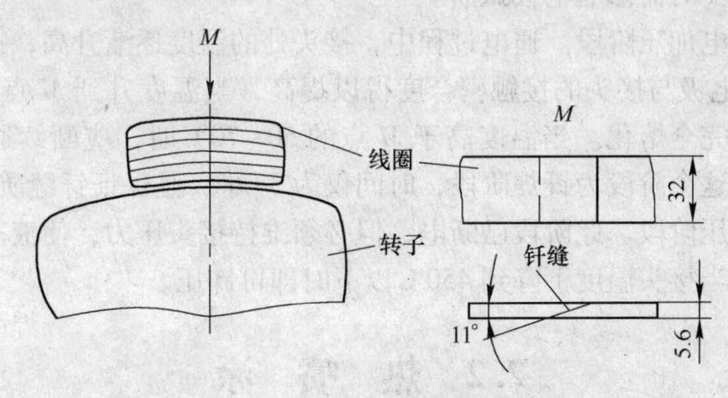

图 2-18　多层叠合钎焊接头

（1）电阻钎焊装置。与普通的电阻点焊机相类似，它主要由电源电气系统、气路系统、水路系统和控制系统等组成的。电源电气系统是通过改变一次绕组匝数来获得不同的二次电压的 25kV 交流变压器，可依次获得二次电压为 4.2V、4.8V、5.6V 及 6.75 V，相应获得钎焊电流为 1240 A、1400 A、1600 A、2000 A。电缆长度在 4 m 以内，二次电压为 6.7 V，45s 以内即可完成接头钎焊。装置采用 TRJ、直径为 13 mm 的软绞线（截面积为 $140mm^2$ 电缆）。

（2）电极。采用高纯石墨，它具有高电阻率（$10\sim14\Omega\cdot mm^2/m$）、高耐热性（熔点 3700℃）、化学性稳定等特点，并具有一定的抗压强度。电极截面尺寸应稍大于接头尺寸（各边在 3~5mm），厚度一般小于 25mm，过厚虽然能提高抗压强度，但是却增加热耗。另外，电极与钎焊接头弧形接触面应吻合，这样，才会使接头受热均匀，提高热效率。

（3）钎焊工艺。为避免钎缝产生夹渣缺陷，该工艺选择了不用钎剂的钎料，即含磷的片状铜银磷钎料（B-Cu80AgP）。钎焊过程中，电流、电压、温度、时间等各参数间的动态关系对保证钎焊质量是极为重要的。钎焊过程的动态曲线如图 2- 19 所示。

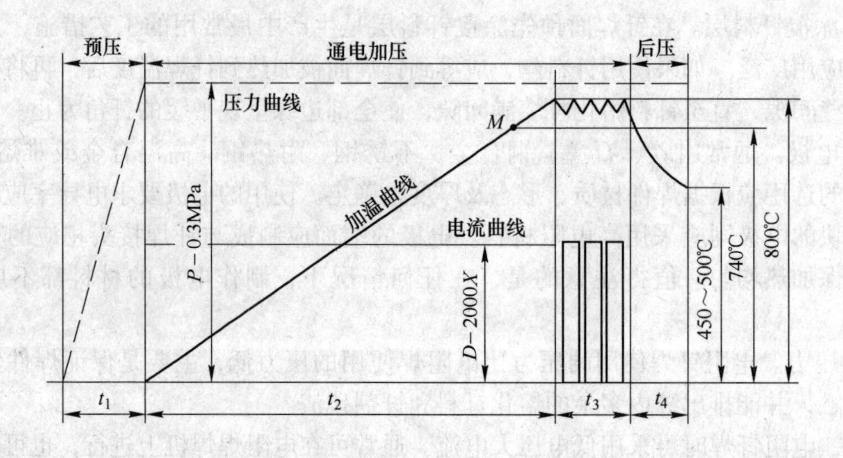

图 2-19　钎焊过程的动态曲线

钎焊工艺分成三个阶段：第一阶段为预压阶段，即为钎焊准备阶段。定位好的接头，通过气缸活塞下移进行预压，使电极与接头接触，如果电极局部接触处的电流密度太大烧损接头金属，或者接头受热不均匀，都会使接头质量变坏。所以，应该处理好电极与接头的弧面密合度，必要时需修磨电极弧面。

第二阶段为通电加压阶段。通电过程中，接头处的温度逐渐升高，接头软化，在压力作用下（恒压），电极与接头的接触密合度得以提高，当温度升到 *M* 点钎料熔化温度时，应继续通电使钎料完全熔化。当温度高于 *M* 点的 50~70℃时，应断续通电，使液钎料流布整个钎缝间隙。这个阶段为钎焊阶段，时间仅为 3~6s，是保证钎缝质量的重要阶段。

第三阶段为后压阶段。此阶段已断电，但必须维持接头压力，使液态钎料在凝固中的接头密合得牢固。当接头温度下降到 450℃以下时即可卸压。

2.2　热　喷　涂

热喷涂是利用一种热源将喷涂材料加热至熔融状态，并通过气流吹动使其雾化后高速喷射到零件表面，以形成喷涂层的表面加工技术。

由于喷涂层与基体之间，以及喷涂层中颗粒之间主要是通过镶嵌、咬合、填塞这种机械形式连接，其次是微区冶金结合及化学键结合。所以，喷涂材料需要热源加热和喷涂层与零件基体的结合，主要是机械结合，这是热喷涂技术最基本的特征。

热喷涂技术是制造纳米结构的另一种极有竞争力的方法，与其他方法相比，它具有零件受热小、工艺灵活、喷涂层的厚度变化大、沉积速率高、涂层和基体选择范围广及生产效率高，以及容易形成复合涂层等许多优点。因此，在机械制造和设备维修中有着广阔的应用前景，尤其是在海洋工程结构、海底管线、船舶、港口设施等方面已广泛应用。

热喷涂技术根据热源形式可分为四类，即火焰喷涂、电弧喷涂、等离子喷涂和特种喷涂。本节只介绍火焰喷涂和电弧喷涂。

2.2.1　火焰喷涂

火焰喷涂是利用燃料气体及助燃气体（氧）混合燃烧形成的火焰作热源，将喷涂材料加热至熔化或半熔化状态，并以高速喷射到经过预处理的基体表面上，从而形成具有一定性能涂层的工艺。燃料气体主要是指乙炔（燃烧温度3260℃）、氢气（燃烧温度2871℃）、液化石油气（燃烧温度2500℃）和丙烷（燃烧温度3100℃）等。

火焰喷涂的另一发展是使用液体燃料，例如重油和氧作热源，粉末与燃料油混合，并悬浮于燃料油中。粉末在火焰中有较高的浓度且分布均匀，热传导性更好，因此，许多氧化物材料（例如氧化铝、氧化硅、富铝红柱石（$Al_6Si_2O_3$）都采用此法进行火焰喷涂。另外，应用液料热喷涂通过液料与热源的交互作用，不仅可以获得纳米结构涂层，还能够制作纳米粉。

火焰喷涂通常是指以氧-乙炔火焰为热源的喷涂，可细分为线材火焰喷涂、粉末火焰喷涂、棒材火焰喷涂、塑料火焰喷涂、超声速火焰喷涂及爆炸喷涂等。

2.2.1.1 气体火焰线材喷涂

A 原理

图2-20所示为气体火焰线材喷涂原理示意图，是采用线材喷涂材料送入氧-乙炔焰内，线端被加热至溶化状态，借助于压缩空气将熔化的线材金属雾化成微粒，喷向清洁而粗糙的工件表面而形成涂层。

B 特点及应用

气体火焰（O_2与C_2H_2）线材喷涂的特点是：手提操作灵活方便，与粉末材料相比，设备简单；容易实现连续均匀送料，喷涂质量稳定；喷涂效率高，耗能少；涂层氧化物夹杂少，气孔率低；对环境污染也小。因此，广泛应用于曲轴、柱塞、轴颈、机床导轨、桥梁、铁塔及钢结构防护架等。它的缺点是喷出的熔滴尺寸不均，导致涂层不均匀及孔隙大。

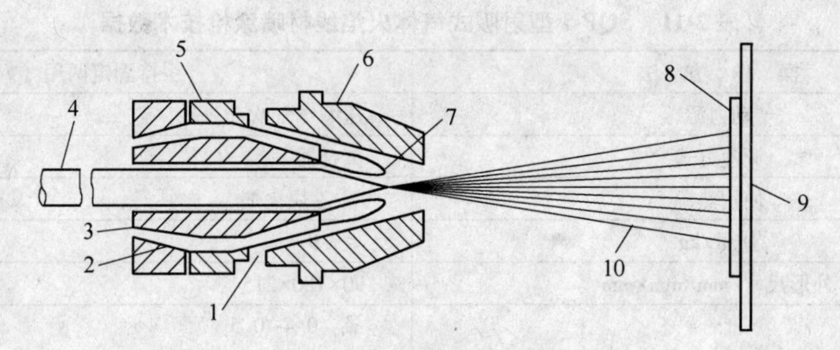

图2-20 气体火焰线材喷涂原理示意图

1—空气通道；2—燃料气体；3—氧气；4—线材；5—气体喷嘴；6—空气罩；7—燃烧的气体；8—喷涂层；9—制备好的基材；10—喷涂射流

C 喷涂设备及工艺

a 喷涂设备

主要包括喷涂枪、氧-乙炔供给系统、压缩空气机及过滤器，关键设备是喷涂枪。图2-21所示为SQP-1型射吸式气体线材喷涂枪结构。SQP-1型射吸式气体火焰线材喷涂枪技术数据见表2-11。

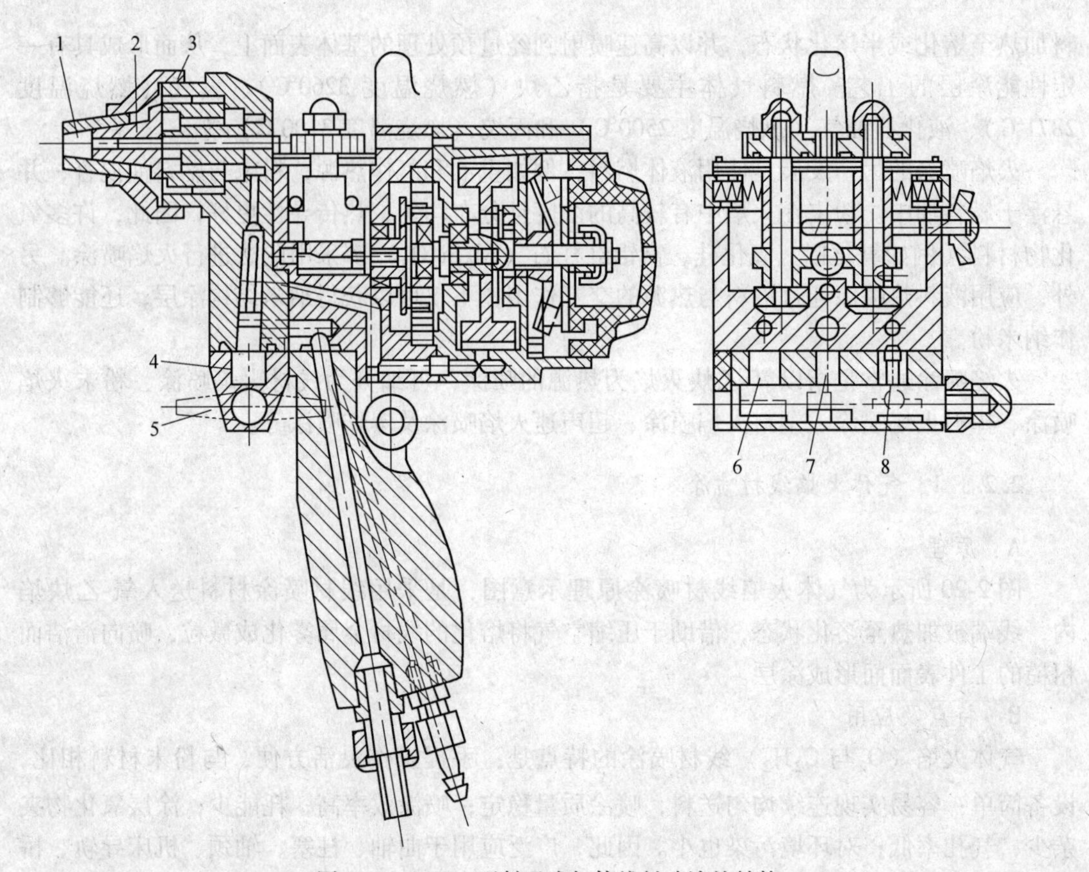

图 2-21　SQP-1 型射吸式气体线材喷涂枪结构

1—空气帽；2—喷嘴；3—空气帽座；4—阀杆壳；5—阀杆扳手；6—氧气顶头；7—空气顶头；8—乙炔顶头阀杆

表 2-11　SQP-1 型射吸式气体火焰线材喷涂枪技术数据

操　作　方　法	手持固定两用
动力源	压缩空气吹动汽轮
调速方式	离合器
使用热源	氧-乙炔火焰
质量/kg	≤1.9
外形尺寸/mm×mm×mm	90×180×215
气体表压力/MPa	氧：0.4~0.5 乙炔：0.04~0.07 压缩空气：0.4~0.6
气体消耗量/$m^3 \cdot h^{-1}$	氧：1.8 乙炔：0.66 压缩空气：1~1.2
线材直径/mm	ϕ2.3（中速）、ϕ3.0（高速）
火花束角度/（°）	≤4
喷涂生产率/$kg \cdot h^{-1}$	0.4（ϕ2.2mm 氧化铝）2.0（ϕ3.0mm 低碳钢） 0.9（ϕ2.3mm 铝）2.65（ϕ3.0mm 铝） 1.6（ϕ3.0mm 高碳钢）4.3（ϕ3.0mm 铜） 1.8（ϕ2.3mm 不锈钢）8.2（ϕ3.0mm 锌）

b 喷涂工艺

气体火焰线材喷涂工艺过程包括工件表面制备、喷涂、涂层后加工。

（1）工件表面制备。为提高涂层与基体间的结合强度，必须严格清除工件表面的油漆、铁锈、氧化膜等污物。可采用车削和磨削的加工方法清除工件表面的各种损伤（如疲劳层、电镀层、原喷涂层等对工件表面作粗化处理或用自黏结材料喷涂中间过渡层）时，可采用喷砂方法进行处理，这样可增加涂层与工件接触面，改善涂层残余应力的分布状态，活化工件表面。

（2）喷涂工艺参数。气体火焰线材喷涂工艺参数包括压缩空气压力、乙炔压力、氧气压力、送丝速度、喷涂距离、喷层厚度等。表 2-12 列出了 SQP-1 型射吸式气体火焰线材喷涂工艺参数。

表 2-12 SQP-1 型射吸式气体火焰线材喷涂工艺参数

工艺参数	喷涂材料	
	喷锌	喷铝
压缩空气压力/MPa	0.5~0.6	0.5~0.6
乙炔压力/MPa	0.06~0.08	0.06~0.08
氧气压力/MPa	0.4~0.5	0.4~0.5
送丝速度/$r \cdot min^{-1}$	35~40	25~30
喷涂距离/mm	120~150	120~150
喷层厚度/mm	0.2	0.3

（3）涂层后加工。包括涂层机械加工和封孔处理。喷涂时，大多数的涂层都会出现孔隙，使涂层的抗腐蚀性能和绝缘性能降低，因此必须封孔。通常采用有明显熔点的微结晶石蜡做密封剂，也可用酚醛树脂或环氧树脂进行封孔处理。

c 应用实例：工业锅炉“四管”的喷涂强化和修复

工业锅炉的水冷壁管、过热器管、再热器管、节煤（节油）器管在长期使用中，出现了严重的磨损和腐蚀现象，致使锅炉检修频繁，因此，有必要进行预保护强化。现采用 SQP-1 型射吸式气体线材喷涂枪喷涂，喷涂材料根据底层和工作层选择不同的类型。如底层，选择镍铬铝；而工作层则选择 45CT 合金丝镍铬合金粉末。喷后效果很好，延长了锅炉“四管”使用期，也减少了锅炉检修的次数，经济效益显著。

2.2.1.2 气体火焰粉末喷涂

A 原理

气体火焰粉末喷涂也是采用氧-乙炔火焰作为热源的，但喷涂料为粉末。喷涂粉末从喷枪上的料斗，通过进粉口漏到氧与乙炔的混合气体中，在喷嘴出口处粉末受到氧-乙炔焰的加热至熔融或高塑性状态，再喷射到清洁而粗糙的工件表面，形成涂层，如图 2-22 所示。

B 喷涂设备

气体火焰粉末喷涂的主要设备是由气源设备、喷枪、氧-乙炔供气系统、电炉、辅助设备、转台及干燥箱等组成。主要喷涂工具是喷枪。一般中小型喷枪外形和结构上与普通的气焊焊炬相似，不同的是在喷枪上装有粉斗和射吸粉末的粉阀体。大型喷枪有等压式和射吸式两种。图 2-23 所示为国产射吸式喷涂、喷熔两用大型喷枪结构图。

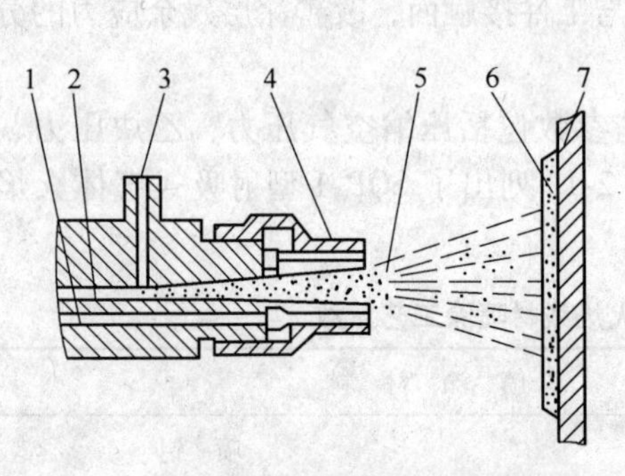

图 2-22　气体火焰粉末喷涂原理结构图
1—氧-乙炔气体；2—粉末输送气体；3—粉末；4—喷嘴；5—火焰；6—涂层；7—基体

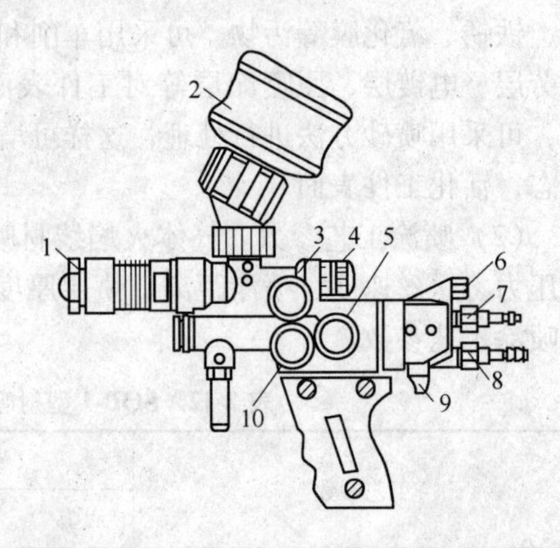

图 2-23　国产射吸式喷涂、喷熔两用大型喷枪
1—喷嘴；2—粉斗；3—送粉器开关；4—送粉开关；5—氧气开关；6—辅助送粉气开关；7—氧气开关；8—乙炔进口开关；9—气体快速关闭安全阀；10—乙炔开关

C　气体火焰粉末喷涂工艺

气体火焰粉末喷涂的工艺过程包括表面制备、喷涂打底层粉末、喷涂工作层粉末和涂层加工。

（1）打底层。一般喷涂放热型铝包镍复合粉末。喷涂前工件用中性焰或轻微碳化焰预热 100~120℃，喷涂火焰选择中性焰，喷涂距离为 50~260mm。打底层粉末是起结合作用，其厚度一般为 0.10~0.15mm。

（2）工作层。工作层粉末不是放热型，粉末所需热量全部由火焰提供。喷涂火焰也采用中性焰或碳化焰，喷涂距离为 180~200 mm，喷涂时火焰能率要大一些，以粉末加热到亮白色为宜。应选择间断喷涂，以免工件过热。

D　特点及应用

气体火焰粉末喷涂是目前喷涂技术中应用最为广泛的一种方法。因为它具有设备简单、投资少、操作容易、工件受热温度低和变形小的特点，所以，它主要用于保护或修复已经精加工的或不允许变形的机械，如轴类、轴瓦、轴套等。

E　应用实例：汽轮机气缸接合面的喷涂修复

汽轮机气缸接合面由于长期处在高温高压条件下工作，所以产生了磨损和变形，发生了泄漏现象，使气缸真空度下降。生产中采用了氧-乙炔焰粉末喷涂（SPH-喷枪），喷涂材料底层选用铝包镍粉（F505），工作层选用镍基喷涂粉（G102），经过喷涂修复后，增加了气缸真空度，喷涂层在使用中完好无损，一切工作正常。

2.2.1.3　氧-乙炔火焰陶瓷棒喷涂

A　原理

将特殊烧结的陶瓷棒应用氧-乙炔火焰进行喷涂，其火焰温度为 2800℃，喷涂粒子速度为 150 ~ 240m/s。陶瓷的直径为 5mm、6.5mm，陶瓷材料为 Cr_2O_3、Al_2O_3、$ZrSiO_4$、ZrO_2四种。图 2-24 所示为陶瓷棒火焰喷涂原理图。

B 特点

（1）耐磨损。陶瓷棒火焰喷涂的陶瓷涂层比金属更坚硬，比等离子陶瓷涂层更耐磨，是泵的缸体、活塞、叶轮及外壳的理想涂层材料。例如，当泵吸入液体、泥沙或其颗粒时，会增加泵的磨损，而陶瓷涂层将发挥其作用，使泵的使用寿命和生产效率大大提高。

（2）耐高温。陶瓷涂层具有隔热功能，可以使喷气发动机处于 2480℃ 高温的金属部件得到涂层保护作用。

（3）电绝缘。陶瓷涂层具有优异的电气绝缘性能，是许多电器设备的理想绝缘材料。

（4）耐腐蚀。陶瓷具有化学稳定性，对于易被酸碱腐蚀的金属零件能起到可靠有效地保护作用。经过陶瓷喷涂后的金属零件可同时具有两个性能，即耐高温和耐腐蚀。

（5）降低成本和重量。例如在具有腐蚀性和磨损性的液体中工作的水泵，使用不锈钢水泵其价格较高，若采用喷有陶瓷涂层的铸铁则会降低成本。另外，使用钢制品其重量增加，若使用经过陶瓷喷涂的铝金属或石墨来代替钢制品则会减轻重量。

（6）操作方便及节省资金。通过修复可以降低更换费用，尤其是对贵重零件磨损部分的修复，其经济效果极佳。此外，陶瓷棒火焰喷涂还可在现场进行修复。

C 陶瓷棒火焰喷涂工艺

喷涂前对被喷工件表面进行喷砂处理；清理后的表面喷涂结合底层（镍铬结合层）厚度为 0.05~0.1mm。喷涂陶瓷涂层厚度约 0.6~0.7mm 。预留加工层厚度为 0.25 mm。

2.2.1.4 塑料粉末火焰喷涂

A 原理

塑料粉末火焰喷涂是利用燃烧气体形成的火焰，将塑料粉末加热到熔化状态并喷射到工件表面形成涂层的一种工艺。喷涂原理如图 2-25 所示。塑料粉末火焰喷涂是用压缩空气将塑料粉末通过喷枪的中心管道喷出；在塑料粉末的外围喷出冷却用的压缩空气，以构成幕帘；在最外层则为燃烧气体形成的火焰。这样，加热火焰隔着压缩空气幕帘将塑料粉末加热至熔融状态，并形成涂层。

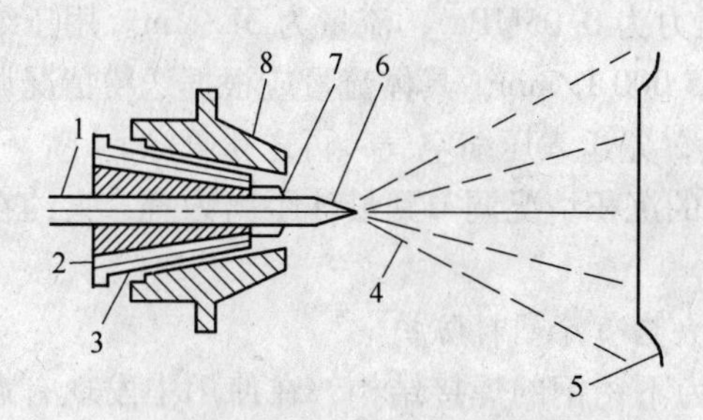

图 2-24 陶瓷棒火焰喷涂原理图

1—陶瓷棒；2—氧气；3—燃烧气体；4—喷涂粒子流；5—喷涂材料；6—燃烧的气体；7—空气通道；8—空气帽

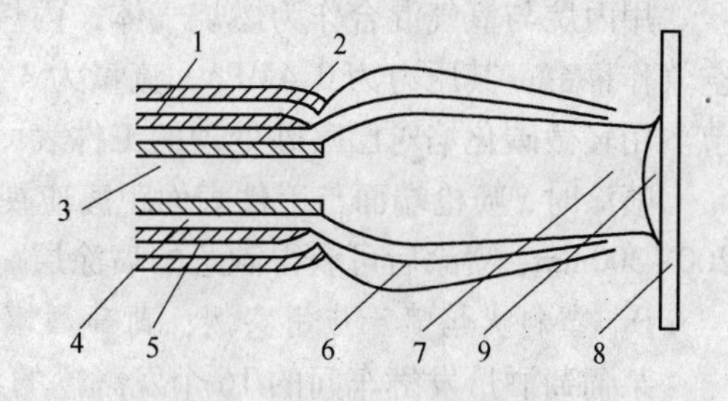

图 2-25 塑料粉末火焰喷涂原理图

1，5—混合可燃气体；2，4—空气；3—树脂粉末；6—火焰；7—熔池塑料粉末；8—基体；9—涂层

B 喷涂装置

塑料粉末火焰喷涂装置一般都是由塑料火焰喷枪、送粉器、控制部分组成。火焰喷枪

以中心送粉式为主，利用燃气（如乙炔、氢气、煤气等）与助燃气（氧气、空气）燃烧产生的热量将塑料粉末加热至熔融状态，在运载气体（常为压缩空气）的作用下喷向工件表面形成涂层。塑料粉末送给罐有两种：一种是塑料粉末专用的大容量流动式粉末压力送给罐，另一种是金属、陶瓷、塑料粉末通用的小容量吸引式送粉罐（带有振动器）。控制部分是调整和控制喷涂用各种气体的专用装置，以便获得最佳的参数，一般装有流量计、减压器和压力计、运载气体的开关，还有保证安全而设置的气动阀门机构等。

喷涂材料塑料粉末可分为热固性树脂粉末和热塑性树脂粉末两类。

（1）热固性树脂粉末。这种粉末是由树脂、染料、添加剂、硬化剂及其他微量添加剂组成。喷涂时，为控制涂层因收缩而产生的应力，可加入了TiO_2、$CaCO_3$、SiO_2等添加物。喷涂时，先将工件预热100~150℃，粉末喷涂在工件表面的同时发生硬化效应，直至完全硬化为止，所有过程均由一把喷枪实施。因为温度较难控制，所以有时采用喷涂后再加热的工艺。

（2）热塑性树脂粉末。这种粉末根据性能不同分以下几种：

1）聚乙烯树脂。用于流动床涂敷的高压、中压聚乙烯均可用于喷涂，粒度为0.154~0.25 mm，但是，这种粉末与金属的结合性能较差。为了解决这一难题，目前有两种专门用于喷涂的聚乙烯树脂，它可以在预热到120~150℃的工件上用空气-丙烷火焰喷涂，涂层厚度为300μm~3mm，这种塑料成本低，结合性好，是一种有前途的喷涂材料。

2）尼龙。尼龙粉末接近球形，在常温下有良好的流动性，如果把工件预减到200℃左右喷涂，则可获得耐磨性高、表面光滑的尼龙涂层。尼龙粉末的粒度以0.071~0.224 mm为好，涂层厚度可达350μm~1 mm。目前应用广泛的是尼龙11、尼龙12。

3）EVA树脂。该树脂结合性好，涂层表面光滑，粉末在喷涂装置的软管中流动好。由于粉末的熔融温度与分解温度相差较大，所以喷涂工艺良好，不易燃烧且易控制。涂层具有良好的耐候性和耐蚀性，但缺点是较软。其一次喷涂可达300μm~2mm，是一种新型的聚乙烯烃塑料。

C　喷涂工艺

塑料喷涂工艺流程如下：待喷涂表面的净化和粗化处理（喷砂）→喷涂表面预热→喷涂→清理。

用丙烷与氧气混合作为燃烧气体，丙烷的压力为0.05MPa，流量为3L/min。用压缩空气作幕帘，其压力为0.4MPa，流量为3 000~5 000 L/min，具体流量应根据送粉情况调节。用轻微碳化焰对已喷砂处理的工件表面预热，先送入压缩空气，再送粉喷涂。

喷涂时，喷枪端面与工件表面距离应视粉末的沉积情况调节到最佳距离为宜，大约在200~300mm，喷涂后可获得满意的喷涂层。

D　塑料火焰喷涂应用实例：葡萄酒罐内壁火焰喷涂塑料防护

某葡萄酒厂发酵车间的16个发酵罐的材质为不锈钢的焊接结构，在使用中发现有点状腐蚀。采用现场火焰喷涂塑料涂层对葡萄酒罐进行保护，其效果良好。具体工艺如下：

（1）涂层材料。根据低温发酵罐工作情况及厂方的要求，葡萄酒罐内壁涂层材料必须无毒、无味、不影响葡萄酒质量，还要具有良好的耐酸性和耐碱性，涂层与罐壁结合性好，使用中不得脱落，涂层最好与酒石酸不黏或黏后易于清除，表面光滑且有一定的耐磨性。因此，选用白色聚乙烯粉末作涂层材料。

(2) 喷涂设备。聚乙烯粉末火焰喷涂使用塑料喷涂装置，主要由喷枪、送粉装置组成。

(3) 葡萄酒罐内壁火焰喷塑工艺。其工艺流程是：喷砂→预热→喷涂→加热塑化→检查。

1) 喷砂预处理与表面预热在喷涂塑料前，采用压力式喷砂设备，使用刚玉砂对内壁表面进行处理。而表面预热的目的是去除基体表面潮气，这样，熔融塑料完全浸润基体表面，达到与基体的最佳结合。通常应将基体预热到接近粉末材料的熔点。

2) 喷涂。葡萄酒罐火焰喷塑施工采用由顶部→柱面→底部的顺序进行。经预热的基体表面温度达到要求后，即送粉喷涂。喷涂时，喷枪移动速度应保持均匀且一致，须密切注意涂层表面状态，使喷涂层呈现镜面反光现象，与基体表面浸润并保持完全熔化。火焰喷涂聚乙烯涂层的喷涂参数见表 2-13。

表 2-13 火焰喷涂聚乙烯涂层的喷涂参数

喷涂层	氧气压力/MPa	乙炔压力/MPa	空气压力/MPa	距离/mm
聚乙烯	0.2~0.25	0.1~0.13	0.24~0.4	250~300

3) 加热塑化。喷涂聚乙烯涂层时，因聚乙烯熔化缓慢，涂层流平性略差，所以喷涂后，应用喷枪重新加热处理，或者喷涂后停止送粉，使涂层彻底熔化，流平后再继续喷涂。应注意加热时防止涂层过热而变黄。

4) 涂层检查。主要检查是否有漏喷、表面是否平整光滑和有无机械损伤等缺陷。葡萄酒罐装酒前，应用酸液或碱液消毒清洗，再进行检查，及时修补结合不良处。

2.2.2 电弧喷涂

2.2.2.1 原理及特点

电弧喷涂是以电弧为热源，将金属丝熔化并用高速气流雾化，使熔融粒子高速喷到工件表面形成涂层的一种热喷涂方法。其喷涂原理如图 2-26 所示，端部呈一定角度（30°~60°）的连续送进的两根丝状金属喷涂材料，分别接直流电源的正、负极。当金属丝材的端部短接的瞬间，由于高电流密度使接触点产生高热而引燃电弧，丝材端部瞬间熔化，压缩空气把熔融金属雾化成微熔滴，再将其喷射到基材表面上形成涂层。

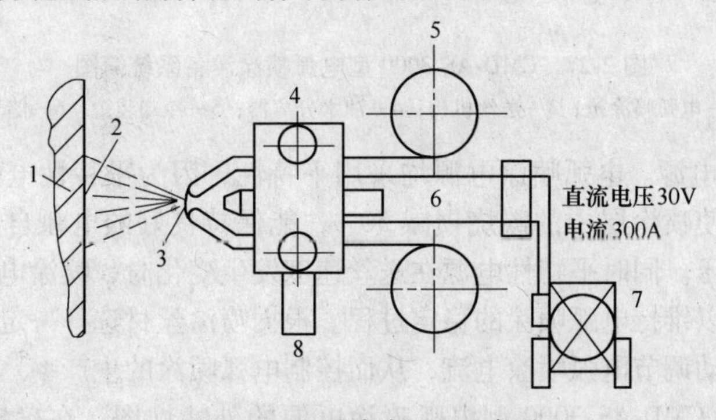

图 2-26 电弧喷涂原理示意图

1—工件；2—涂层；3—电弧；4—送丝轮；5—丝盘；6—压缩空气；7—电源；8—送丝动力

电弧喷涂与火焰喷涂相比具有许多优点：

（1）结合强度高。电弧喷涂可在不需提高工件温度及不使用贵重底层材料的前提下，就可获得很高的结合强度，其值可达 20MPa，是火焰喷涂层结合强度的 2.5 倍。

（2）热能利用率高且费用低。电弧喷涂具有良好的节能效果，能源利用率高于其他的喷涂方法，其能源费用可降低 50% 以上。其次，电能的价格又远低于氧气和乙炔，则费用仅为火焰喷涂的 1/10。

（3）生产效率高。电弧喷涂可在单位时间内喷涂大量金属，生产效率正比于电弧电流，比火焰喷涂提高 2~6 倍。

（4）安全性高。电弧喷涂仅使用电和压缩空气，不用氧气、乙炔等易燃气体，安全可靠。

（5）熔敷能力大。如喷锌线可达 30~40kg/h。采用两根不同成分的金属丝可获得假合金涂层，如铝青铜丝和 Cr13 钢丝等。

由于电弧喷涂具有上述特点，所以应用范围广泛。目前主要用于钢铁构件长效防腐的喷锌、喷铝，大型机构构件喷涂不锈钢、碳钢等耐磨、耐腐蚀表面。电弧喷涂是热喷涂技术中最受重视的技术之一。

2.2.2.2　电弧喷涂设备

电弧喷涂设备主要由电弧喷涂枪、电源、控制箱、送丝装置和压缩空气系统等部分组成，其中电弧喷涂枪是核心设备。现以 CMD-AS-3000 型电弧喷涂设备为例，介绍其主要机构的工作原理，如图 2-27 所示。

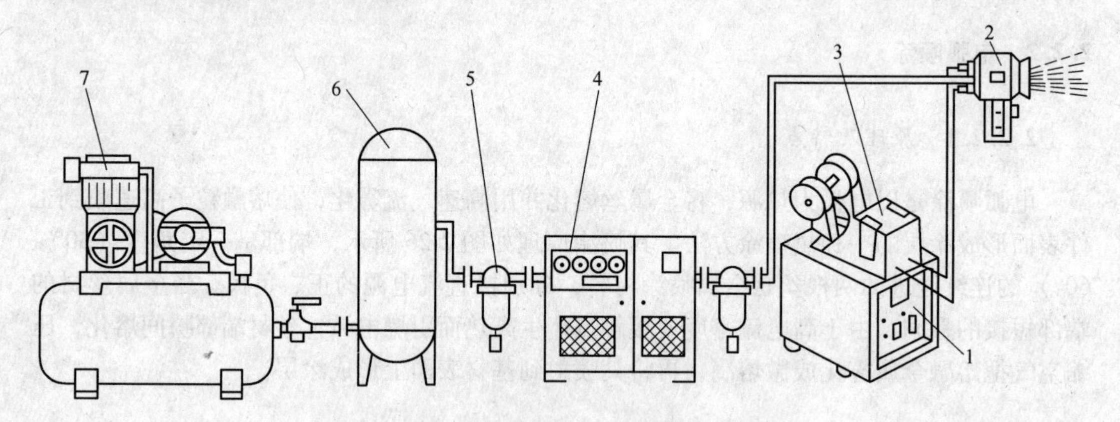

图 2-27　CMD-AS-3000 型电弧喷涂设备系统简图

1—电弧喷涂电源；2—电弧喷涂枪；3—送丝机构；4—油水分离器；5—冷却装置；6—储气罐；7—空气压缩机

（1）电弧喷涂电源。电弧喷涂电源均采用平特性，因为平特性电弧喷涂电源可在较低的电压下喷涂，使喷涂层中的碳烧损减 50%，能保持良好的电弧自身调节作用，可以有效地控制电弧电压。同时平特性电源在送丝速度发生变化时，喷涂电流迅速变化，按正比例增加或减小，以维持电弧喷涂的稳定过程。根据喷涂丝材选择一定的空载电压，改变送丝速度，可以自动调节电弧喷涂电流，从而控制电弧喷涂的生产率。

图 2-28 所示为 CMD-AS-3000 型电弧喷涂电源的外特性图，在确定一定的空载电压后，增加送丝速度时，工作电流也随着增大，以维持电弧喷涂过程的稳定进行。电源的动

特性良好时，外特性为每增加100A，工作电压略降2V以下。电弧喷涂电源下部箱体内装有电喷涂电源，电源前后控制板安装有控制、调节开关及电压表等。

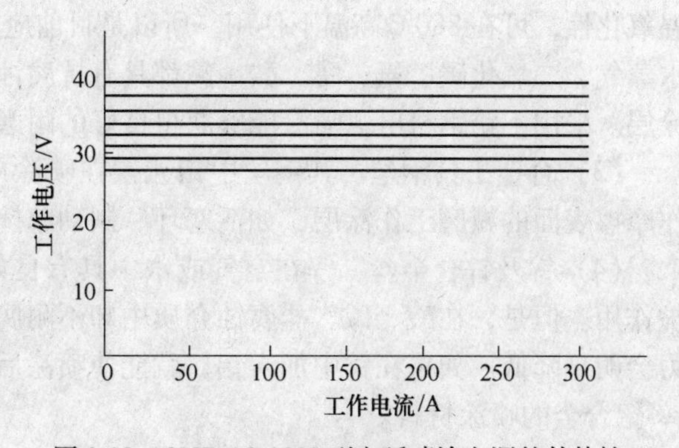

图2-28 CMD-AS-3000型电弧喷涂电源的外特性

空载电压转换开关是电源经常使用的重要开关，多为大容量的专用转换开关，共分8挡，具有耐用、方便、紧凑和经济的优点。

(2) 电弧喷涂枪。电弧喷涂枪是喷涂设备的关键装置。从图2-29可以看出，将连续送进的丝材在喷枪前部以一定的角度相交，由于丝材各自接于直流电源的两极而产生电弧，从喷嘴喷射出的压缩空气的气流使熔融金属被吹散，形成稳定的雾化金属粒子流，从而形成喷涂层。

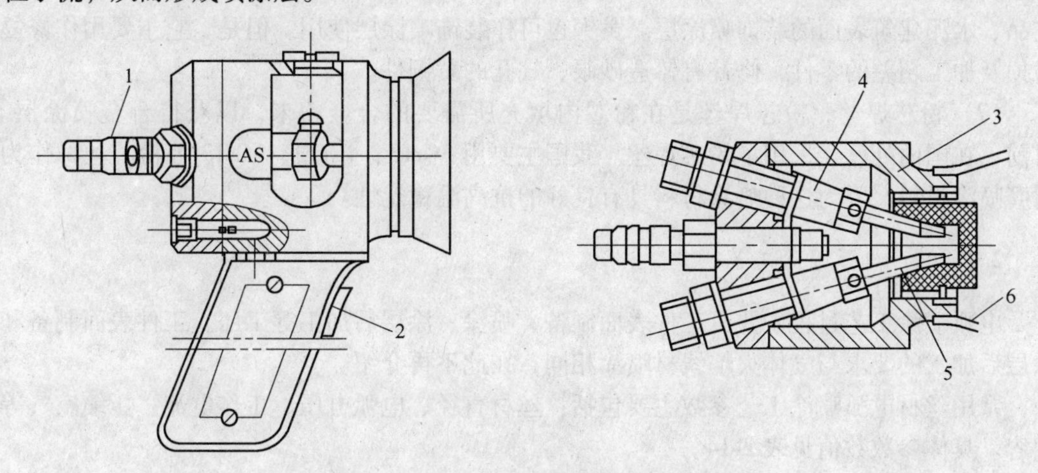

图2-29 CMD-AS-3000型电弧喷涂枪结构简图

1—压缩空气接头；2—手柄开关；3—喷枪体；4—导电嘴；5—金属丝材；6—挡弧罩

CMD-AS-3000型电弧喷涂枪，其结构简单且安装调节方便，易获得稳定的喷涂过程和致密平滑的喷涂层。经实践证明，该枪工作稳定可靠，能满足各种喷涂工程的技术需要。

(3) 送丝机构采用每根丝用主动送丝轮推进的方案。

2.2.2.3 电弧喷涂材料

一般采用不锈钢丝、高碳钢丝、合金工具钢丝、铝丝、锌丝、铜丝等作电弧喷涂材料。目前，国内外还使用2~3mm的粉芯丝材。

(1) 碳钢和低合金钢丝。这是电弧喷涂广泛应用的喷涂材料，它具有高强度、耐蚀性好、价格便宜等优点。不过，在电弧喷涂中会出现碳和合金元素烧损、涂层多孔及氧化物夹渣等现象，使涂层性能下降，因此应采用高碳钢丝来弥补碳元素的烧损。

(2) 不锈钢丝。不锈钢中用作喷涂材料的主要是镍铬合金。这类合金由于具有抗高温氧化性，可在880℃高温下使用，所以是目前应用较多的热阻材料。另外，镍铬合金对水蒸气、二氧化碳、氨、醋、酸、碱都具有抗腐蚀作用，因而，可用作耐腐蚀和耐高温喷涂层。采用不锈钢材电弧喷涂能够获得良好的耐磨防腐的涂层。

（3）合金工具钢丝。其钢丝中钼元素在喷涂中常用作结合底层材料使用，还可以用作摩擦表面的减磨工作涂层，如活塞环、制动摩擦片、铝合金气缸等。

（4）锌及锌合金丝。锌在空气或水中具有良好的耐腐蚀性，对钢铁基体有电化学保护作用。但是，在酸、碱、盐腐蚀介质中却不耐腐蚀，尤其是遇到二氧化硫时，耐腐蚀能力会明显降低。如果在锌中加入铝，就能使喷涂后的抗腐蚀能力大大提高，所以最好使用锌-铝合金的喷涂材料。

（5）铝及铝合金丝。铝比锌的质量小，价格低廉。采用铝作防腐蚀涂层时，作用与锌相似，不同之处是铝可抵抗二氧化硫的腐蚀。在高温作用下，铝能在铁基体上扩散，与铁发生反应而生成Fe_3Al，Fe_3Al具有抗高温氧化的作用，能提高钢材的耐热性，因此铝可以用作热喷涂层。若在铝中加入稀土，能提高涂层的结合强度和降低孔隙率。

（6）铜及铜合金丝。纯铜主要用作电器开关、电子元件的导电嘴喷涂层及人像、工艺品、水泥建筑表面的装饰喷涂层。黄铜也可作装饰喷涂层使用。但是，它主要用作修复磨损及加工超差的零件，修补有铸造砂眼、气孔的黄铜件。

（7）粉芯焊丝。粉芯焊丝是在粉芯内填充所需要的合金粉末，以获得合金喷涂层。目前，在国内外已经采用了粉芯焊丝。我国主要用3Cr13、4Cr13、7Cr13等粉芯丝材作为耐磨喷涂材料，因为这种喷涂材料具有良好的抗高温稳定性。

2.2.2.4　电弧喷涂工艺

电弧喷涂工艺过程主要有工件表面制备、喷涂、涂层后加工等工序。工件表面制备和涂层后加工的要求与气体火焰线材喷涂相同，在此不再介绍。

常用丝材电弧喷涂工艺参数主要包括：丝材直径、电弧电压、工作电流、压缩空气等内容。具体参数数值见表2-14。

表2-14　电弧喷涂工艺参数

丝材名称	丝材直径/mm	电弧电压/V	工作电流/A	压缩空气压力/MPa
铝	3	34	150	>0.55
锌	3	28	120	>0.5
铝青铜	3	35	200	>0.5
碳钢	3	35	200	>0.5

2.2.2.5　电弧喷涂应用实例

大功率发电机曲轴的修复。长江三峡的挖泥船在施工中由于润滑系统缺油，导致第三连杆轴颈严重拉伤，被迫停机。该发动机属于大功率中速柴油机，要求曲轴轴颈修复层应具有良好的耐磨性、较高的结合强度和硬度，并能承受低冲击负荷和有较高的抗疲劳性能。通过综合评估各种方案，采用电弧喷涂曲轴工艺。具体喷涂工艺如下：

（1）表面预处理。主要包括表面除油与表面粗化。首先将喷涂部位及周围表面的油彻底清洗干净，然后用特制的加长刀杆车刀，车去轴颈表面疲劳层 0.25mm，最后再用 60°螺纹刀在轴颈表面车出螺纹。

（2）电弧喷涂金属涂层。轴颈表面预处理后的尺寸为 ϕ192mm，要求的基本尺寸为 ϕ195mm，电弧喷涂金属涂层之后应为 ϕ199mm。

曲轴材料牌号为 KSF55，类似于 35 号锻钢，因此，选用铝青铜喷涂底层，3Cr13 作为喷涂尺寸层及工作层。丝材直径为 3mm。

电弧喷涂工艺参数为：喷涂电压为 40V；喷涂铝青铜时电流为 100 A，喷涂 3Cr13 时电流为 400A 空气压力为 0.70MPa；喷枪与工作表面距离为 200~250mm。曲轴在 C650 车床上慢速转动，喷枪沿轴颈法线方向喷射，并沿轴线方向轻轻摆动。

（3）喷涂层的机械加工。选择专用车刀车削加工，留下 0.8 mm 磨削余量后安装在曲轴磨床上，磨至标准尺寸 ϕ195mm。

喷涂质量经检验，轴颈表面致密，无气孔和砂眼，也不起皮，表面粗糙度达 0.8mm，用锤击法检验喷涂试片，没有裂纹和起皮现象，说明结合良好。

2.3 堆 焊

堆焊是采用焊接的方法，将具有一定性能的材料堆敷在焊件表面的一种工艺过程。堆焊作为一种经济有效的表面改造方法，是金属材料加工与制造业中不可缺少的工艺手段。

堆焊的主要目的是在焊件表面获得耐磨、耐腐蚀、耐热等特殊性能的熔敷金属层，其次是为了恢复、增加和改变零件形状及尺寸，而不是为了连接。但是，堆焊的热过程及冶金过程都与焊接相同，它实质是异种金属材料焊接。

2.3.1 堆焊特点及应用

2.3.1.1 特点

堆焊所用的设备简单，可与焊接设备通用；熔敷率高，焊条电弧焊堆焊在焊件表面堆敷的金属量可达 3kg/h ，双带极埋弧自动焊熔敷量为 68kg/h。

2.3.1.2 应用

堆焊主要应用于两个方面：

（1）制造新零件。用堆焊工艺可制成双金属零件，其基体和堆焊表层，可采用不同性能的材料，以分别满足二者的不同技术要求。零件既能获得很好的综合技术性能，也能发挥材料的工作潜力。

（2）修复旧零件。例如轧辊、轴类、农机零件、采掘机件等，由于在使用中，接触面之间的相互摩擦作用会造成表面破坏，采用堆焊工艺方法来修复，可以节约钢材，减少贵重金属的损耗，提高零件的使用寿命，还可以弥补配件短缺的难题。因此，堆焊工艺在我国应用广泛，如矿山机械、冶金机械、建筑机械、农业机械、发电设备、化工设备、工具和模具的制造与修理都采用堆焊技术。

2.3.2　堆焊材料

堆焊材料的成分对零件使用性能有直接的影响。目前，虽然已有多种成分及多种形态的堆焊材料，但选用时必须慎重，应根据不同的工作条件和零件磨损情况，来选择相对应的堆焊合金，方能有效地提高零件的使用寿命。

2.3.2.1　堆焊焊条

A　堆焊焊条型号的编制方法

根据 GB/T 984—2001 标准的规定，堆焊焊条的型号是按熔敷金属的化学成分及药皮类型来划分的。其编制方法如下：

(1) 焊条以字母“E”表示，为型号第一字。

(2) 型号第二字表示焊条类别，堆焊焊条以字母“D”表示。

(3) 型号中第三字、第四字表示焊条特点，用字母或化学元素符号表示，堆焊焊条的型号分类见表 2-15。

表 2-15　堆焊焊条型号分类

型号分类	熔敷金属化学组成类型	型号分类	熔敷金属化学组成类型
EDP ××-××	普通低、中合金钢	EDD××-××	高速钢
EDR ××-××	热强合金钢	EDZ ××-××	合金铸铁
EDC ××-××	高铬钢	EDZCr ××-××	高铬铸铁
EDMn ××-××	高锰钢	EDCoCr××-××	钴基合金
EDCrMn ××-××	高铬锰钢	EDW ××-××	碳化钨
EDCrNi ××-××	高铬镍钢	EDT××-××	特殊型

(4) 型号中最后两位数字表示药皮类型及焊接电源，用短划线“-”与前面符号分开，见表 2-16。

表 2-16　堆焊焊条药皮类型与焊接电源

型　号	药皮类型	焊接电源
ED ××-00	特殊型	交流或直流
ED ××- 03	钛钙型	
ED ××-15	低氢钠型	直　流
ED ××-16	低氢钾型	交流或直流
ED ××-08	石墨型	

(5) 在同一个基本型号内有几个分型时，可用字母 A、B、C、…表示；如果再细分，可加注下角数字 1，2，3，…，如 A_1、A_2、A_3 等，此时再用短划线“-”与前面的符号分开。

图 2-30、图 2-31 所示为堆焊焊条型号编制方法示例。

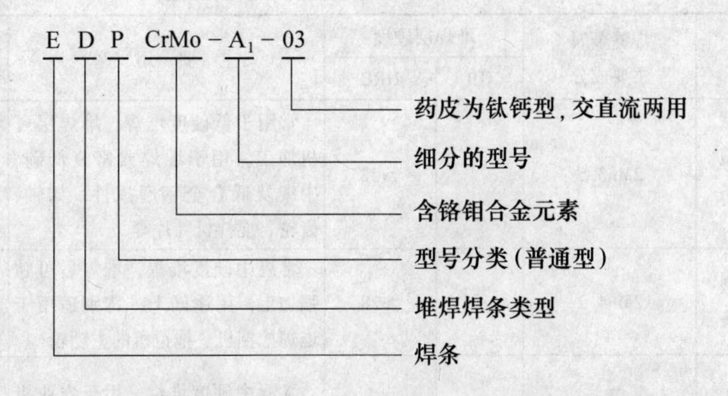

图 2-30　堆焊焊条型号示例一

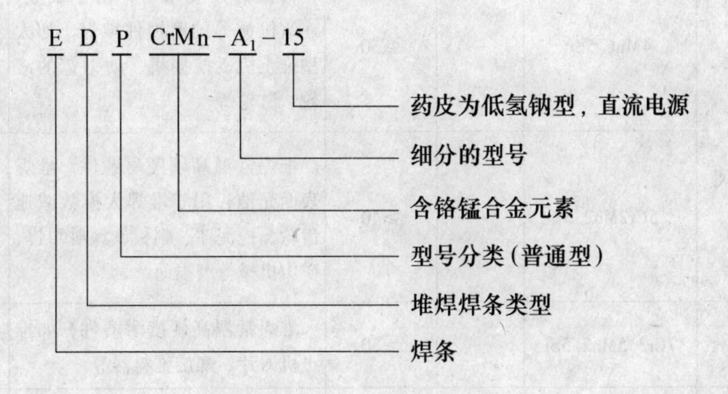

图 2-31　堆焊焊条型号示例二

B　堆焊焊条牌号的编制方法

堆焊焊条牌号的编制，也是用字母“D”代表堆焊焊条的，后面的两位数字表示堆焊焊条的类型，最后一位数字表示焊条药皮类型和所用电源种类。

堆焊焊条可分以下几类：

牌号为 D00X~D09X 的焊条不作规定；

牌号为 D10X~D24X 为不同硬度常温堆焊焊条；

牌号为 D25X~ D29X 为常温高锰钢堆焊焊条；

牌号为 D30X~ D49X 为刀具工具堆焊焊条；

牌号为 D50X~D59X 为阀门堆焊焊条；

牌号为 D60X ~ D69X 为合金铸铁堆焊焊条；

牌号为 D70X ~ D79X 为碳化钨堆焊焊条；

牌号为 D80X ~ D89X 为钴基合金堆焊焊条；

牌号为 D90X ~D99X 为待发展的堆焊焊条。

C　堆焊焊条的选用

常用堆焊焊条主要性能和用途见表 2-17。

表 2-17 常用堆焊焊条主要性能和用途

牌号	堆焊焊条名称	焊缝金属主要成分	堆焊层硬度		主要用途	型号
			HB	HRC		
D102	普通锰型堆焊焊条	2Mn3.5	—	≥22	常用于低硬度堆焊，堆焊层可机加工，用于堆焊或修复低碳、中碳及低合金钢磨损件，如轴、齿轮、搅拌机叶片等	EDPMn2-03
D126 D127	普通锰型堆焊焊条	2Mn4.2	—	≥28	常温中硬度堆焊，堆焊后可勉强加工，用途同上，特别适用于堆焊挖掘机、拖拉机的主动轮	EDPMn3-16 EDPMn3-15
D132	铬钼型堆焊焊条	5Cr3Mo1.5	—	≥30	常温中硬度堆焊，用于农业机械与矿山机械磨损的堆焊修复	EDPCrMo-A2-03
D167	锰硅型堆焊焊条	4Mn6.5Si	—	≥50	常温高硬度堆焊，用于农业、建筑机械等的磨损件堆焊，如大型推土机、挖掘机、动力铲的滚轮、链轮等	EDPMn6-15
D172	铬钼型堆焊焊条	5Cr2Mo2.5	—	≥40	堆焊常温高硬度耐磨件，堆焊表面光洁，用于堆焊大模数减速齿轮、挖泥斗、副板、深耕犁铧、矿山机械等磨损面	EDPCrMo-A3-03
D207	锰硅型堆焊焊条	7Cr3.5Mn2.5Si	—	≥50	堆焊常温高硬度耐磨件，如推土机刀片、螺旋推料器等	EDPMnSi-15
D212	铬钼型堆焊焊条	5Cr5Mo4	—	≥50	堆焊常温高硬度耐磨件，用于单层、多层堆焊，各种受磨损齿轮、挖斗、矿山机械等机件表面	EDPCrMo-A4-03
D217A	铬钼型堆焊焊条	3Cr2Mn1.5SiMoNi	—	≥50	堆焊高强度耐磨零件，如30CrMnSi35CrMnSi轧辊的堆焊，矿山破碎机部件、电铲斗齿补焊等	EDPCrMo-A5-15
D237	铬钼钒型堆焊焊条	5Cr9Mo3V	—	≥50	用于受泥沙磨损和气蚀破坏的水轮机叶片、挖泥斗、拖拉机齿轮的高硬度堆焊及矿山机械零件的堆焊	EDPCrMoV-A1-15
D256	高锰钢堆焊焊条	10Mn13.5，其他≤5%	≥170	—	堆焊层韧性高，在有冲击条件下加工硬化后，具有好的耐磨性。用于破碎机、轨岔、戽斗、推土机等受冲击及磨损部件的修复	EDMn-A-16
D307	高速钢堆焊焊条	9W18Cr4V	—	≥55	用于在中碳钢刀具毛坯上堆焊刃口及堆焊修复磨损的高速钢工具	EDD-D-15

续表 2-17

牌号	堆焊焊条名称	焊缝金属主要成分	堆焊层硬度		主要用途	型号
			HB	HRC		
D397	铬锰钼热锻模堆焊焊条	6CrMnMo	—	≥40	用于堆焊由铸钢或锻钢作坯体的热锻模，也可用于修复5CrMnMo/5CrNiMo、5CrNiSiW钢制的旧锻模	EDRCrMnMo-15
D502 D507	1铬13型阀门堆焊焊条	1Cr13，其他≤2.5%	—	≥40	有空气淬硬特性，属通用性的表面堆焊焊条，用于工作温度450℃以下的阀门制造和轴类堆焊	EDCr-A_1-03 EDCr-A_1-15
D547	铬镍硅型阀门堆焊焊条	1Cr18Ni8Si5	270~320	—	有良好的抗磨伤、耐腐蚀、抗氧化性能。用于≤570℃电站阀门密封及其他密封零件的堆焊	EDCrNi-A-15
D567	铬锰型球墨铸铁阀门堆焊焊条	6Cr12Mn25	≥210	—	有冷作硬化效果，抗磨伤性优良，抗裂性好，无须预热缓冷，用于≤450℃中温中压球墨铸铁阀门密封面堆焊	EDCrMn-D-15
D608	铬钼铁堆焊焊条	35Cr4Mo4	—	≥55	有高的硬度及耐磨性，抗泥沙及矿石磨损性能较强。用于农机、矿山机械等磨粒磨损及轻微冲击条件下工作的零件的堆焊	EDZ-A_1-08
D642	高铬铸铁堆焊焊条	30Cr27	—	≥45	堆焊层具有良好的抗气蚀能力，可用于常温和高温耐磨和耐腐蚀的工作条件，例如水轮机叶片、高压泵零件、高炉料钟等	EDZCr-A_1-08
D678	钨型铸铁堆焊焊条	20W9	—	≥50	用于矿山设备，如破碎机零件等受磨粒磨损表面的堆焊	EDZ-B_1-08
D707	碳化钨堆焊焊条	20W45MnSi4	—	≥60	用于堆焊耐岩石强烈磨损的机械零件，如混凝土搅拌叶片、推土机和泵叶片、挖泥机叶片、高速混砂箱等	EDW-A-15
D802	钴基堆焊焊条	10Cr30W5，其余为Co	—	≥40	用于要求在650℃左右工作仍能保持良好的耐磨性和一定耐蚀性的场合，如堆焊高温高压阀门及热剪切刀刃等受冲击和冷热交错的地方，可以发挥良好的效能	EDCoCr-A-03

2.3.2.2 其他堆焊材料

A 堆焊用焊丝

堆焊用焊丝主要有铁基和钴基两类，应用最广泛的是铁基。因为铁基价格低廉，经济性好，在经过调整成分和组织后，可以在很大范围内改变堆焊层的强度、硬度、韧性、耐磨性、耐热性和抗冲击性。而钴基虽然也具有耐蚀性、耐热性、耐磨性，但其价格昂贵，除非万不得已才能使用。例如：高温高压阀门、热剪机刀刃、燃气轮机涡轮叶片等常处于高温腐蚀和高温磨损的工作环境，这种情况可以考虑用钴基合金。

铁基和钴基两类焊丝均用铸造方法制造，常用规格为 $\phi(4\sim6)$ mm。如在一般情况下，可选用镍基焊丝替代钴基焊丝。铁基、钴基、镍基统称为硬质合金堆焊焊丝。其中铁基实质上是高铬会金铸铁或其他碳化物形成元素为主要合金剂的合金铸铁，所以，习惯上也可以称为铁基堆焊硬质合金或铁基耐磨合金。铁基常用于焊条电弧焊，以进行小零件、小面积工件的修复堆焊。

常用的堆焊焊丝牌号，如高铬铸铁堆焊焊丝为 HS101、HS103；钴基堆焊焊丝为 HS111、HS112、HS113 等。

硬质合金堆焊焊丝可选择氧-乙炔焰气焊、TIG 焊、粉末等离子弧堆焊等堆焊工艺。其中用氧-乙炔焰堆焊方法获得的堆焊层，具有极浅的熔深和极小的稀释率（不大于 1%）的优点。但值得一提的是，不要用焰芯加热合金颗粒，以免使碳化物过热分解。

B　管状堆焊焊丝或管状堆焊焊条

管状堆焊焊丝是用低碳钢、镍基和铜基等合金卷成管状作为外皮，中心用合金粉末配以一定的焊剂制成的焊丝，它是目前堆焊技术中最普遍应用的一种药芯堆焊材料。

使用焊条电弧焊时，须在管状的焊丝表面涂一层药皮，制成管状焊条。采用管状焊丝和管状焊条进行过渡合金的特点是：过渡系数高，合金比例可以任意调整，从而获得较宽的堆焊成分范围，合金损失比较少，克服了高碳合金难以拔制的困难。因此，各类堆焊合金均可使用。

C　合金粉末堆焊材料

合金粉末是用高压气流或高压水流，将要求成分的熔化金属雾化成粒状合金。堆焊时，将粉末直接涂喷到焊接区，再用热源加热熔化后即可获得堆焊层。

常用的合金粉末有镍基合金，如粉 101、粉 102；钴基合金，如粉 201、粉 202；铁基合金，如粉 301、粉 302、粉 312 等。用粉末合金堆焊时，合金利用率高，稀释率较小，层间均匀，堆焊层具有很高的硬度。但是，对于特殊的粉末需要专门冶炼和雾化制粉。

合金粉末一般应用于粉末等离子弧喷焊、氧-乙炔焰堆焊和气体保护堆焊等工艺方法。

2.3.2.3　堆焊材料的选择原则

堆焊材料的选择是一项比较复杂的工作，最主要的原则是必须满足所堆焊工件的使用条件以及经济上的合理性，其他因素也应综合考虑。其选择原则如下：

（1）应考虑满足工件的使用条件和性能。堆焊工件在使用中的工作条件是十分复杂的，要想满足使用要求，就必须具体地分析工件的失效形式和工作状况，因为腐蚀、磨损、冲击和高温等因素不是单一作用，而是综合起作用的。所以，应根据被焊零件的磨损类型、冲击载荷的大小、工作温度及介质的情况，来选择适合该类磨损的堆焊合金。

（2）应考虑堆焊层是否要求机械加工。对于堆焊层要求机械加工的，则不能选用高硬质合金，而应选择低碳合金钢堆焊合金，以便于进行机械加工。

（3）应考虑堆焊零件的经济合理性。选择堆焊合金时，应综合考虑其堆焊零件的成本和使用后的经济效果。堆焊成本包括堆焊材料的成本、人工费用、设备和运输费用等。材料费用取决于原材料价格和供货情况，如在钴基、镍基和钨基的材料费用中，原材料价格起主导作用；而在铁基材料费用中，材料的供货状况是决定材料成本的主要因素。因此，对于多种堆焊合金都能满足使用要求时，应尽量选择价格低的堆焊合金，以降低成本。但是值得注意的是，虽然高合金堆焊合金价格比较贵，但使用寿命却比较长。因此，在选择堆焊合金时，不要单一地考虑价格问题，而应将合金价格和使用寿命同时考虑才较合理。

（4）应考虑堆焊零件的焊接性和我国的资源情况。在满足零件的使用条件和经济性的前提下，应选择焊接性良好的堆焊合金。焊接性较差的堆焊材料，会使堆焊层产生焊接缺陷，若修补其缺陷，则使工艺变得复杂化，这样不仅降低了堆焊合金的使用性能，也增加了堆焊成本。另外，应尽量选择我国富有的资源，如钨、硼、锰、硅、钼、钒、钛等；少用镍、铬、钴。根据工作条件选择堆焊合金的一般规律见表 2-18。

表 2-18 选择堆焊合金的一般规律

工 作 环 境	堆 焊 材 料
金属与金属间滑动摩擦，高接触应力	过共晶钴基合金，含拉弗斯相的钴基合金
金属与金属间滑动摩擦，低接触应力	低合金耐磨堆焊钢
金属与金属间滑动摩擦，兼有腐蚀和氧化	钴基或镍基合金
低应力磨粒、冲击侵蚀	高合金铸铁
低应力严重磨粒磨损	碳化物
气蚀	不锈钢、钴基合金
重冲击	高锰钢、铬锰钢
重冲击+腐蚀+氧化	过共晶钴基合金，含拉弗斯相的钴基合金
冲击磨损	高锰钢
高温蠕变、热稳定性	钴基合金或含碳化物的镍基合金
海水腐蚀	铜基合金
一般腐蚀	铬镍奥氏体不锈钢
中温（≤500℃）热强性、腐蚀	高铬马氏体不锈钢

2.3.3 堆焊方法及工艺

堆焊的过程与焊接基本相同，几乎任何一种熔焊方法都可以用于堆焊。但常规的焊接方法却无法满足堆焊时的特殊要求，如堆焊方法应有较高的熔敷率和较低的稀释率。因此，要把堆焊技术应用于生产中，必须选择合适的堆焊方法并制订相应的堆焊工艺。下面简单介绍几种常用的堆焊方法及工艺。

2.3.3.1 焊条电弧堆焊

焊条电弧堆焊所用设备简单、机动灵活、电弧温度高、热量集中且不受焊接位置及工件表面形状的限制，尤其是通过实心焊条或管状焊芯焊条能获得所有堆焊合金，它因此成为最常见的一种堆焊方法。

堆焊是在工件表面的某一部位熔敷一层特殊的合金层，达到恢复被磨损、腐蚀了的零件尺寸，提高工作面的耐磨、耐蚀或耐热等性能的目的。由于工件所处的工作条件比较复杂，所以，堆焊时必须根据工件材质及工作条件正确地选择堆焊焊条。例如，对于已磨损的工件表面进行堆焊，应根据其表面硬度选择相同硬度等级的焊条；对于耐热钢、不锈钢工件的堆焊，应选择与基体金属化学成分相近的焊条，才能保证堆焊金属和基体的性质相接近。

在保证焊缝成形的前提下，应选择合理的工艺参数，尽量减少稀释率。如小电流、快速焊、窄焊道、焊条摆动不超过焊条直径的 2.5 倍等。

在堆焊厚度、刚度较大的工件时，应对堆焊件预热，焊后缓冷，安排合理的焊接顺序，在堆焊工件上堆焊塑性良好的过渡层，防止堆焊层和热影响区产生裂纹，防止堆焊层与母材之间的剥离。

堆焊时，由于工件受热不均匀，变形较大，所以，应采取对称焊、跳焊及刚度固定法来控制和减少焊接变形。

堆焊时，可将工件倾斜一定角度，这样可减少熔深，使熔敷率得到提高。另外，堆焊模具时，可采用石墨、紫铜作模控成形，能提高堆焊尺寸精度，减少堆焊后加工量。

2.3.3.2　氧-乙炔焰堆焊

氧-乙炔焰堆焊方法的火焰温度较低（3050~3100℃左右），通过调整火焰能率，可以获得小的稀释率堆焊层的厚度均匀且很薄（小于 1.0mm），切表面光滑美观。采用氧-乙炔焰堆焊，设备简单，操作容易，而且价格便宜，因此，目前仍广泛应用。

其缺点是：由于碳化焰具有渗碳作用，会降低堆焊层的韧性；焊工手工操作其劳动强度较大；熔敷速度低，生产效率会受到一定的影响。另外，对焊工操作技术要求也高。因此氧-乙炔焰堆焊多用于堆焊批量不大的工件，以及阀门、油井钻头、犁铧等堆焊。对于自熔性较差的合金粉末则不宜采用氧-乙炔焰堆焊。

堆焊时，一般选用合金铸棒或镍基、铜基合金的实心焊丝。为了清除堆焊过程中形成的氧化物，改善堆焊金属的润湿性和致密性，应采用气焊熔剂，具体选择见表 2-19。

表 2-19　气焊熔剂牌号、化学成分及用途

<table>
<tr><th>牌号</th><th>名　称</th><th>熔点/℃</th><th>化学成分</th><th>质量分数/%</th><th>用途及性能</th><th>使　用</th></tr>
<tr><td rowspan="5">CJ101</td><td rowspan="5">不锈钢及耐热钢气焊熔剂</td><td rowspan="5">约 900</td><td>瓷土粉</td><td>30</td><td rowspan="5">焊接时有助于焊缝的湿润作用，能防止熔化金属被氧化，焊后覆盖在焊缝金属表面的熔渣易去除</td><td rowspan="5">（1）焊前对施焊部分擦刷干净；
（2）焊前将溶剂用密度 1.3 的水玻璃均匀搅拌成糊状；
（3）用刷子将调好的熔剂涂在焊接处表面，厚度不小于 0.4mm，焊丝也涂上少许溶剂</td></tr>
<tr><td>大理石</td><td>28</td></tr>
<tr><td>钛白粉</td><td>20</td></tr>
<tr><td>低碳锰铁</td><td>10</td></tr>
<tr><td>硅铁</td><td>6</td></tr>
</table>

续表 2-19

牌号	名　称	熔点/℃	化学成分	质量分数/%	用途及性能	使　用
CJ201	铸铁气焊熔剂	约 650	H_3BO_3	18	有潮解性能，能去除气焊过程中产生的硅酸盐和氧化	(1) 焊前焊丝端头煨热蘸上熔剂，焊接部位红热时撒上熔剂； (2) 焊接时搅动焊丝使熔剂充分发挥作用
			Na_2CO_3	40		
			$NaHCO_3$	20		
			MnO_2	7		
			$NaNO_3$	15		
CJ301	铜气焊熔剂	约 650	H_3BO_3	18	紫铜及黄铜气焊或钎焊助熔剂，能有效地溶解氧化铜和氧化亚铜，焊接时呈液体，熔渣覆盖于焊缝表面，防止金属化	(1) 焊前将焊接部位擦刷干净； (2) 将焊丝煨热蘸上熔剂即可施焊
			Na_2CO_3	40		
			$NaHCO_3$	20		
			MnO_2	7		
			$NaNO_3$	15		
CJ401	铝气焊熔剂	约 560	HCl	49.5~52	铝及铝合金气焊熔剂，也可作气焊铝青铜熔剂	(1) 焊前将焊接部位擦刷干净； (2) 用水将熔剂调成糊状，涂或蘸取在焊丝上即可施焊； (3) 焊后将残存在工作表面的熔剂用热水洗掉
			NaCl	27~30		
			LiCl	3.5~15		
			NaF	7.5~9		

焊接工艺参数的选择与气焊不同的是火焰功率的选择。堆焊时希望熔深越浅越好，因此，在保证生产率的前提下，尽量选择小号焊炬和焊嘴，将稀释率和合金元素的烧损最大限度地控制在一定程度。

堆焊时，一般都选用碳化焰。但镍基合金则选用中性焰，为提高流动性，偶尔也用碳化焰。

2.3.3.3　埋弧自动堆焊

埋弧自动堆焊的原理如图 2-32 所示。

电弧在焊剂下形成。在电弧高温作用下，熔化金属形成的金属蒸气与焊剂蒸发形成的焊剂蒸气在焊剂层下形成一个空腔，空腔上部的熔融态的焊剂隔绝了外部的大气，电弧就在此空腔内燃烧。这时，液态金属在腔内气体压力和电弧磁力的共同作用下，被排挤到熔池的后部并结晶；熔渣则随金属一起流向熔池后部，由于密度较轻，最后形成覆盖在焊道表面的渣壳。

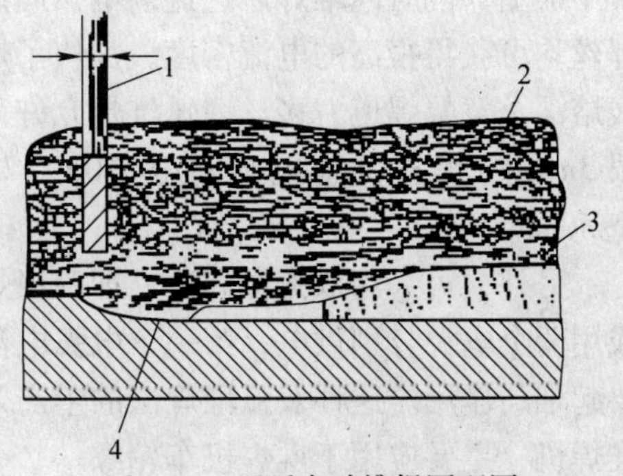

图 2-32　埋弧自动堆焊原理图

1—焊丝；2—熔渣壳；3—焊缝金属；4—熔池

埋弧自动堆焊的优点是：由于熔渣的保护，有效地防止了空气中 N_2、H_2、O_2 对熔池的侵入，堆焊层质量好；堆焊层化学成分均匀且稳定，成形美观；熔敷速度快；生产效率高，适用于自动化生产。另外，劳动条件好，无弧光和粉尘的威胁。它的缺点是：设备较为复杂，使用焊接电流大，致使熔深大且稀释率大，所以不适用体积小的机械零件的堆焊。埋弧自动堆焊主要用于轧辊、车轮轮缘、曲轴、化工容器和核反应堆压力容器衬里等中、大型的工件。

埋弧自动堆焊经常采用实心焊丝、带状金属作为堆焊材料。

焊剂一般采用熔炼焊剂和黏结焊剂两种，使用黏结焊剂时必须烘干，烘干温度为400℃，烘焙时间为2~3h。

埋弧自动堆焊的电源，大多数情况下采用直流反接，以提高堆焊质量和生产率。也可采用交流电源，例如低氟焊剂。高氟焊剂只能用于直流。

根据电极形状、数量、连接方式的不同，埋弧自动堆焊可分为单丝埋弧堆焊、多丝埋弧堆焊、带极埋弧堆焊及串联埋弧堆焊四种类型，如图 2-33 所示。

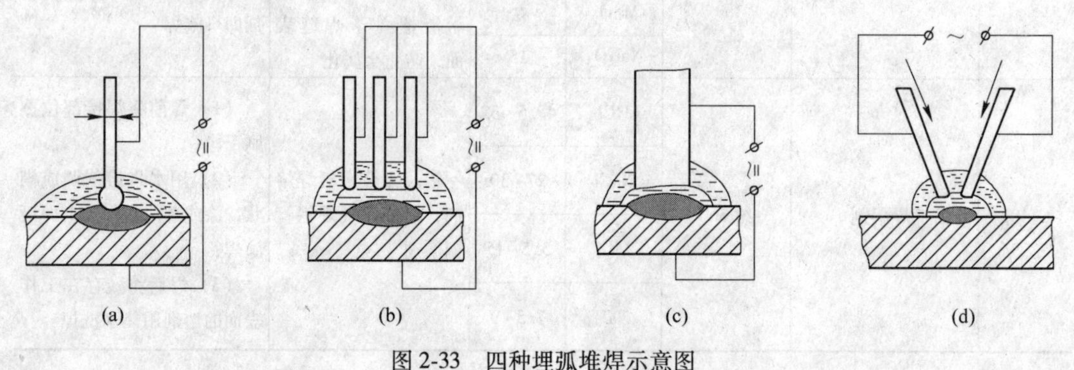

图 2-33　四种埋弧堆焊示意图

（a）单丝埋弧堆焊；（b）多丝埋弧堆焊；（c）带极埋弧堆焊；（d）串联埋弧堆焊

（1）单丝埋弧堆焊。这是常用的堆焊方法。电弧集中堆焊时，焊丝以摆动来避免电弧集中加热，从而可获得较宽焊道，改善与相邻焊道的熔合。同时还可以采用加入填充丝，以增加熔敷量和降低稀释率。采用增大伸出长度、焊丝直径、焊丝前倾等措施来减少熔深。

（2）多丝埋弧堆焊。双丝、三丝及多丝埋弧堆焊，是将几根并列的焊丝接在电源的一个极上，同时向堆焊区送进。电弧周期性地从一根焊丝移到另一根焊丝。每一次起弧的焊丝均可获得很高的电流密度，加快了熔敷速度；随着电弧位置的不断移动，则保证获得浅熔深及宽幅焊道。多丝埋弧堆焊允许采用大的焊接电流，其稀释率却很小。例如：用6根3mm 的焊丝，总电流可达 700~750A，最大熔深 1.7mm，焊道堆高 5.1mm，熔宽 50mm。

另外，可采用双弧堆焊法，即两根焊丝沿堆焊方向以串列式前后排列，并用同一电源或用两个电源分别供电，第一个电弧电流较小，熔化母材量小；后一电弧采用大电流，主要起堆高作用。这种双弧堆焊法的生产效率高。如我国生产的 MU-2×300 型双头自动埋弧堆焊机，主要应用于堆焊机车轮缘。

（3）带极埋弧堆焊。用金属带代替焊丝作为电极，在焊剂层下进行带极堆焊。堆焊时，电弧在带极端部局部点燃，并沿着带极迅速移动，类似不断摆动的焊丝。由于电弧燃烧处的电流密度很大，所以熔敷率很高且熔深很浅，堆焊层外形美观，同时还能克服多丝堆焊设备复杂的缺点。目前，应用较多的宽60mm、0.4~0.6 mm的带极堆焊，其电流为550~570A，堆焊速度为9~12 cm/min，每小时堆焊面积可达0.3~0.4m^2。我国有MU1-1000-1型带极自动堆焊机，主要用于修复一般磨损工件；MU3-2×1000型悬臂式双头内环缝带极自动堆焊机，主要用于堆焊内径小于2m的大型管道、容器、液压缸等。

（4）串联埋弧堆焊。电弧是发生在焊丝间，两根焊丝构成45°，并连接交流电源，空载电压为100V，由于电弧热量大部分用于熔化焊丝而熔化母材相对少一些，所以稀释率较低，熔敷率高且熔深较浅。

2.3.3.4 二氧化碳气体保护堆焊

二氧化碳气体保护堆焊是采用二氧化碳气体作为保护介质的一种堆焊工艺，如图2-34所示。

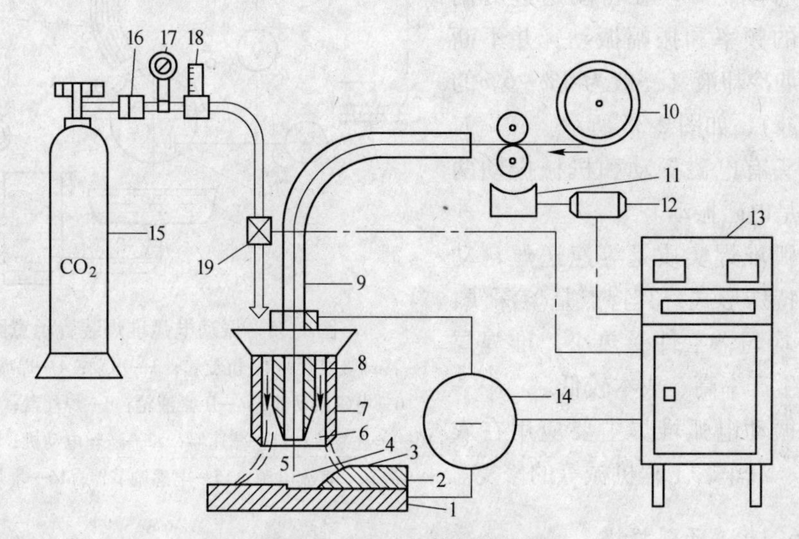

图2-34 CO_2气体保护堆焊

1—工件；2—堆焊层；3—熔池；4—电弧；5—焊丝；6—CO_2保护气体；7—喷嘴；8—导电嘴；9—软管；10—焊丝盘；11—送丝机构；12—送丝电机；13—控制箱；14—焊接电源；15—CO_2气瓶；16—干燥预热器；17—压力表；18—流量计；19—电磁阀

CO_2气体以一定速度从喷嘴中喷出，对电弧区形成可靠的保护层，把熔池与空气隔离，有效地防止N_2、H_2、O_2的侵入，提高了堆焊层的质量。由于CO_2是氧化性极强的气体，熔融金属中的Fe、Si、Mn会被氧化，其氧化物形成渣浮在焊层表面，在堆焊层冷却时收缩脱落。

CO_2气体保护堆焊具有堆焊层质量好、电弧热量集中、工件的热变形小、堆焊层硬度高且均匀、熔敷率较高、生产率高且成本较低的优点。但是稀释率也较高，大约在15%~25%。

CO_2气体保护堆焊的焊接材料主要是CO_2气体和焊丝，它们是决定焊层质量和性能的主要因素。CO_2的纯度应大于99.5%。焊丝的成分应根据母材及堆焊层的要求来选择。堆焊时，为了解决CO_2氧化所引起的合金元素烧损、气孔、飞溅等问题，要求焊丝必须具有足够的脱氧能力。常用的焊丝有：H08MnSi、H08Mn2Si、H08Mn2Si、H04Mn2Si、

H10MnSi、H10MnSiMo、H08MnSiCrMo、H08Cr3Mn2MoA 等。

由于高合金成分焊丝难以拔制，所以，对于要求合金含量较低的金属与金属磨损类型的工件，则采用实心焊丝 CO_2气体保护堆焊。对于高合金的堆焊，则采用各种管状焊丝气体保护堆焊工艺。

2.3.3.5　振动电弧堆焊

振动电弧堆焊是一种复合技术，它在普通电弧堆焊的基础上，给焊丝端部加上振动。堆焊时，将工件夹持在专用机床上，以一定的速度旋转，堆焊机头沿工件轴向移动，焊丝在自动送进的同时，以一定的频率和振幅振动，并不断地向焊接区加冷却液（一般为4%~6%的碳酸钠水溶液），如图 2-35 所示。

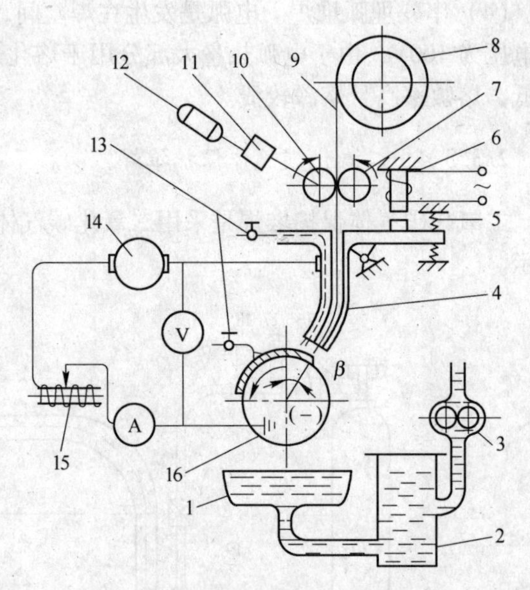

图 2-35　振动电弧堆焊装置示意图

1—冷却液接盘；2—沉淀箱；3—水泵；4—焊嘴；5—弹簧；6—电磁振动器；7—压紧液轮；8—焊丝盘；9—焊丝；10—送进滚轮；11—减速器；12—送丝电动机；13—调节阀；14—直流电源；15—电感调节器；16—堆焊工件

振动机头有电磁振动和机械振动两种，常用的是电磁振动。

振动电弧堆焊实质是等速送丝自动电弧的一种特殊形式，其特点是熔深浅，堆焊层薄而均匀，工件受热小，堆焊层耐磨性好、生产率高、成本较低。

目前，振动电弧堆焊主要应用在农机、拖拉机、汽车、工程机械等的修复。

2.3.3.6　等离子弧堆焊

等离子弧堆焊是以联合型或转移型等离子弧作为热源，以合金粉末或焊丝作为填充金属的一种熔化焊工艺。这种方法目前被广泛应用。

与其他堆焊工艺相比，等离子弧堆焊的弧柱稳定且温度很高，热量集中，能顺利堆焊难熔材料和提高堆焊速度；规范参数可调性好，熔池平静，可控制熔深和熔合比（熔合比可控制在 5%~15%）；堆焊焊道宽（焊枪自动可控宽度为 3~40mm，厚度为 0.5~8mm）。因此，它是一种难得的低稀释率和高熔敷率的堆焊方法。缺点是设备成本高，噪声和紫外线强，产生臭氧污染等，堆焊时必须采取防护措施。

根据填充材料的方式不同，等离子弧堆焊可分为以下几种方式：

(1) 冷丝等离子弧堆焊。这种方式是把焊丝作为填充材料，不经预热直接送入焊接区进行堆焊。对于能拔制成丝的合金，如不锈钢、铜合金等，多采用自动送丝法；对于铸成棒状的（如钴基合金）常采用手工送丝。

(2) 热丝等离子弧堆焊。这种方式是利用焊丝自身的电阻进行预热后，再送入等离子弧区进行堆焊。可采用单丝或双丝送进，如图 2-36 所示。

由于焊丝预热，堆焊的熔合比下降至 5%左右，使熔敷速率大大提高（可达 13~

27kg/h)。另外，预热焊丝可消除焊丝表面的氢，从而减少了堆焊层中的气孔。

(3) 预制型等离子弧堆焊。这种方式是将堆焊合金预制成一定的形状，放置在待堆焊表面，然后将其用等离子弧溶化而形成堆焊层的。对于堆焊形状简单、批量又大的工件，如柴油机排气门的密封面，可用这种堆焊方法。

(4) 粉末等离子弧堆焊。这种方式是将合金粉末送入等离子弧区，使其熔化而获得堆焊层的一种堆焊方法，如图2-37所示。

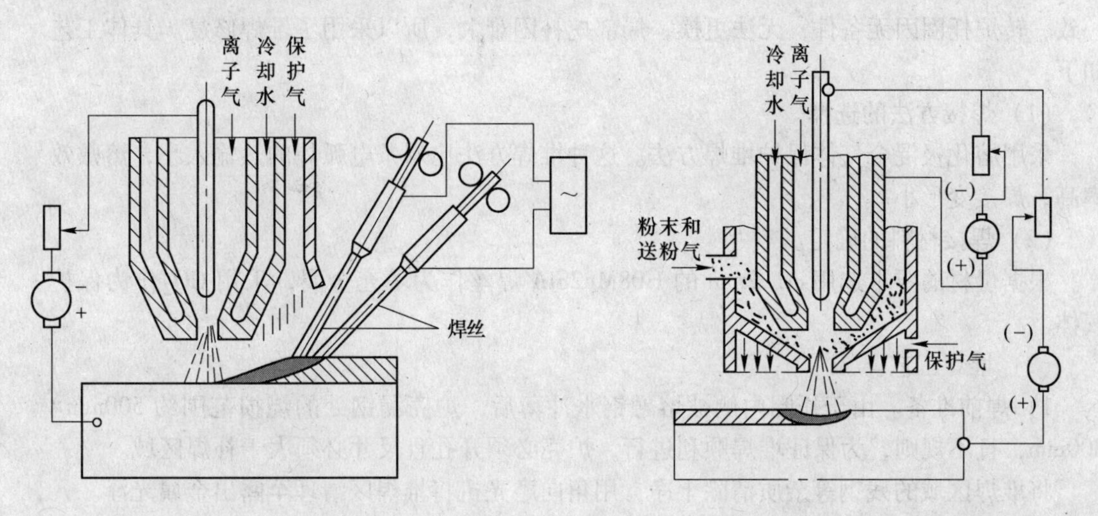

图2-36 双热丝等离子弧堆焊示意图 图2-37 粉末等离子弧堆焊示意图

粉末等离子弧堆焊的材料来源广泛，且不受焊丝轧制、拔丝等加工方法的限制，各种成分的合金粉末调节范围很宽，堆焊的质量好，操作容易实现自动化。因此，阀门密封面和其他工件均采用粉末等离子弧堆焊。

2.3.3.7 激光堆焊

激光堆焊是利用能量密度极高的激光束作为能源，轰击母材表面并转换成热能，将母材表面和堆焊材料熔化而形成堆焊层的一种堆焊方法。这种方法不同于其他堆焊方法，可以不接触焊接区，而通过玻璃窗进行堆焊，还可以利用反射镜反射，对特殊部位进行堆焊。另外，可在低熔点母材上堆焊高合金。堆焊时不受磁场的影响，堆焊速度快，热影响区小。总而言之，激光堆焊是一种高效率、高质量的堆焊方法，几乎所有的金属都可以采用这种堆焊方法。

2.3.3.8 电渣堆焊

电渣堆焊的特点是熔敷率最高，板极电渣堆焊的熔敷速率高达150 kg/h，而且一次能堆焊很大的厚度，因此稀释率并不高。但由于堆焊层过热严重，堆焊后必须进行热处理。另外，堆焊层不能太薄（一般应大于14~16mm），否则不能建立稳定的电渣过程。对于需要堆焊层厚一些、表面形状简单的大中型工件，如轧辊、热锻模等可采用电渣堆焊的方法。

2.3.4 堆焊焊接实例

转炉托圈的堆焊修复工艺。某钢厂 80t 转炉炉体因事故漏钢造成炉壳烧穿，熔敷钢水冲刷了起支撑炉体作用的托圈。托圈内侧板厚为 80mm 的钢板被冲刷得薄厚不一，最薄处仅约 20mm，冲刷变薄的范围达 1000mm×1260mm。

托圈材质为 16MnR，断面为钢板焊接的箱形结构。由于托圈冲薄面积较大且厚度不一致，转炉托圈因无备件，无法更换，局部挖补困难大，所以采用了堆焊修复。具体工艺如下：

（1）焊接方法的选择。

采用熔化极混合气体保护堆焊方法。这种堆焊方法比焊条电弧焊的热输入小，熔敷效率高，焊接变形小。

（2）焊接材料的确定。

根据母材的要求选用 ϕ1.2mm 的 H08Mn2SiA 焊丝作为填充金属，采用 CO_2作为保护气体。

（3）堆焊工艺。

1）焊前准备。由于托圈内侧被熔融钢水冲薄后，炉壳漏钢处的烧损范围约 500mm×800mm，且不规则，为保证堆焊顺利进行，炉壳必须开孔且尺寸必须大于补焊区域。

将堆焊区域的残钢等杂质清除干净，用角向磨光机将堆焊区清理至露出金属光泽。

在焊接区域用玻璃纤维布搭设帐篷，避免过堂风影响气体对电弧的保护。

将转炉置于便于水平堆焊作业的位置。

2）堆焊工艺参数。具体工艺参数为：焊接电流 200~220A，电弧电压 17~20V，道间温度小于 150℃，电源极性为正接法，保护气体流量 10~15L/min。

3）托圈堆焊。焊接时，采用多层多道焊，焊道彼此重叠，重叠部分不小于焊道宽度的 1/3，层间交错 90°施焊，道间温度控制在 150℃以下。焊接过程中，每焊完一道，立即对焊道进行一次锤击，以清除焊接应力。

转炉托圈由于采用了 CO_2气体保护堆焊的修复，使被冲刷变薄的部分恢复了原有的厚度，确保了转炉托圈的生产安全，节省了资金，缩短了工期，保证 80t 转炉的正常运行。

2.4 电子束焊接

电子束焊接是一种高能量密度的焊接新工艺，它利用空间定向高速运动的电子束，撞击工件后，将动能转化为热能，使焊件熔化，冷却结晶后形成焊缝。

2.4.1 电子束焊接原理

真空电子束焊接如图 2-38 所示。

在真空中，把电子枪的阴极（灯丝）通电加热到高温，使它发射出大量电子，通过阴极和阳极之间强电场的加速和电磁透镜的聚焦，收敛成一束能量极大且十分集中的电子束，电子束轰击焊件表面，电子能转化为热能，使金属迅速熔化和蒸发。在高压金属蒸气的作用下，熔化金属被排开，电子束能继续轰击深处的固态金属，很快地使焊件表面形成

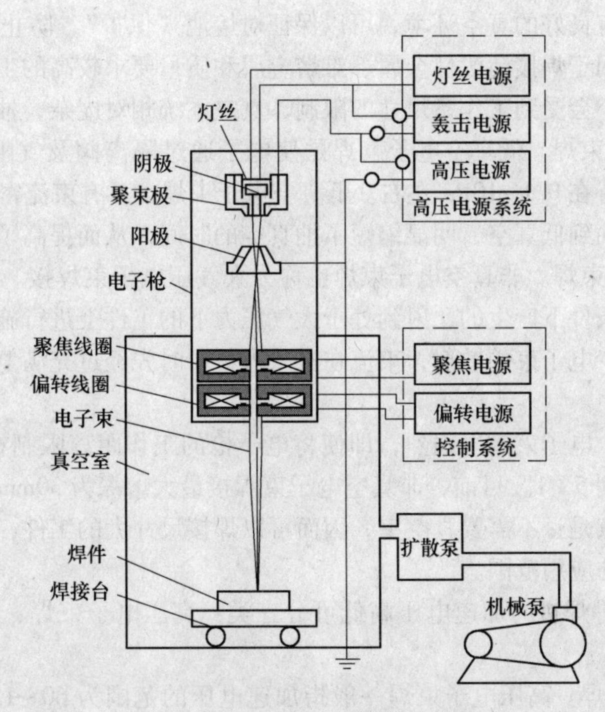

图 2-38 真空电子束焊接示意图

一个锥形的空隙，这种空隙在电子束的轰击下可以达到相当大的深度。在焊接过程中，随着电子束与焊件的相对移动，空隙周围的熔化金属就流入空隙内，冷却后即形成焊缝。

电子束是一种带负电荷微粒的射线，当它轰击物体时，它所携带的能量就转变为热能，因此利用电子束作为电子束焊接的能源。由于电子辐射类似于光的辐射，电磁与磁场对电子束所起的作用，如同透镜对光所起的作用一样，所以，电子束的能量是很容易控制的。

电子束焊接时，由于电子在几十到几百千伏电压的作用下，被加速到 1/2~ 2/3 的光速，电子束所获得的能量大大超出它在发射时的能量，然后将它通过磁场聚焦在很小的面积内，就变成一种能量密度很高的能源。其电弧功率密度比普通电弧功率高 100 ~ 1000 倍。

电子束的能量取决于电子数目和各个粒子的质量和速度，而电子数目和速度又取决于加热阴极的电流和温度，还有电场的电压。比如，当电流为 250mA，阴极钨丝加热至 2600K 时，在钨丝的每平方毫米面积上，每分钟能发射 1.5×10^8 个电子。另外，电子速度与电压也有一定的关系。当电压为 50~100 kV 时，电子的速度可达到（124~164）$\times10^3$ km/s。

2.4.2 电子束焊接分类

电子束焊接可以从两个角度进行分类。

(1) 按焊件所处环境的真空度可分为三类：高真空电子束焊、低真空电子束焊和非真空电子束焊。

1) 高真空电子束焊。高真空电子束焊是将焊件放在真空度为 10^{-4} ~ 10^{-1} Pa 的工作室中完成的。由于具有良好的真空环境，可以保证对熔池“保护”，防止金属元素的氧化和烧损。所以很适合用于焊接活泼性金属、难熔金属和质量要求较高的工件。但是，也存在缺点，如焊件的大小会受到工作室尺寸的限制，真空系统相对庞杂，抽真空时间长。

2）低真空电子束焊。低真空电子束焊是使电子通过隔离阀及气阻孔道进入工作室，工作室的真空度保持在0.1~10Pa左右。低真空电子束焊也具有束流密度和功率密度高的特点。由于只需要抽到低真空，明显缩短了抽真空的时间，从而提高了生产效率。

3）非真空电子束焊。非真空电子束焊也称为大气压电子束焊接。这种焊接方法的电子束仍是在高真空条件下产生的，射到处于大气压力下的工件上进行施焊。为了保护焊缝金属不受污染，减少电子束的散射，束流在进入大气中时先经过充满氦气的气室，然后与氦气一起进入大气中。

在大气压力下，电子束散射强烈，即使将电子枪的工作距离限制在20~50mm，焊缝深宽比最大只能达到5∶1。目前，非真空电子束焊接最大熔深为30mm。

这种方法的优点是：不需要真空室，因而可以焊接尺寸大的工件，生产效率高，扩大了电子束焊接技术的应用范围。

（2）按电子束焊焊机的加速电压高低可分三类：高压电子束焊、中压电子束焊和低压电子束焊。

1）高压电子束焊。高压电子束焊一般指加速电压的范围为60~150kV。在相同功率情况下，高压电子束焊接所需的束流小，加速电压高，易于获得直径小、功率密度大的束斑和深宽比大的焊缝。因而特别适用于焊接大厚度板材的单道焊，也适用于焊接那些难熔金属和热敏感性强的材料。缺点是：屏蔽焊接时产生的X射线比较困难；电子枪的静电部分为防止高压击穿，需要用耐高压的绝缘子，使结构复杂而笨重，只能做成固定式。

2）中压电子束焊。中压电子束焊所用加速电压的范围为30~60kV。当电子束的功率超过30kV时，中压电子束焊焊机的电子枪，能保证束斑的直径小于0.4mm，除极薄材料外，这样的束斑尺寸完全能满足焊接要求。30kV的中压电子束焊焊机焊接的最大钢板厚度可达70mm。中压电子束焊时产生的X射线，可以用适当厚度的真空室壁吸收，不需要铅板防护。电子枪极间不要求特殊的绝缘子，因而电子枪可做成固定型和移动型。

3）低压电子束焊。低压电子束焊所用的加速电压低于30kV。低压电子束焊焊机不用铅板防护，电子枪可做成小型移动式。缺点是：在相同功率情况下，低压电子束的束流大，加速电压低，束流的会聚比较困难。通常束斑直径很难达到1mm以下，其功率限于10kW以内，因而低压电子束焊只能焊接薄板。

2.4.3　电子束焊的焊接特点及应用

2.4.3.1　电子束焊的焊接特点

（1）加热功率密度大。焊接用的电子束电流为几十毫安到几百毫安，最大可达1000mA以上，加速电压为几十千伏到几百千伏，故电子功率从几千瓦到上百千瓦。由于电子的质量小、束流值不大，所以电子束焦点直径小于1mm。而电子束束斑（或称焦点）的功率密度高达10^6~10^8W/cm^2，比普通电弧功率密度高100~1000倍。

（2）焊缝深宽比大。通常电弧焊的深宽比很难超过2，而电子束焊焊接时的深宽比在

50以上。所以，对于平行边焊缝接头，采用电子束焊接工艺，焊后基本上不产生角变形。另外，利用大功率电子束对大厚度钢板进行不开坡口的单道焊，能提高厚板焊接的技术经济指标。

电子束焊与电弧焊相比较，可节省大量填充金属和电能，能实现高深宽比的焊接，深宽比达60：1，可焊透0.1~300mm厚度的不锈钢板。

（3）焊缝纯度高。真空电子束焊的真空度一般为10^{-4}Pa，比氩气的纯度（99.99%）还要纯洁几百倍左右。因此，不存在污染问题。

（4）焊接速度快且焊缝热物理能好。电子束焊接速度快，能量非常集中，熔化和凝固过程快，热影响区小，对精加工的焊件，焊后仍能保持精度不变。

（5）可焊材料多。不仅能焊同种金属和异种金属材料的接头，也能焊接非金属材料，如陶瓷、石英玻璃等。

（6）焊接工艺参数调节范围广、适应性强。电子束焊接的工艺参数能各自单独进行调节，并且调节范围很宽，控制灵活，电子束焊焊接参数易于实现机械化和自动化控制，使产品质量相对稳定。

电子束焊的缺点是：设备复杂，价格昂贵，使用维护要求高；对焊接装备要求严格，工件尺寸受真空室大小的限制；使用时需注意防护X射线。

2.4.3.2 电子束焊接的应用范围

电子束焊接作为一种先进制造技术已广泛应用于航空航天工业、汽车制造工业和电子及电力等行业。在其他工业中采用电子束焊主要有高压气瓶、核电站反应堆内构件筒体、雷达慢波导等。另外，炼钢炉的铜冷却风口也采用电子束焊。电子束焊接不仅能焊接除黄铜、铸铁和未作脱氧处理的普通低碳钢以外的绝大多数金属，还能焊接异种金属；可焊接工件厚度范围较大，最薄小于0.1mm，最厚超过100mm；并且能焊接采用常规焊接方法所难以施焊的复杂构件，如焊接精密仪器、仪表或电子工业中的微型器件。同时，散焦电子束可用于焊前预热或焊后冷却，还可用作钎焊、切割及表面涂敷的热源。电子束焊接是在修复领域和新材料焊接中最有价值的工艺方法之一，也是未来太空焊接最有前途的热源和空间结构焊接强有力的工具。电子束焊的部分应用实例见表2-20。

表2-20 电子束焊的部分应用实例

工业部门	应用实例
航空	发动机喷管、定子、叶片、双金属发动机、导向翼、翼盒、双螺旋线齿轮、齿轮组、主轴活门、燃料槽、起落架、旋翼桨毂、涡轮盘
汽车	双金属齿轮、齿轮组、发动机外壳、发动机飞轮、汽车大梁、微动减振器、扭矩转换器、转向立柱吊架杆、旋转轴、轴承环等
宇航	火箭部件、导弹外壳、钼箔蜂窝结构、宇航站安装（宇航员用手提式电子枪）
原子能	燃料元件、压力容器及管道
电子器件	集成电路、密封包装、电子计算机的磁芯存储器及行式打印机用小锤、微型继电器、微型组件、薄膜电阻、电子管、钽加热器等
电工	电动机整流子片、双金属式整流子、汽轮机定子、发电站锅炉联箱与管子的焊接

续表 2-20

工业部门	应用实例
化工	压力容器、球形油罐、热交换器、环形传动带、管子与法兰焊接等
重型机械	厚板焊接、超厚板压力容器的焊接等
修理	各种修补修复有缺陷的容器、设计修改后要求返修件、裂纹补焊、补强焊堆焊等

2.4.4 电子束焊的焊接设备

电子束焊的焊接设备一方面按真空状态分为真空型、局部真空型、非真空型三种类型；另一方面按加速电压分为高压型（大于60kV）、中压型（30~60kV）、低压型（小于30kV）三种类型。在实际应用中最常用的是真空电子束焊焊机。

真空电子束焊焊机主要是由电子枪、工作真空室、工作台、高压电源、控制及调整系统、真空系统和焊接夹具等部分组成。

2.4.4.1 电子枪

电子枪是电子束焊焊机的核心部件，它是产生电子并使之加速、会聚成电子束的装置。焊接质量的好坏与电子枪的稳定性和重复性有直接关系。如影响电子束稳定性的主要原因是高压放电，会在电子枪中使电子束转移，金属蒸气对束源段产生直接影响。电子枪的重复性由枪的设计精度、制造精度及控制技术来保证。电子枪的工作电压通常为30~150kV，真空度必须保持在10^{-4}Pa以上。

2.4.4.2 高压电源及控制系统

高压电源主要作用是为电子枪提供加速电压、控制电压和灯丝加热电流。高压电源应密封在油箱内，否则会伤害人体及干扰设备及其他控制部分。

控制系统采用半导体高频大功率开关电源，开关电源通断时间比接触器要短得多，与高灵敏度微放电传感器联用，可控制放电现象。

2.4.4.3 控制及调整系统

目前多采用可编程控制器及计算机数控系统，极大地提高了控制范围和精度。

2.4.4.4 工作室和真空系统

真空电子束焊焊机的工作室尺寸一般是由焊件大小或应用范围而定。真空系统是由两部分组成，即电子枪抽真空系统和工作室抽真空系统。电子枪的高真空系统可通过机械泵与扩散泵配合获得。工作室真空度可在10^{-3}~10^{-1}Pa之间。较低的真空可用机械泵获得，高真空则必须采用机械泵及扩散泵系统。

2.4.4.5 工作台和辅助装置

焊接时，为保持电子束与接缝的位置准确，控制稳定的焊接速度，保证焊缝位置的重复精度，选择必需的焊接夹具配合焊接，如工作台、夹具、转台。大多数的电子束焊焊机是采用固定电子枪，利用工件做直线或旋转运动来实现焊接的。但对大型真空室，也采用使工件不动，而驱使电子枪进行焊接的方式。为提高生产率，可采用多工位夹具，抽一次真空室可以焊接多个零件。

2.4.5 电子束焊的焊接工艺

2.4.5.1 电子束焊的焊接参数

电子束焊的主要焊接参数是加速电压 U_a、电子束流 I_b、聚焦电流 I_f、焊接速度 v_b 及工作距离 H。

（1）加速电压。在大多数电子束焊中，加速电压往往不变，根据电子枪的类型（低、中、高），通常选取某一数值，如 60kV 或 150kV。

在相同功率、不同的加速电压下，所得焊缝深度和形状是不同的。如果提高加速电压，可以增加焊缝的熔深，即加速电压与焊缝深宽比是成正比例关系。

（2）电子束流（简称束流）。束流与加速电压二者共同决定着的电子束的功率，增加电束流，熔深和熔宽都随之增加。在电子束焊中，由于电压基本不变，所以，从焊接工艺需要出发，经常要调整束流值。调整包括以下几个方面：

1）焊接搭接焊缝时，要控制束流的递增及递减，才能获得良好的起始、收尾搭接处的质量。

2）焊接各种不同厚度的材料时，要改变束流，以得到不同的熔深。

3）焊接大厚度工件时，由于焊接速度较低，焊接电流随工件温度的上升而应减小。

（3）聚焦电流。电子束焊时，相对于焊件表面而言，电子束的聚焦位置上有上焦点、下焦点和表面焦点，焦点的位置对焊缝形状影响很大。焦点的位置取决于焊件的焊接速度和焊缝接头间隙。如焊件厚度大于 10mm 时，采用下焦点（即焦点处于焊件表面的下层），焦点在焊缝熔深的 30%处；当焊件厚度大于 50mm 时，焦点在焊缝熔深的 50%~70%之间最合适。根据焦点位置确定电子束斑点大小。

（4）焊接速度。电子束焊时，焊缝熔深和熔宽取决于焊接速度和电子束的功率。另外，对熔池的冷却、凝固及融合线形状也有影响。如果增加焊接速度，则焊缝会变窄，熔深减小。

（5）工作距离。即电子枪与焊件表面之间的距离称为工作距离。工作距离大小直接影响电子束的聚焦程度，如缩小工作距离，电子束的压缩比增大，电子束斑点直径变小，电子束的功率密度提高。但是，工作距离不能过小，因为过小会使过多的金属蒸气进入枪体，从而造成放电现象。只有在不影响电子枪稳定工作的前提下，才能采用短的工作距离。表 2-21 为常用材料的电子束焊接工艺参数。

表 2-21 常用材料的电子束焊接工艺参数

材 质	板厚/mm	加速电压/kV	电子束流	焊接速度/cm·min^{-1}
低合金钢 低碳钢	3	28	120	100
		50	130	160
	12	50	80	30
	15	30	350	30

续表 2-21

材　质	板厚/mm	加速电压/kV	电子束流	焊接速度/cm · min^{-1}
不锈钢	1. 3	25	28	50. 6
	2. 0	55	17	170
	5. 5	50	140	250
	8. 7	50	125	100
奥氏体钢	15	30	140	33. 3
		30	230	83. 3
		30	330	133. 3
纯钛	0. 13	5. 1	18	40
	3. 2	18	80	20
钛合金 6Al14V	6. 4	40	180	152
	12. 7	45	270	127
	19. 1	50	500	127
	25. 4	50	330	114
铝及铝合金	6. 4	35	95	89
	12. 7	25. 9	235	70
		40	150	102
	19. 1	40	180	102
	25. 4	29	250	20
		50	270	152
纯铜	10	50	190	70
	18	55	240	22
钨	1. 52	23	250	35
	2. 54	150	16	50
钼	0. 13	30	260	100
	1. 0	21	130	40
钼 0. 5 钛	0. 76	25	57	45
	2	90	60	154
	2. 54	135	12	68
	3	90	60	154
铌	2. 5	28. 2	170	55
钽 0. 1 钨	3. 2	30	250	30

2.4.5.2 电子束焊的焊接工艺

电子束焊的最大优点是具有深穿透小孔效应。为了保证获得深穿透效果，除了选择合适的电子束焊焊接参数外，还可以采取不同的工艺方法来焊接薄板或厚板。

（1）薄板的焊接。对于极薄工件应考虑使用脉冲电子束焊。在同样功率下，采用脉冲电子束焊可有效地增加熔深。因为脉冲电子束的峰值功率比直流电子束高得多，这样焊缝会获得很高的峰值温度，金属蒸发速率会以高出一个数量级的比例提高。脉冲焊可产生许多的金属蒸气，蒸气反作用力增大，小孔效应增加。由于薄板导热性差，电子束焊接时局部加热强烈，为防止过热应采用夹具。

（2）厚板的焊接。对于厚度为300mm的钢板，采用电子束可以一次焊透。焊道的深宽比可以高达50：1。当焊接熔深超过100mm时，常采用电子束水平入射，侧向焊接方法进行焊接。因为水平入射侧向焊接时，液态金属在重力作用下，流向偏离电子束轰击路径的方向，其对小孔通道的封堵作用降低，这时的焊接方向可以是自下而上或是横向水平施焊，以利于焊缝成形。另外，电子束焦点位置对于熔深影响很大，根据生产实践经验，在给定的电子束功率下，将电子束焦点调节在板材表面以下板厚的1/3处，可使电子束的熔透效力充分发挥出来，而且焊缝成形良好。

（3）焊件焊前预热或加工坡口。焊件在焊前采取预热，可减少焊接时热量沿焊缝横向的热传导损失，使熔深加深。对于一些高强度钢，焊接后会出裂纹，通过预热可以减少裂纹倾向。在深熔焊时，焊缝表面会堆积较多的金属，如果采取开坡口的措施，能使堆积金属填充坡口，相当于增加了熔深。

（4）添加填充金属。其方法是在接头处放置填充金属，箔状填充金属可以夹在接缝的间隙处，而丝状填充金属可用送丝机构送入或用定位焊固定。需要说明的是，只有在对接接头有特定要求时，或者接头准备和焊接条件的限制不能获得足够的熔化金属时，才能添加填充。

（5）定位焊。用电子束进行定位焊是装夹工件的最有效措施，这样可以节约装夹时间和经费。定位焊可采取焊接束流或弱束流进行，如搭接接头可选择熔透法定位，先用弱束流定位，然后用焊接流完成焊接。

（6）焊接狭窄间隙的底部接头。对于复杂形状的贵重铸件出现缺陷，可以选择电子束焊来完成修复工作。对于狭窄间隙的底部接头，在满足下列要求后，也可选择电子束焊完成焊接。

1）焊缝必须在电子枪允许的工作距离上；

2）必须有足够宽的间隙，允许电子束通过，避免误伤工件；

3）在束流通过的路径上应无干扰磁场。

2.4.5.3 电子束焊的焊接应用实例

微型汽车半轴是汽车传动系统的重要部件之一。随着汽车工业的飞速发展，国外已采用先进的锻-焊生产工艺进行大批量生产，而我国现在还不能达到这种先进程度，尽管有些企业试图采用锻-焊工艺生产，但由于材料的焊接性差，用普通的焊接方法很难得到满意的焊缝，而采用电子束焊接微型汽车半轴却收到了较为满意的质量效果。具体工艺过程如下：

（1）焊机。采用半轴专用焊机，该焊机的最大加速电压为 65kV，最大束流为 170mA，熔深可达 32mm 以上，焊缝深宽比大于 10∶1。

（2）半轴焊件。汽车半轴如图 2-39（a）所示，接头的结构如图 2-39（b）所示。

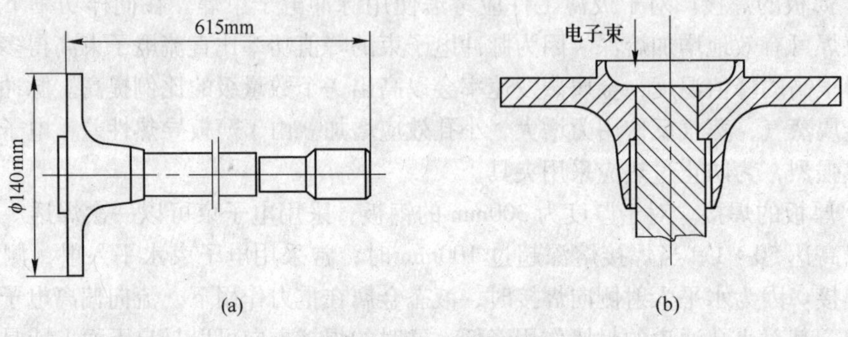

图 2-39　汽车半轴示意图

（a）汽车半轴；（b）接头的结构

（3）焊接工艺。

1）坡口。由于电子束的穿透力强、熔深大，因此接头一般不开坡口，也不加填充金属。

2）焊前清理。焊前对焊缝处进行严格的清洗，装配前先用砂纸将焊缝处的氧化膜及锈迹打磨干净，直至露出金属光泽，然后用汽油清洗去除油污，最后用丙酮清洗干净。如果清洗得不彻底，表面中残留氧化物、油污、水分都是焊缝中氢主要来源，而焊缝中氢是产生冷裂纹的三大因素之一。由于材料的碳和合金元素较高，而接头的拘束力又相当大，因此只要焊缝组中含有极少量的氢就足以使焊缝产生冷裂纹。另外，焊缝表面清洗不干净，也是产生气孔、夹杂等缺陷的主要因素。

3）焊前预热。考虑到 40Cr 钢的碳及合金元素含量较多，而接头的热容量相差较大的特点，故采用了散焦方式预热，可以减小焊接裂纹，选择合理的预热温度能有效地防止裂纹的出现，经计算预热温度选择在 250～300℃。

4）焊接工艺参数。在确定熔深为 22mm 的前提下，加速电压为 50kV，电子束流为 90mA，焊接速度为 28cm/min，真空度为 2Pa，扫描频率为 900Hz。

以上焊接工艺参数是从控制焊接热输入出发的，若热输入过大，会使热影响区产生过热组织，使晶粒粗大。同时还易形成淬火马氏体，从而降低焊接接头的抗裂性能及强度。因此应选择合适的焊接热输入，以防止产生冷裂纹和热裂纹。

5）焊后热处理。选择合理的后热温度对防止延迟裂纹有十分重要的意义。因为延迟裂纹主要与氢的扩散和聚集有关，如果焊缝很快地冷却至 100℃以下，氢来不及从焊缝中逸出，就容易产生延迟裂纹。所以，焊后将焊件放入烘箱进行加热，后热温度为 250℃，保温 1h，通过实践证明，采用电子束焊接实现汽车半轴的锻-焊生产是切实可行的。

2.5　激光焊接与切割

激光焊接与切割是利用激光作为热源进行熔化焊接的一种工艺方法。自从 1960 年第一台激光器问世，激光焊接与切割就成为现代先进的制造技术之一。随着航天航空、汽车、微电子、轻工业、医疗及核工业等的迅猛发展，产品结构形状越来越复杂，人们对材料性能、加工精度、表面完整性、加工方法、生产效率及工作环境的要求越来越高，传统的焊接方法已无法满足这些要求，以激光束为代表的高能束流焊接方法，已成为现代工业发展必不可少的手段。由于激光焊接与切割具有高能量密度、可聚焦、深穿透、高效率、高精度、适应性强的特点，因此广泛应用于航空航天、汽车制造、电子轻工等领域。

2.5.1 激光焊接与切割的基本原理

激光和无线电波、微波一样，都是电磁波，它是根据原子受激辐射的原理，利用激光器使工作物质受激，而产生一种单色性高、方向性强、亮度高以及相干性好的光束（通常称为激光的四大特性）。正是由于激光光束的单色性好，发散角小，接近平行光，频率单一，使得激光通过透镜聚焦后可形成很小的光斑，如图 2-40 所示。从图中可以看到，非平行光经过聚焦后扩展为一很宽的像，是无法集中到一点的；非单色光，由于透镜对不同颜色光的折射能力不同，其焦点虽然在透镜轴线上，但在焦点平面上也只不过集中了其中某一波长的光，所以仍然不能聚于一点；而激光光束则不然，由于方向性和单色性都好，所以激光光束经聚焦便能集中成一小斑点，光斑点上的功率密度可达 104～1015W/cm^2 或更高，比电子束还高，可在极短的时间内（千分之几秒），将光能转变成热能，其温度可达上万摄氏度以上，金属和非金属在如此高功率密度光的照射下，会很快地被熔化和汽化。因此，激光是进行焊接、切割、打孔及雕刻的最理想的高功率密度的热源。

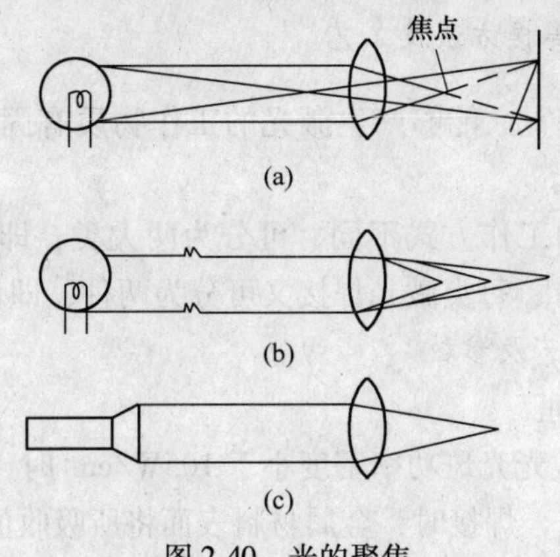

图 2-40 光的聚焦

（a）非平行光；（b）非单色光；（c）激光

2.5.2 激光焊接

激光焊是利用高能量密度的激光束作为热源的一种高效精密的焊接方法。其实质是通过激光器产生出来的激光作热源，将激光聚焦到工件接缝处，使光能转换成热能，从而使金属熔化形成焊缝。

2.5.2.1 激光焊接的特点

激光焊接与一般焊接方法相比，具有以下特点：

（1）激光辐射能极其强大，可使焊件加热到5000~9000℃，因此，可以焊接一般焊接方法难熔的金属，如高熔点金属。也可以焊接非金属材料，如陶瓷、有机玻璃等。

（2）激光作用时间极短（只有几毫秒），因此焊接速度极为迅速，热量集中且易于控制。工件的热变形和热影响区极小，对被焊处附近的其他零件毫无影响，所以说它是一种精密的焊接方法，可用于晶体管焊接。

（3）焊接装置与工件间无机械接触。激光可穿过透明介质对密闭容器内的工件进行焊接，因此避免了用其他焊接方法（如电阻焊、氩弧焊）给焊缝带来的污染，这对于真空仪器元件的焊接极为重要。

（4）激光焊不仅能焊接同种金属，也可以焊接异种金属，甚至可进行金属与非金属的焊接，其效果都很好。

（5）对带绝缘的导体，若采用常规焊接方法，则需要将绝缘层先行剥掉。而用激光焊可以直接将绝缘导体焊到接线柱上。

（6）激光光束不受电磁场影响，无磁偏吹现象，不存在X射线防护，也不需真空保护，危险性很小，适用于焊接磁性材料。

（7）激光可借助偏转棱镜，也可通过光导纤维引导对难以接近的部位进行焊接。因此灵活性很大。

（8）对于厚件可不开坡口一次成形。激光焊可获得深宽比值较大的焊缝。目前，深宽比已达到12∶1，不开坡口单道焊，焊接钢板的厚度已达到50mm。

2.5.2.2　激光焊接的焊接方法及工艺

激光器是产生激光的装置。能够产生激光的工作物质有固体（如红宝石和钕玻璃），也有气体（如二氧化碳等）。

激光焊接根据激光器的工作方式不同，可分为两大类，即脉冲激光焊和连续激光焊（包括高频脉冲连续激光焊）；每类激光焊接又可分为两种，即传热焊和深熔焊。

A　脉冲激光焊焊接工艺及参数

a　脉冲激光焊焊接机理

（1）传热焊。采用的激光光斑功率密度小于105W/cm^{2}时，激光束直接照射金属表面使其加热到熔点与沸点之间，焊接时，金属材料表面将所吸收的激光能转变为热能后，随温度升高而熔化，然后通过传热方式继续向金属内部传递，使熔化区逐渐扩大。但不发生小孔效应，熔池呈半球状，直至将两个焊件金属接触面熔化并焊接在一起为止，这种焊接机理称为传热焊。它与钨极氩弧焊的过程类似。

（2）深熔焊。当激光光斑上的功率密度足够大时（至少106W/cm^2），金属在激光的照射下被迅速地加热至沸点，使金属熔化和汽化并产生较大的蒸气压力（例如铝，$p \approx$ 11MPa；钢，$p \approx$ 5MPa）。在蒸气压力的作用下，熔化金属被排挤在周围，熔池表面向下凹陷，在激光束的照射下形成了凹坑。随着激光束的继续照射，凹坑深度不断加深，并穿入到另一焊件中。当激光停止照射后，被排挤在凹坑周围熔化的金属重新流回凹坑内，凝固后将焊件焊接在一起。这种焊接机理称为深熔焊。

传热焊和深熔焊的焊接机理，与功率密度、作用时间、材料性质和焊接方式有关。当功率密度较低、作用时间较长、焊件又较薄时，一般是以传热焊机理为主进行的；反之，则是以深熔焊机理为主进行焊接的。图2-41所示为不同功率密度的熔化过程。

图2-41（a）所示为传热焊接，功率密度为105～106W/cm^2，脉冲时间为10^{-3}～10^{-2}s。由于功率密度较小，不足以引起强烈的蒸发，焊缝形状像个半球。一般脉冲激光焊接就属于这一种。

图2-41（b）所示为大多数激光焊接时所出现的强烈蒸发现象。在蒸气压力作用下，熔池表面下凹，若表面张力能够阻止周围溶化金属溅射，切断光束后，未凝固的金属流回充填下凹，焊缝形状为表面下凹的圆锥形。

图2-41（c）所示为当光束中心的功率密度增大时，熔池形成细小的深孔，孔内的金属一部分被蒸发，另一部分被排挤在熔池周围，形成深宽比更大的下凹圆锥形。

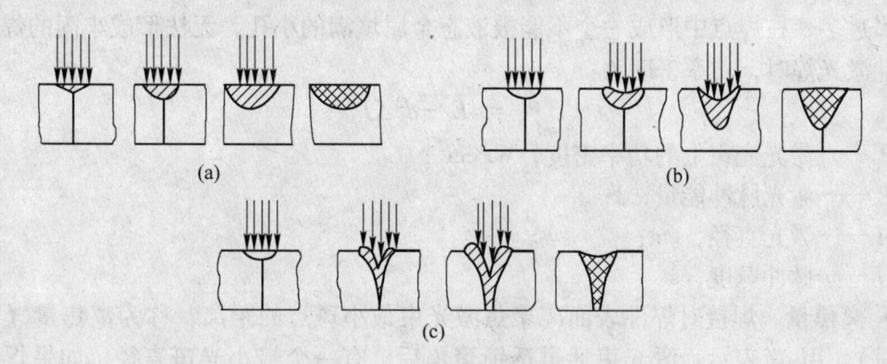

图2-41　不同功率密度的熔化过程

b　脉冲激光焊应用范围

脉冲激光是由固体激光器产生，由于具有脉冲宽度可控，脉冲能量可调等特点，所以，特别适用于焊接微型、精密元件和一些微电子元件以及薄片（0.1mm左右）、薄膜（几微米至几十微米）、金属丝（直径可小于0.02mm），还可用于核反应堆零件的焊接、仪表游丝、混合电路膜元件的导线连接等。另外，用脉冲激光器封装焊接继电器外壳、锂电池和钽电容外壳及集成电路也是非常有效的方法。采用脉冲激光焊还可以成功地焊接不锈钢、铁锈合金、铁镍钴合金等特殊金属，也可焊接铜、银、金、铝硅丝。

c　脉冲激光焊焊接工艺

脉冲激光焊与点焊相似，每个激光脉冲在金属上形成一个焊点，其加热斑点很小，约为微米数量级。然后以点焊或由焊点搭接成的缝焊方式进行的。

激光器有红宝石、钕玻璃和YAZ。脉冲激光焊所用激光器输出的平均功率低，焊接过程中输入给焊件的热量较小，因而单位时间所能焊合的面积也小。

脉冲激光焊焊接参数主要是：脉冲能量、脉冲宽度、功率密度和离焦量。

（1）脉冲能量和脉冲宽度。脉冲能量决定了加热热量太小，它主要影响金属的熔化量。脉冲宽度决定焊接时的加热时间，它对熔深和热影响区（HAZ）大小有影响。脉冲能量一定时，对于不同材料各存在着一个最佳冲宽度，这时熔深最大。熔深大小与材料的热物理性能，尤其是热导率及熔点有直接的关系，如导热性好、熔点低的金属，容易获得较大的熔深。焊接时脉冲能量和脉冲宽度存在一定的关系，并随着材料厚度与性质不同而变化。激光的平均功率 P 为：

$$P = E/\Delta J$$

式中　P——激光功率，W；

E——激光脉冲能量，J；

ΔJ——脉冲宽度，s。

由上可见，为了维持一定的功率，当脉冲能量增加时，脉冲宽度也必须相应增加，才能保证焊接质量良好。

（2）功率密度。激光焊焊接过程和机理是由功率密度决定的。当功率密度较小时，焊接是以传热焊方式进行的，焊点的直径和熔深由热传导所决定，在激光斑点的功率密度达到一定值（106W/cm^2）后，焊接过程中会产生小孔效应，形成深宽比大于 1 的深熔焊点，此时金属有少量蒸发，但不影响焊点的形成。当功率密度过大时，金属蒸发剧烈致使汽化金属过多，在焊点中形成一个不能被液态金属填满的小孔，无法形成牢固的焊点。

脉冲激光焊时，功率密度为：

$$P_d = 4E/\pi d^2 \Delta J$$

式中　P_d——激光光斑上的功率密度，W/cm^2；

E——激光脉冲能量，J；

d——激光直径，cm；

ΔJ——脉冲宽度，s。

（3）离焦量。焊接时焊件表面离聚焦激光束最小斑点的距离，称为离焦量（也可称为入焦量），用 Δf 表示。激光束通过透镜聚焦后，有一个最小光斑直径，如果焊件表面与之重合，则 $\Delta f=0$，如果焊件表面在它之下，则 $\Delta f>0$，称为正离焦量；反之则 $\Delta f<0$，称为负离焦量。焊接厚板时，选用适当的负离焦量能获得最大熔深。如果离焦量过大，会使光斑直径变大，光斑上的功率密度降低，使熔深减小。因此，通过改变离焦量，会使激光斑点的大小和光束入射状况都会随之改变。

B　连续激光焊焊接工艺及参数

a　连续激光焊焊接机理

（1）传热熔化连续焊。采用这种方法焊接时，激光的输出功率仅为几百瓦级以下，属于中小功率。激光束射到焊件表面依靠热传导来形成焊缝。在这种情况下，材料的传热系数、熔化温度、热学性能及对光束的吸收率对金属材料的焊接性能都有影响。

（2）深熔连续焊。用大功率激光器一次能焊 50mm 深的焊缝。连续焊时，在激光功率达到 1kW 到数千瓦时，金属被激光照射的部位迅速蒸发，焊缝熔池处的熔化金属因蒸气压力而被排开，形成小孔，在移动加热时，小孔被光束照射部位后面的熔化金属填满。焊缝形成的示意图如图 2-42 所示。由图可见，在熔池中有一和激光束同轴向的孔道。

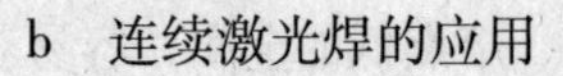

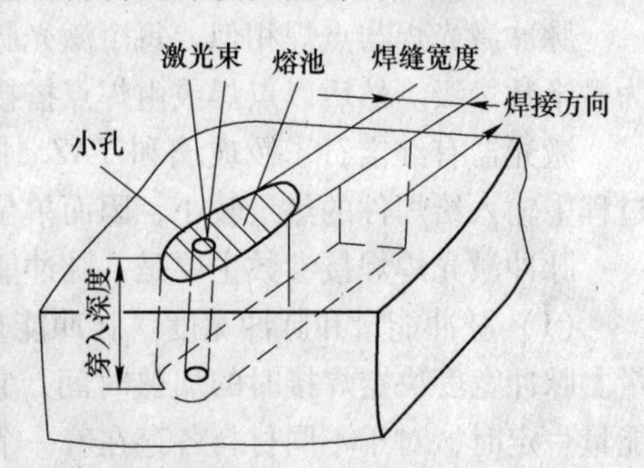

图 2-42　深熔焊示意图

b　连续激光焊的应用

连续激光焊广泛应用于汽车制造业、钢铁行业（如硅钢板的焊接、冷轧低碳钢板焊等)、镀锡板罐身、组合齿轮等焊接。此外，在船舶、航空、轻工等行业中也得到日益广泛的应用。经生产实践证明，采用激光焊可以极大地提高生产率和焊接质量。

c 连续 CO_2激光焊焊接工艺及参数

连续 CO_2激光焊可以使用大功率的掺钕钇铝石榴石激光器，但是在材料的激光加工中，应用最多的是 CO_2激光器。因为 CO_2激光器输出功率和效率很高，其连续输出稳定，所以可以对薄板精密焊，也可以对厚度为 50mm 的板进行深熔焊焊接。

(1) CO_2激光焊工艺。常见的激光焊接头形式如图 2-43 所示。在激光焊时，对接接头应用最多。其次是搭接接头、角接接头、T 形接头和卷边接头。

各类接头的装配间隙见表 2-22。CO_2激光焊时，为了确保焊缝成形良好，焊前对焊件装配要求十分严格。对接时，接头不能错边，这样会使入射激光在板角处反射，影响焊接过程稳定进行。薄板焊时，装配间隙不应过大，否则焊后焊缝表面成形不饱满，严重时会造成穿孔。搭接时，板间间隙不能太大，否则会造成上下板间熔合不良。

焊前清理：对于钢铁材料，焊前应对焊件进行除锈和脱脂处理。如用乙醇、丙酮或四氯化碳清洗焊件，对要求较严格的焊件可采用酸洗。

激光深熔焊可进行全位置焊，通过调节激光功率的递增和衰减过程，或者改变焊接速度来实现起焊和收尾的渐变过程，在焊接环缝时可实现首尾平滑连接。

在激光焊过程中，焊件应夹紧，以防止热变形。光斑在垂直于焊接运动方向，对焊缝中心的偏离量应小于光斑半径。

尽管激光焊适合于自熔焊，但在实际应用中仍需加填充金属。填充金属是以焊丝的形式加入，冷态或热态都可以。填充金属的施加量不宜过多，过多会破坏小孔效应。图 2-44 所示为激光填丝焊示意图。

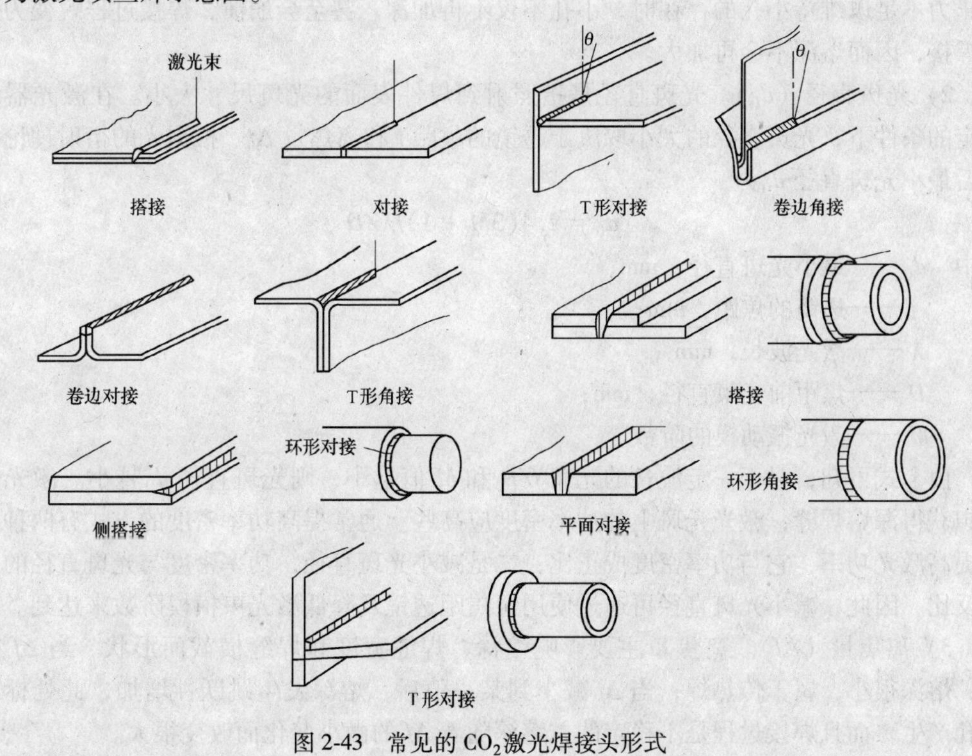

图 2-43 常见的 CO_2激光焊接头形式

表 2-22　各类接头的装配间隙

接头形式	允许最大间隙	允许最大上下错边量
对接接头	0.10δ	0.25δ
角接接头	0.10δ	0.25δ
T 形接头	0.25δ	—
搭接接头	0.25δ	—
卷边接头	0.1δ	0.25δ

（2）CO_2激光焊焊接参数。一般情况下，激光功率（P）是指激光器的输出功率，不考虑导光和聚焦系统所造成的损失。激光输出功率主要影响熔深。对一定的光斑直径，在其他条件不变时，熔深是随着激光功率的增加而增加的。

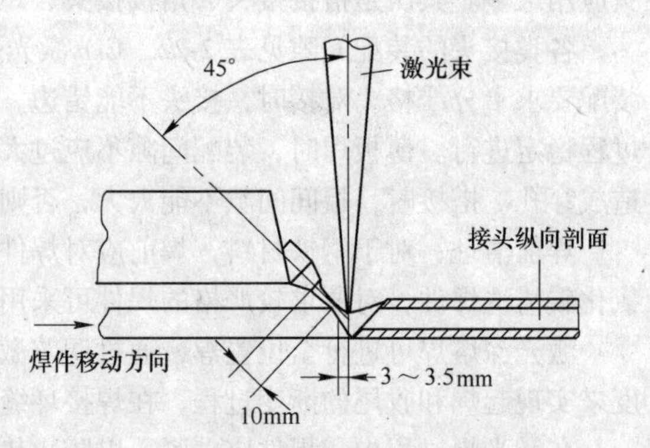

图 2-44　激光填丝焊示意图

1）焊接速度（v）。在一定激光功率下，提高焊接速度，热输入下降，焊接熔深减小。适当降低焊接速度，可使焊接熔深增大，但焊接速度不能过低，因为这样熔深不但不会继续增加，相反会使熔深减小。其主要原因是：激光深熔焊时，维持小孔存在的主要动力是金属蒸气的反冲压力，当将焊接速度降低到一定程度后，热输入增加，熔化金属逐渐增多，当金属汽化所产生的反冲压力不足以维持小孔的存在时，小孔不仅不再加深，甚至会崩溃，焊接过程蜕变为传热型焊接，因而熔深不会再加大。

2）光斑直径（d_0）。光斑直径是指照射到焊件表面的光斑尺寸大小。在激光器结构确定的条件下，光斑直径的大小取决于透镜的焦距 f 和离焦量 Δf。根据光的衍射理论，聚焦后最小光斑直径 d_0为

$$d_0 = 2.4(3M + 1)f\lambda/D$$

式中　d_0——最小光斑直径，mm；

f——透镜的焦距，mm；

λ——激光波长，mm；

D——焦距前光束直径，mm；

M——激光振动模的阶数。

由上式可知，对于一定波长的光束 f/D 和 M 值越小，则光斑直径 d_0越小。激光焊时要想获得深熔焊缝，激光光斑上的功率密度应高些。通常提高功率密度的方式有两种：一是提高激光功率，它与功率密度成正比；二是减小光斑直径，功率密度与光斑直径的平方成反比。因此，减小光斑直径可通过使用短焦距透镜及降低激光束横模阶数来达到。

3）离焦量（Δf）。离焦量主要影响熔深、焊缝宽度和焊缝横截面形状。当 Δf 很大时，熔深很小，属于传热焊；当 Δf 减小到某一值后，熔深发生跳跃性增加，此处标志着小孔产生，而且焊接过程是不稳定的，熔深随着 Δf 的微小变化而改变很大。

4）保护气体。激光焊时采用保护气体主要是为了使焊缝金属不受有害气体的侵袭，防止氧化污染，提高接头的性能。其次是影响焊接过程中的等离子体。因为在高功率 CO_2 激光深熔焊过程中形成的光致等离子体，会对激光束产生吸收、折射和散射等，降低焊接过程的效率。等离子体的形态与激光功率密度、焊接速度及环境气体有直接关系，若功率密度越大、焊接速度越低、金属蒸气和电子密度越大，则等离子体越稠密，对焊接过程的影响也就越大。在激光焊过程中输送保护气体，可以抑制等离子体。

不同的保护气体，其作用效果不同。激光焊时一般选择氦气，因为氦气保护效果最好，但有时焊缝也会出现较多气孔。

2.5.3 激光切割

激光切割是采用激光作为“切割刀具”的一种转型的材料切割方法。与机械切割方法相比，激光切割不存在工具的磨损问题。在加工不同材料和零件时，不需更换“刀具”，只要改变激光器的输出参数即可。

2.5.3.1 激光切割的特点

（1）切割质量好。与氧-乙炔焰气割相比，激光切割的割缝狭窄，母材热影响区小，变形小且切割质量很高。切割低碳钢时，切口宽度只有0.1~0.2mm，热影响区宽度只有0.01~0.1mm，因而焊接变形极小，可以进行精度切割。切缝几何形状好，切口两边几乎平行且与表面垂直，底部完全无黏附熔渣，切缝表面粗糙度只有十几微米，有些材料经过激光切割后，可不需要机械加工便能直接使用。

（2）切割效率高。一台激光器可以同时为若干个工作台服务，可有效提高切割效率。另外，由于激光光斑很小、切口窄，因而可大大节省加工材料。

（3）切割速度快。如用1200W的激光切割2mm厚的低碳钢板，切割速度可达6m/min；切割5mm厚的聚丙烯树脂板，切割速度可达12m/min。激光切割速度主要取决于激光功率密度。但应注意喷射气体若选择不当也会直接影响切割速度。

（4）切割成本低。采用等离子弧切割时成本较高，而用激光切割高熔点金属其成本比等离子弧切割降低75%。如用1kW二氧化碳气体激光切割石英管时，成本比用金刚石砂轮切割低40%。

（5）可切割多种材料。氧-乙炔焰气割只限于切割含铬量少的低碳钢、中碳钢和合金钢。等离子弧切割采用转移弧，也只能切割金属；采用非转移弧，虽能切割金属和非金属，但喷嘴易损伤。而采用激光既能切割金属，又能切割非金属，不仅可切割柔软的材料，如木材、纸、布、塑料及橡胶等，还可以切割硬脆材料，如岩石、混凝土、陶瓷、石英、氮化硅等，而且均具有良好的工艺性能，不存在喷嘴烧损问题，噪声和污染也很小。

激光切割主要适用于中小厚度（小于30mm）的板材，切割大厚度板材较为困难。

目前，大多采用中等功率以上的激光器进行材料的切割加工。激光切割能进行二维切割，也可以实现三维切割。因此，激光切割是现代高新科技的产物，是目前应用最广泛的一种新型的切割方法。

2.5.3.2　激光切割方法及机理

激光切割方法根据激光在切割过程中所起的作用不同，主要分为汽化切割、熔化切割、氧气切割及控制断裂和划片四种切割方法。现对这四种切割方法的切割机理分述如下。

（1）激光汽化切割。材料在高能量密度的激光束作用下，其表面温度会急剧上升，且在很短的时间内就能达到沸点，这时材料开始汽化并以较快速度喷出蒸汽，同时，在材料上形成了切口。由于材料的汽化热一般都很大，所以汽化切割需要很大的功率和功率密度。对于木材、塑料等非金属，由于它们在加热时几乎不会熔化就直接汽化，因此大都是汽化切割。

（2）激光熔化切割。激光熔化切割与激光深熔焊基本相似，用激光光束加热被切割材料使其表面迅速至熔点状态，然后借助与光束同轴的喷嘴喷射惰性气体，如氩气、氦气、氮气等，将熔融材料从切缝中吹掉。激光熔化切割时，所需要的能量比汽化切割所需能量低，只是汽化切割的1/10。因此，主要用于一些不易氧化的材料和活性金属的切割。

（3）激光氧气切割。金属材料被迅速加热至熔点以上，用纯氧或压缩空气作为辅助气体，这时，熔融金属与氧气剧烈反应，放出大量的热量，同时又加热了下层金属，使金属继续发生氧化，然后借助气体压力将氧化物从切缝中吹掉而实现金属切割的方法。它类似于氧-乙炔焰切割，只有用激光作为预热热源、用氧气等活性气体作为切割气体。激光氧气切割主要用于金属材料的切割，如碳钢、钛钢、铁基合金和铝合金等易氧化的材料。因为这类金属在与氧气接触发生氧化反应时，放出的大量的热，使切割所需的激光功率可以稍低些，其激光功率仅是激光熔化切割的1/2，但切割速度却远远高于激光熔化切割和汽化切割，从而提高了金属切割质量和精度。

（4）控制断裂和划片。控制断裂是利用激光刻槽时所产生的局部热应力，使材料沿着小缺口脆断。而划片的原理类似金刚石划玻璃，是用高能量密度的激光在一些脆性材料表面刻上小槽，再施加一定外力使材料沿槽口裂开。激光划片采用Q开关激光和CO_2激光器。控制断裂与划片，二者原理基本相同。不同的是划片需要外加应力使脆性材料断开，而控制断裂则不需要。

3 难焊材料及新材料焊接

特种材料也可称为新型材料，是指除了普通钢铁材料外的那些新开发或正在开发的、具有优异性能和特殊性能用途的材料。如高分子材料、复合材料和新型陶瓷材料，还有超高强度钢、超低温钢、双相不锈钢、超耐蚀合金、钛合金、镍及镍合金以及高弹性模量的轻质铝合金（Al-Li 合金）等。这些新型材料是发展高新技术的重要物质基础，它们的出现和应用极大地推动了科学技术向更高的水平发展。同时，对于提高军事实力、发展经济和增强市场竞争力起着积极推动作用。新型材料的连接对焊接技术提出了更高的要求，与此同时也要求焊接工作者能够掌握焊接各种特殊材料的工艺方法。由于特种材料的种类繁多，本章将根据焊接技师技能鉴定要求，着重介绍镍及镍合金焊接、异种钢焊接及几种特殊材料焊接实践。

3.1 镍及镍合金的焊接

3.1.1 镍及镍合金的焊接性

镍及镍合金是化学、石油、有色金属冶炼、航空航天工业、核能工业领域中耐高温和高压，在高浓度或混有不纯物等各种苛刻腐蚀环境中比较理想的金属结构材料。在镍中加入 Cr、Mo、Cu、W 等耐蚀元素，可获得耐蚀性优异的镍基耐蚀合金，且具有良好的耐热性和高电阻性。常见的有 Ni（其他元素含量低）、Ni-Cu、Ni-Cr-Fe、Ni-Cr-Mo、Ni-Cr-Mo-Cu 与 Ni-Fe-Cr 等合金系列。

纯镍是银白色的，它的熔点较高（1445℃），具有良好的加工性能和一定的力学性能，常见镍基耐蚀合金的基本物理性质及常规力学性能分别见表 3-1 和表 3-2。

表 3-1　镍基耐蚀合金的基本物理性质

合　金	密度 $/g \cdot cm^{-3}$	热导率（20℃）$/W \cdot m^{-1} \cdot K^{-1}$	热膨胀系数（20~100℃）/K	熔合区间/℃	电阻率（20℃）$/\mu\Omega \cdot cm^{-1}$
镍 200 Ni（低合金元素）	8.89	75	13.3×10^{-6}	1435~1445	9.5
蒙镍尔 400 （Ni-Cu 合金）	8.83	21.7	14.1×10^{-6}	1300~1350	51.0
因康镍 600 （Ni-Cr-Fe 合金）	8.42	14.8	13.3×10^{-6}	1370~1425	103
因康洛依 825 （Ni-Fe-Cr 合金）	8.14	10.9	14.0×10^{-6}	1370~1400	113

表 3-2 镍基耐蚀合金的常规力学性能

合 金	屈服点（0.2%）/MPa	抗拉强度/MPa	伸长率（50mm）/%	硬度/HV
镍 200 Ni（低合金元素）	155	450	40	90~120
蒙镍尔 400 （Ni-Cu 合金）	200	550	40	110~150
因康镍 600 （Ni-Cr-Fe 合金）	250	620	45	120~180
因康洛依 825 （Ni-Fe-Cr 合金）	240	620	50	120~180

纯镍及镍合金的焊接性基本良好，相当于铬镍奥氏体不锈钢。但倘若焊接工艺及焊接材料选择不当，会出现以下问题。

（1）焊接接头晶粒粗大。镍及镍合金均为单相合金，有晶粒长大倾向。又由于镍及镍合金的导热性较差，电阻率也大，焊接中焊件热量难以散出，所以，容易造成焊缝和热影响区组织过热，晶粒粗大，晶间夹层增厚，减弱了晶间结合力，使焊接接头的抗腐蚀性能和力学性能降低，延长焊缝金属液态到固态的时间，进而增加了热裂纹倾向。因此，应采取正确的焊接工艺措施，如控制热输入，防止过热，尽量采用小电流、快焊速；控制层间温度，焊条尽量不作横向摆动，焊后可采取水或风强制冷却措施。

（2）易产生热裂纹。镍及镍合金焊接时产生的热裂纹有三种形式：焊缝的宏观裂纹、微观裂纹和两者并存的裂纹。分析产生热裂纹的原因有两个方面，一方面由于焊缝金属层中含有超出允许含量的氧、硫、铅、磷、铋等杂质，这些杂质和元素会引起偏析，尤其是硫和镍容易形成低熔点共晶体，聚集在晶界上，当焊缝中含有过高的氧时，氧气便与镍发生反应形成氧化镍（NiO），使晶间液态膜加厚，在焊接应力作用下，导致裂纹产生。可以说，晶间薄膜是造成镍基合金单相奥氏体焊缝凝固裂纹最主要的冶金因素。另一方面是选择过大的焊接电流、过慢的焊接速度，都会使焊缝组织过热，促使热裂纹形成。因此，在采用焊条电弧焊时，必须严格控制原材料的硫、磷、铋、硼等有害杂质，并向焊缝中过渡锰、镁、铌、钛等有益的合金元素。同时尽可能采用与母材成分相同的焊条，若要求抗裂性好的焊件，应选用含钼、钨的镍铬钼焊条。一般选用碱性焊条，短弧焊，收尾时应注意填满弧坑或在引出板上熄弧。

（3）易产生气孔。镍及镍合金焊接时，气孔是一个较难解决的问题，特别是焊接纯镍和镍铜合金时更为严重。焊接中气孔形式主要有 H_2O（水蒸气）气孔、H_2气孔和 CO 气孔，其中，以 H_2O 气孔为最常见。高温时，液态镍能溶解大量氧（1720℃时，氧在镍中的溶解度为 1.18%），凝固时氧的溶解度大幅度下降，过剩的氧便与镍反应生成氧化亚镍，而氧化亚镍又能与氢化合，将镍还原，氢和氧则结合成水。其反应式如下：

$$NiO + H_2 \longrightarrow Ni + H_2O$$

水蒸气（H_2O）在熔池凝固前来不及逸出，便形成了气孔。

另外，镍基耐蚀合金的固液相温度间距小，流动性较小，所以，在焊接快速冷却凝固结晶条件下，也非常容易产生气孔。因此镍及镍合金焊接前，必须严格清理焊件。如对焊件焊接区的氧化膜、油污、氧化皮及水分采用化学清洗方法来清除。具体做法是用酸或碱溶液清洗焊接区，然后用热水冲洗，再将焊件烘干。由于液态镍的流动性差，熔深也浅，所以坡口角度应开大一些。

（4）焊接区的腐蚀倾向增大。有些镍基耐蚀合金具有敏化温度区，若敏化状态晶界发生的铬、钼等碳化物的沉淀，会引起晶界区出现贫铬和贫钼现象，致使材料的某种介质中晶间腐蚀及应力腐蚀的倾向增大。解决这一问题的最好办法是采用含碳量较低、添加钒或银元素的焊接材料，焊后应急冷，以免焊接区在高温停留时间过长。

3.1.2　镍及镍合金常用的焊接方法

镍及镍合金常用的焊接方法有焊条电弧焊、埋弧焊、钨极气体保护电弧焊、熔化极气体保护焊、等离子弧焊及钎焊。

3.1.2.1　焊条电弧焊工艺

（1）焊条的选择焊接纯镍时，应选用 Ni112 焊条；焊接镍铬合金时，应选用 Ni307 焊条；焊接材质为 Cr20Ni80 或 Cr15Ni60 铁合金制成的电阻丝，可选用 Ni307 焊条，也可选用 A407 和 A607 焊条进行焊接。大多数情况下，焊条的熔敷金属化学成分与母材类似。

（2）工艺措施为了获得优质的焊接接头，在焊接镍及镍合金时，焊前必须对焊件及焊丝进行清理，去除其表面的氧化膜、油污、油脂、涂层等，这是成功焊接镍及镍合金的一个严格要求。焊件清理通常采用机械加工和化学清洗两种方法，正常情况下只要采用机械加工即可。但是当焊件在高温加热后长时间存放，其焊件和焊丝表面的氧化膜必须选择化学清理方法。纯镍的化学清理见表 3-3。

表 3-3　纯镍的化学清理

酸洗			水洗	碱洗（中和）		
溶液（质量分数比）	温度/℃	时间/min		溶液	温度/℃	时间/min
$w(H_2O):w(H_2SO_4):w(HNO_3)=1:1.25:2.25$	20~40	5~20		$w[Ca(OH)_2]=5\%\sim8\%$	40~50	1~3

（3）焊接工艺。镍及镍合金的焊接工艺与不锈钢焊接工艺基本相似。由于镍及镍合金的熔深更浅，液态焊缝金属流动性差，所以，在焊接过程中必须严格控制焊接参数的变化。焊接电源为直流反接、小电流，焊接电流过大会引起电弧不稳定、飞溅过大、焊条过热及药皮脱落，并增大热裂纹倾向。

焊接位置尽量采用平焊位置，焊接过程应始终保持短弧焊接。倘若焊接位置必须是立焊和仰焊时，应选用小电流和小直径焊条，电弧应更短些，以便于更好地控制熔化金属。

为了防止焊缝产生未熔合、气孔等缺陷，焊接过程中要适当地摆动焊条，摆动的大小取决于接头的形式、焊接位置及焊条类型。摆动宽度不能超过焊条直径的 3 倍。焊条每次摆动到焊缝两侧时要稍作停顿，以便使液态金属得以充分熔合，避免咬边缺陷。焊接速度尽可能快些，尤其是断弧时通过提高焊接速度的方式来减小熔池尺寸，以减小火口裂纹。焊缝接头再引弧时，采用反向引弧技术，可使接头处焊缝平滑，同时也能抑制气孔的发生。不能采用宽焊道焊接，因为宽焊道可能造成夹渣、熔池过大、焊道表面凹凸不平，还可能破坏电弧周围的气体保护气氛，造成焊缝金属的污染。所以，焊接时应窄焊道焊接。

多层焊时，应严格控制表层温度，一般应控制在100℃以下。收尾时，要填满弧坑，必要时应加引弧板和收弧板。焊接电流的选择见表3-4。

表3-4　镍及镍合金焊接电流值

焊条直径/mm	2.5	3.2	4.0	5.0
焊接电流/A	50~70	80~120	130~140	150~170

3.1.2.2　钨极气体保护电弧焊

这种方法经常用来焊接镍基耐蚀合金，特别适用于薄板、小截面、接头不能进行背面封底焊及焊后不允许有残存熔渣的结构件。钨极气体保护电弧焊是焊接沉淀硬化镍基合金的最常用方法。

(1) 保护气体的选用。可采用单一气体，也可采用混合气体。焊接镍及镍合金推荐使用氩气与氦气，或二者混合气体作为保护气体。单道焊时选择氩气+氢气（约为5%左右），在纯镍焊接时可以避免气孔，同时还会增加电弧的热量，易获得表面均匀的焊缝。

焊接较薄的镍合金不加焊丝时，最好用氦气作为保护气体，因为氦气与氩气相比较，具有许多优点，如氦气导热率大，向熔池中热输入也大；可以消除或减少焊缝中的气孔；焊接速度比用氩气提高40%。但需要说明的是，当焊接电流小于60A时，氦气弧燃烧不稳定。因此小电流焊接薄板时，还是采用氩气保护或另附高频电源。

(2) 钨极。焊接时为保证电弧稳定和足够的熔深，钨极应磨削成尖状，其尖面直径为0.4mm，夹角为30°~60°。在焊接工艺参数确定后，钨极形状直接影响焊缝的熔深和熔宽。钨极一旦接触熔池，其尖端就会污染，这时必须将污染部分打磨掉。

(3) 焊丝。选用焊丝时其成分大多数与母材相匹配。焊接中，由于熔池会出现合金元素烧损、气孔和热裂纹，将损失部分合金元素，所以，在焊丝中常加入Ti、Mn和Nb等合金元素以补偿其损失，降低气孔和热裂纹倾向。

镍及镍基耐蚀合金采用钨极气体保护电弧焊时，所用焊丝及成分见表3-5。表的备注中对应了美国焊接学会编制的型号级别（AWS）。镍及镍基耐蚀合金所用焊丝的熔敷金属力学性能见表3-6。

表3-5　镍及镍基合金所用焊丝化学成分（质量分数）　　(%)

焊丝	Ni	C	Mn	Fe	S	Si	Cu	Cr	Al	Ti	Nb	Mo	备　注
镍61	96.0	0.06	0.3	0.1	0.005	0.4	0.02	—	—	3.2		—	ERNi-3
蒙镍尔60	65.0	0.03	3.5	0.2	0.005	1.0	27.0	—	—	2.2	—		ERNiCu-7
蒙镍尔67	31.0	0.02	0.8	0.5	0.005	0, 1	67.5	—	—	0.3		—	ECuNi
因康镍62	74.0	0.02	0.1	7.5	0.005	0.1	0.03	16.0	—		2.2		ERNiCrFE-5
因康镍69	73.0	0.04	0.6	6.5	0.007	0.3	0.05	15.2	0.7	2.5	0.8		ERNiCrFE-7
因康镍82	72.0	0.02	3.0	1.0	0.007	0.2	0.04	20.0	—	0.6	2.5		ERNiCr-3
因康镍92	71.0	0.03	2.3	6.6	0.007	0.1	0.04	16.4	—	3.2	—	—	ERNiCrFe-6
因康镍625	61.0	0.05	0.2	2.5	0.008	0.2	—	21.5	0.2	0.2	3.6	9.0	ERNiCrFe-6
因康镍718	52.5	0.04	0.2	18.5	0.007	0.3	0.07	18.6	0.4	0.9	5.0	3.1	
因康洛依65	42.0	0.03	0.7	30.0	0.007	0.3	1.7	21.0	—	1.0	—	3.0	

表 3-6 镍及镍基耐蚀合金所用焊丝的熔敷金属力学性能

焊丝	抗拉强度 /MPa	屈服强度 ($\sigma_{0.2}$) /MPa	伸长率 /%	焊丝	抗拉强度 /MPa	屈服强度 ($\sigma_{0.2}$) /MPa	伸长率 /%
镍 61	413.4	241.2	20	因康镍 82	551.2	275.6	30
蒙镍尔 60	482.3	206.7	30	因康镍 92	551.2	275.6	30
蒙镍尔 67	344.5	137.8	30	因康镇 625	757.9	413.4	30
因康镍 62	551.2	275.6	30	因康镍 718	1136.9	930.2	—
因康镍 69	861.3	620.1	5	因康洛依 65	551.5	241.2	25

（4）焊接工艺。钨极气体保护电弧焊根据操作方式可分为手工焊和自动焊两种。无论采用手工焊还是自动焊，焊接电源均采用直流正接。焊机通常装有高频电流引弧和电流衰减装置，以便断弧时逐渐减小火口尺寸。

焊丝直径和焊接速度的选择主要取决于焊件的厚度。焊接速度应适宜，过大或过小都无法保证焊缝的熔深、熔宽和致密性，还容易增加气孔倾向。焊接过程中，焊丝加热应始终处于保护气体的气氛中，不能随意去搅动熔池，焊丝应在熔池的前端进入溶池，避免碰撞钨极和造成焊缝金属的污染。焊接时，在保证钨极不接触熔池的前提下，可采用短弧焊接。

另外，要求单面焊完全焊透时，需要用带凹形槽的铜衬垫，并通以保护气体。还可以在焊嘴后侧加上一个辅助输送保护气的拖罩，以提高对焊接区的保护效果。

3.1.2.3 熔化极气体保护焊

（1）熔滴过渡。熔化极气体保护焊主要用来焊接固溶强化镍基耐蚀合金，熔滴过渡形式可以根据具体情况合理地选用喷射过渡、粗滴过渡、短路过渡和脉冲喷射过渡四种。但焊接时主要过渡形式是喷射过渡，因为喷射过渡可以使用较大的焊接电流和较粗直径的焊丝，所以经济效果好。其次选择短路过渡和脉冲喷射过渡形式，可以使用较小的焊接电流，非常适用于全位置焊接。实际中很少采用粗滴过渡，主要是因为粗滴过渡焊接过程中熔深不稳定，焊缝成形不美观，易产生焊接缺陷。

（2）保护气体。熔化极气体保护电弧焊主要采用氩气或氩气加氦气混合气体作为保护气体。保护效果的好坏取决于金属溶滴过渡的形式。当采用喷射过渡时，使用纯氩气保护效果很好。当采用短路过渡时，使用氩气中添加少量的氦气就可以获得更佳的效果。因为在氩气中加入氦气后，熔池的润湿性良好、焊缝平整，还可减少未完全熔化缺陷。对于短路过渡，焊接使用的气体流量约为 12~21L/min。当增加氦气含量时，气体流量也必须随之增加，才能提供更好的焊接保护气氛。当采脉冲喷射过渡时，也使用氩气与氦气混合气体作为保护气体，气体流量为 0.7~1.27m^3/h。

（3）气体喷嘴尺寸 。气体喷嘴尺寸的大小主要取决于送丝速度和焊接电流。当喷嘴直径为 9.6mm 时，能通过体积比 50∶50 的氩气和氦气的混合气体，其流量为 1.1m^3/h，送丝速度可达 6.3 m/min，焊接电流最大为 110~120A，这时可获得优质焊缝。当喷嘴直径为 16mm 时，送丝速度可提高到 10 m/min 以上，焊接电流可增大到 160~180A，焊缝不会出现氧化。

（4）焊丝选择。熔化极气体保护电弧焊所用焊丝必须与母材牌号相匹配。焊丝直径的大小是由熔滴过渡形式和母材厚度所决定，对于喷射过渡，应选择直径为0.8mm、2mm、1.6mm的焊丝；而短路过渡一般选择直径为1~2mm或更细的焊丝。

（5）焊接工艺。镍基耐蚀合金的熔化极气体保护电弧焊喷射过渡（S）、脉冲喷射过渡（SC）、短路过渡（PS）等焊接均推荐采用直流恒压电源，其典型焊接工艺参数见表3-7。

表3-7　镍基合金熔化极气体保护焊焊接工艺参数

母材（合金牌号）	焊丝型号	过渡类型	焊丝直径/mm	送丝速度/mm	保护气体	焊接位置	电弧电压/V		焊接电流/A
							平均值	峰值	
200	ERNi-1	S	1.6	87	Ar	平	29~31	—	375
400	ERNiCu-7	S	1.6	85	Ar	平	28~31	—	290
600	ERNiCr-3	S	1.6	85	Ar	平	28~30	—	265
200	ERNi-1	PS	1.1	68	Ar或Ar+He	垂直	21~22	46	150
400	ERNiCr-7	PS	1.1	59	Ar或Ar+He	垂直	21~22	40	110
600	ERNiCr-3	PS	1.1	59	Ar或Ar+He	垂直	20~22	44	90~120
200	ERNi-1	SC	0.9	152	Ar+He	垂直	20~21	—	160
400	ERNiCr-7	SC	0.9	116~123	Ar+He	垂直	16~18	—	130~135
600	ERNiCr-3	SC	0.9	114~123	Ar+He	垂直	16~18	—	120~130
B-2	ERNiMo-7	SC	1.6	78	Ar+He	平	25	—	175
G	ERNiMo-1	SC	16	—	Ar+He	平	25	—	160
C-4	ERViMo-7	SC	1.6	—	Ar+He	平	25	—	180

（6）焊枪角度。一般情况下，焊枪最好是垂直于焊缝，并沿着焊缝中心移动进行焊接，焊枪也可以稍作后倾，以便于观察金属熔化状况。但是，焊枪的后倾角度不宜过大，否则空气混入电弧保护区，导致焊缝产生气孔或发生严重的氧化现象。

（7）焊枪运动方式。在采用脉冲电弧焊时，焊枪的操作方式与焊条电弧焊时使用的焊条相同。在摆动到极限位置时，稍停顿一下以避免咬边。

（8）弧长。焊接时，要严格控制弧长。倘若弧长过短会产生大量的金属飞溅，弧长太长又不易控制，会使电弧热量散失而使熔深变浅，或者未焊透。

3.2　异种钢焊接

异种钢焊接的主要问题是熔合线附近的金属韧性下降。由于焊件经受加热和冷却的作用，在熔合线附近产生脆性的马氏体组织和渗碳层，若再受到热应力的作用，就很易产生裂纹。焊接参数、接头形式、预热温度及操作技术等直接决定着焊缝的稀释率，而稀释率又取决于母材金属的熔合比。

当用E308-16、E308-15型焊条焊接奥氏体钢与低碳钢，或焊接异种低合金钢时，即使焊缝的稀释率控制在20%左右，也容易在熔合线附近出现脆性的过渡层，其宽度为0.1~0.8mm，金相组织属于马氏体类型，显著地恶化了接头的质量。

异种钢焊接接头的设计，应有助于焊缝稀释率的减少，应避免在某些焊缝中产生应力集中。较厚的焊件对接焊时宜用X形坡口或双U形坡口，这样稀释率及焊后产生的内应力较小，但坡口的根部必须焊透。如受结构限制而只能采用单面焊双面成形工艺时，则先用手工钨极氩弧焊进行打底层焊接，从第二层开始改用焊条电弧焊。厚度相差较大的焊件，为防止产生过大的应力集中，不推荐采用异种钢焊接。

焊缝的稀释率与钢材的合金含量有关，在同样的熔化面积下，随着合金含量的增多而稀释率增大。珠光体耐热钢单层对接焊的稀释率在20%~40%。奥氏体不锈钢的稀释率比珠光体钢约高10%~20%。

焊接电流、焊条直径、焊接速度、焊条摆动方法及焊接层次的选择，应以减少母材金属的熔化和提高焊缝的堆积量为主要原则。为减少焊缝金属的稀释率，一般采用小电流、细直径焊条及高的焊接速度进行焊接。随着焊接电流的增大，焊缝稀释率增大。采用多层多道焊，对于避免接头中的冷裂纹有着显著的效果。

当被焊的两种钢材之一是淬硬钢时，必须进行预热，其温度应根据焊接性差的钢材选择。用奥氏体钢焊条焊接异种钢接头时，可适当降低预热温度或不预热。

焊接复杂结构时，先分件组装焊接，然后再整体拼装焊接，这样比整体组装焊接好，有助于减小刚度及焊接残余应力。装配时的定位焊截面不能太薄。

奥氏体不锈钢与其他钢材对焊接时，可在非不锈钢一侧的破口边缘预先堆焊一层高铬高镍的金属，焊条牌号选用E309-16、E309-15。堆焊后再用相应的奥氏体不锈钢焊条焊接。

根据焊接性试验的结果，在对非不锈钢一侧钢材进行预热及焊后热处理时，焊前应在坡口上预热、堆焊，堆焊层数为1~2层。堆焊后施以消除应力的退火处理，用着色探伤检查堆焊层。再用相应的不锈钢焊条焊接对接接头，此时不需预热。有预堆焊层的异种钢接头的焊接顺序如图3-1所示。

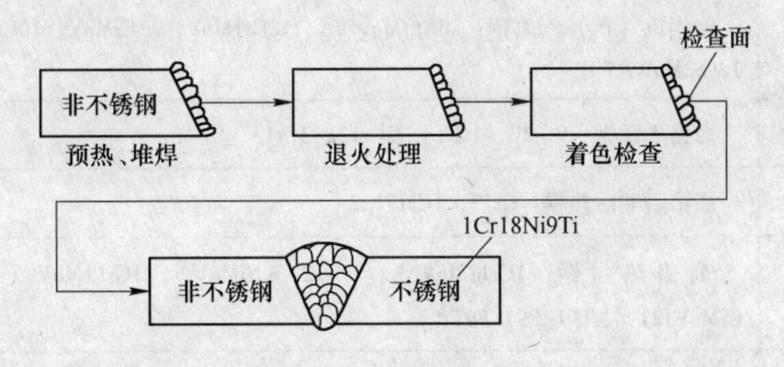

图3-1 有预堆焊层的异种钢接头的焊接顺序

堆焊层的厚度以能隔离以后几层焊接时电弧热对母材金属的作用，能防止产生淬硬倾向。在低合金钢坡口表面堆焊时，堆焊层的厚度为5~6mm。淬硬性强的钢材，表面堆焊层厚度为7~8mm。厚度超过30mm的刚性堆焊时，建议首先在高合金钢一侧采用与母材金属成分相近的焊条堆焊一层5~6mm厚的过渡层，然后在堆焊层上用与另一个金属成分相近的焊条堆焊一层6~8mm厚的过渡层。堆焊此层的目的是将高合金钢堆焊层的成分稀释，使随后对接焊时所产生的淬硬层组织处于次过渡层上。在完成上述两堆焊层后，加工成适当坡口，然后用接近母材的焊条进行对接焊。

焊接过程中断或收尾时，必须填满弧坑，以免产生弧坑裂纹。焊后还应防止焊缝受到冷却硬化。

焊后热处理的目的是提高接头淬硬区的塑性及减小焊接应力，热处理规范的选择必须考虑到加热、冷却时对接头中两种钢材及焊缝性能的影响。用奥氏体钢焊条焊成的异种钢接头，焊后一般不进行热处理。

异种钢焊接接头的热处理是一个比较复杂的问题，一般根据组合的母材金属、焊缝的合金成分和结构类型等具体情况来确定。若两种母材金属均有淬硬倾向，则必须进行焊后热处理。热处理规范大多参照淬硬倾向较大的钢来确定。

两种母材金属的性能差别较大时，接头的焊后热处理并不能消除焊接应力，而只能使应力进行重新分布。例如由1Cr18Ni9Ti不锈钢与12CrMo耐热钢焊成的接头，不宜采用焊后热处理。

在工业生产中，常用于异种钢焊接结构的材料见表3-8。

表3-8　常用于异种钢焊接结构的材料

组织类型	类型	钢　号
珠光体钢	1	低碳钢：Q215A、Q215B，Q235A、Q235B、Q235C，Q255A、Q255D，08，10，15，20，25，20g，22g
	2	低合金钢：15Mn、Q345（16Mn）、20Mn、35Mn、Q295（09Mn2）、15Mn2、15Cr、20Mn2、20CrV
	3	中碳钢及低合金钢：35、40、45、50、55、35Mn、40Mn、50Mn、40Cr、50Cr、35Mn2、30CrMnTi、40CrMn、35GrMn2、40GrV、25GrMnSi、35GrMnSiA
	4	铬钼耐热钢：15CrMo、30CrMo、35CrMo、38CrMoAlA、12CrMo、20CrMo
	5	铬钼钒（钨）耐热钢：20Cr3MoWVA、12Cr1MoV、25CrMoV、10CrMo910、12Ci2MoWVTiB
铁素体（马氏体）钢	6	高铬不锈钢：0Cr13、1Cr13、2Cr13、3Cr13
	7	高铬耐酸耐热钢：Cr17、1Cr17Ni2
	8	高铬热强钢：1Cr11MoVNb、1Cr12 WNiMoV①、1Cr11MoV（15X11M4 >）①、X20 CrMoV121②、T91/P91/F91③
奥氏体及奥氏体-铁素体钢	9	奥氏体耐酸钢：00Cr18Ni10 0Cr18Ni9、1Cr18Ni9、2Cr18Ni9、0Cr18Ni9Ti、1Cr18Ni9Ti、1Gr18Ni11Nb、Cr18Ni12Mo2Ti1Gr18Ni12Mo3Ti、0Cr18Ni12TiV、Cr18Ni22W2Ti2
	10	奥氏体耐热钢：0Cr23Ni18、Cr18Ni18、Cr23Ni13、0Cr20Ni14Si2、Cr20Ni14Si2、TP304③、P347H③、4Cr14Ni14W2Mo
	11	无镍或少镍的铬锰氮奥氏体钢和无铬镍奥氏体钢：3Cr18Mn12Si2N、2Cr20Mn9Ni2Si2N、2Mn18A115SiMoTi
	12	铁素体-奥氏体高强度耐酸钢：0Cr21Ni5Ti①、0Cr21Ni6MoTi①、Cr22Ni5Ti①

①为前苏联钢号，括号内为相应的俄文牌号。

②为德国钢号。

③为美国钢号。

3.3　铸铁的焊接

3.3.1　铸铁的性能和种类

铸铁是机械制造业中用得最多的铸造金属材料。铸铁与钢相比，虽然力学性能较低，但却有优良的耐磨性、减振性、铸造性和可切削性，因此在工业生产中得到广泛应用。如按质量比统计，在汽车、拖拉机中，铸铁用量约占50%~70%，在机床中约占60%~90%。但是，铸铁的焊接性较差，这使它在焊接结构中的应用受到一定的限制。

铸铁是w(C)大于2%的铁碳合金，其中还含有硅、锰及硫、磷杂质，在某些特殊用途的合金铸铁中，还分别含有铬、铜、镁、镍、钼或铝等元素，以提供所需要的性能，如强度、硬度、淬硬性或抗腐蚀性能等，这些元素的存在在很大程度上影响了铸铁的使用性能和焊接性能。

铸铁的力学性能主要取决于显微组织的类型及其分布。在铸铁中，石墨质点的数量、大小和形状影响着铸铁的强度和塑性；石墨质点周围基体的显微组织可以是铁素体、珠光体、奥氏体或马氏体等。

铸铁的组织主要决定于化学成分与冷却速度。就化学元素对铸铁中碳的石墨化影响来分，可将其分为两大类。其中一类元素是促进石墨化的，例如C、Si、Al、Ni、Cu等；另一类元素是阻碍石墨化的，例如S、V、Cr、Mo、Mn等（图3-2）。铸铁的石墨化程度是指在各个结晶阶段中析出石墨碳的数量对于该阶段析出总碳量（包括石墨碳及碳化物中的碳）的相对值。

铸件壁厚（冷却速度）对铸铁组织同样有重大影响（图3-3）。当液态铸铁以很快的速度冷却时，则共晶转变时将析出共晶渗碳体和共晶奥氏体。随后从奥氏体中析出二次渗

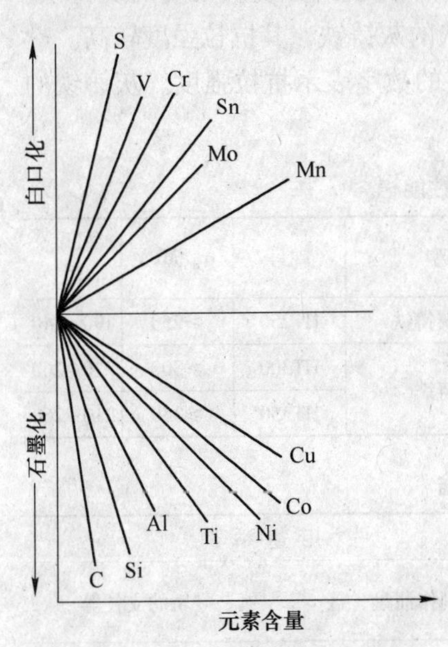

图3-2　合金元素对铸铁石墨化和白口化的影响

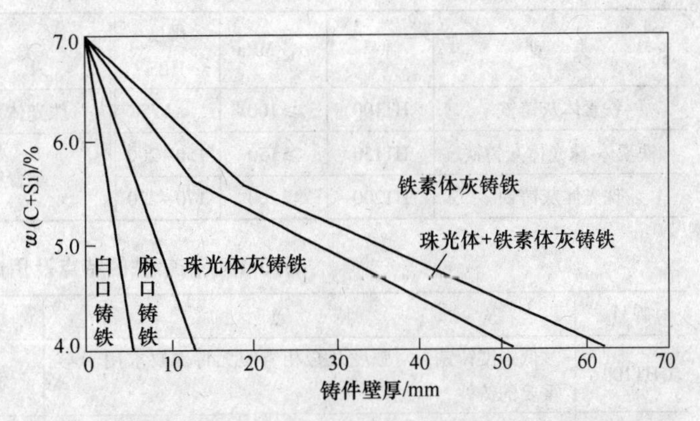

图3-3　铸件壁厚（冷却速度）和化学成分对铸铁组织的影响

碳体，在共析转变时析出由共析渗碳体与铁素体组成的珠光体，这样就形成了白口铸铁。

当缓慢冷却时，液态铸铁的结晶将按 Fe-C 系稳定相图转变，共晶转变时将析出共晶石墨，当奥氏体从共晶温度冷却到共析温度时，其过饱和固溶碳将析出而形成二次石墨，当冷却速度足够慢时，奥氏体将在共析转变后分解成为铁素体与石墨（三次石墨），这样就获得了铁素体灰铸铁。当冷却速度介于二者之间时，则由于冷却速度的不同，其组织或为麻口铸铁，或为珠光体灰铸铁，或为珠光体加铁素体的灰铸铁。麻口铸铁的组织中既有共晶渗碳体、二次渗碳体及珠光体，又分布着石墨，具有白口铸铁和灰口铸铁的混合组织。

按照碳在铸铁组织中存在的形式不同可分为灰铸铁、白口铸铁、可锻铸铁、球墨铸铁和蠕墨铸铁等。

3.3.1.1　灰铸铁的类型、性能和用途

铸铁中的碳主要以片状石墨的形式分布于金属基体中，其断口呈暗灰色。

片状石墨割裂了基体组织，致使灰铸铁强度较低，塑性几乎为零。石墨片数量越多，越粗大，其力学性能越差。灰铸铁的抗拉强度、塑性和冲击韧度较低，但由于灰铸铁中石墨以片状存在，因而它具有良好的耐磨性、减振性和切削加工性，并具有较高的抗压强度，故在工业上应用极广。

灰铸铁件在机械工业和汽车工业中的很多领域中得到应用。典型的汽车部件有制动鼓、离合片及凸轮轴等。高温下工作的炉件、铸模、容罐以及用于压力和非压力两种用途的各种类型的管子、阀门、法兰及各种附件等都是用灰铸铁制作的。

灰铸铁抗拉强度的变化是由于基体组织及石墨大小、数量不同而造成的。以纯铁素体为基体的灰铸铁，其强度最低，硬度也最低；以纯珠光体为基体的灰铸铁其强度较高，硬度也较高。改变基体中铁素体及珠光体相对含量，可得到不同抗拉强度及硬度的灰铸铁。石墨呈粗片状的灰铸铁，其抗拉强度较低；石墨呈细片状的灰铸铁，其抗拉强度较高。

灰铸铁用 HT 表示，是灰铸铁汉语拼音的字首，随后的数字表示抗拉强度。灰铸铁的类型、牌号及性能见表 3-9；特点及用途见表 3-10。

表 3-9　灰铸铁的类型、牌号及性能

类　型	牌号	σ_b/MPa	硬度 HBS	类　型	牌号	σ_b/MPa	硬度 HBS
铁素体灰铸铁	HT100	≥100	≤175	珠光体灰铸铁	HT250	≥250	190～240
铁素体-珠光体灰铸铁	HT150	≥150	150～200	孕育铸铁	HT300	≥300	210～260
珠光体灰铸铁	HT200	≥200	170～220		HT350	≥350	210～260

表 3-10　灰铸铁的特点及用途

牌号	特　点	用途举例
HT100	低强度铸铁，对强度及金相组织无特殊要求用于不重要的铸件	制作油盘、盖、罩、镶装导轨的支柱等
HT150	中等强度铸件，金相组织为珠光体加铁素体，用于承受中等负荷的铸件	制作机床底盘、工作台等

续表 3-10

牌号	特 点	用途举例
HT200	较高强度铸件，金相组织为珠光体组织，用于承受较高负荷的铸件	制作发动机汽缸体、汽缸盖，拖拉机后壳体，机床床身，中等压力的液压筒、液压泵、阀门壳体等
HT250		
HT300	高强度铸件，金相组织为珠光体机体，用于承受高负荷的耐磨件	制造剪床、压力机机身，车床卡盘、齿轮、凸轮导板、机床床身，较高压力的液压泵、液压筒等

3.3.1.2 白口铸铁

白口铸铁中的碳都是以渗碳体（Fe_3C）形式存在于金属中，其断面呈银白色，故称白口铸铁。白口铸铁性质硬而脆，主要用来制造各种耐磨件，其冷加工、热加工和切削加工都很困难，工业上应用极小。通常认为白口铸铁是不可焊的，因为其缺乏足以承受母材中热应变的塑性。

3.3.1.3 可锻铸铁

可锻铸铁又称展性铸铁或韧铁，因其有较高韧性而得名，实际上并不可锻。它是白口铸铁毛坯经900~1000℃长时间（几十小时）退火后，组织中的渗碳体分解成团絮状石墨而成。团絮状石墨对基体的削弱作用小，因此，可锻铸铁具有较高的抗拉强度和良好的塑性。

可锻铸铁适宜制造薄壁和形状复杂以及受冲击载荷的零件，如各种管接头以及拖拉机、汽车、纺织机零件等。还可用于制作法兰、管子附件及阀门部件。可锻铸铁的一些汽车部件有：转向部件、压缩机曲轴和旋翼、传动部件和差动部件、连接杆及万向接头等。

可锻铸铁根据化学成分、热处理工艺、性能及组织不同，可分为黑心可锻铸铁、珠光体可锻铸铁及白心可锻铸铁三类。我国生产的可锻铸铁多数为前两类，白心可锻铸铁生产工艺较复杂，性能与黑心可锻铸铁差不多，故应用较少。

3.3.1.4 球墨铸铁

球墨铸铁是在浇铸前向铁液中加入一定量的球化剂（如镁），从而使碳全部或大部呈球状石墨分布在基体上而制成的，因石墨呈球状，大大降低了石墨割裂基体的作用。所以，球墨铸铁具有较高的强度和韧性，并能通过热处理显著地改善力学性能。球墨铸铁的强度接近于碳钢，具有良好的耐磨性和一定的塑性，并能通过热处理提高性能，因此，较广泛用于机械制造业中。

球墨铸铁可用于电缆管道、下水管道、压力管以及各种附件、阀门和泵。这些产品的优点是：当与灰铸铁的类似部件相比较时，其具有较好的韧性和焊接性。

球墨铸铁用 QT 表示，符号后的第一组数字表示最低抗拉强度，第二组数字表示最低伸长率。球墨铸铁主要类型、牌号与力学性能见表 3-11。

表 3-11　球墨铸铁主要类型、牌号与力学性能

基体类型	牌　号	σ_b/MPa	$\sigma_{0.2}$/MPa	δ/%	硬度（HBS）
铁素体	QT400-18	≥400	≥250	≥18	130~180
	QT400-15	≥400	≥250	≥15	130~180
	QT450-10	≥450	≥310	≥10	160~210
铁素体+珠光体	QT500-7	≥500	≥320	≥7	170~230
珠光体+铁素体	QT600-3	≥600	≥370	≥3	190~270
珠光体	QT700-2	≥700	≥420	≥2	225~305
珠光体或回火组织	QT800-2	≥800	≥480	≥2	245~335
贝氏体或回火组织	QT900-2	≥900	≥600	≥2	280~360

3.3.1.5　蠕墨铸铁

石墨以蠕虫状分布的铸铁称为蠕墨铸铁。与片状石墨相比，其特点是石墨形似蠕虫，较短而厚，头部较圆。蠕墨铸铁的力学性能介于基体组织相同的灰铸铁与球墨铸铁之间。有关蠕墨铸铁的力学性能可参见 JB/T 4403—1987，蠕墨铸铁作为一种新型铸铁材料，最近十几年来在我国逐步推广应用。常用蠕墨铸铁的抗拉强度为 260~420MPa，伸长率为 1%~6%。

3.3.2　铸铁的焊接性

灰铸铁的应用最为广泛，本节主要以灰铸铁的焊接性来进行分析。

常用灰铸铁的化学成分（质量分数）：C 为 2.7%~3.5%，Si 为 1.0%~2.7%，Mn 为 0.5%~1.2%，S 小于 0.15%，P 小于 0.3%。碳在铸铁中大部分以片状石墨形式存在，对基体具有较强的削弱作用，使铸铁强度降低，塑性也很差。由于焊接过程中接头的冷却速度很快，导致石墨化过程不能充分进行，致使半熔化区、甚至焊缝中的碳常以化合状态存在，即形成白口及淬硬组织。

3.3.2.1　焊接接头中的白口和淬硬组织

焊接接头易出现白口及淬硬组织在补焊灰铸铁时，往往会在半熔化区生成一层白口组织，由于白口组织硬而脆，极难进行机械加工，这对于焊后需要进行机械加工的焊接接头将带来很大的困难。

w(C) 为 3.0%，w(C) 为 2.5%的灰铸铁，电弧冷焊后在焊接接头上组织变化的规律如图 3-4 所示。图中 L 为液相表示奥氏体，G 表示石墨，C 表示渗碳体（Fe_3C），α 表示铁素体。未加括号时表示介稳态转变，加括号时表示稳态转变。从图中可见，整个焊接接头可分为以下几个区域。

（1）焊缝区。当焊缝化学成分与灰铸铁母材成分相同时，在一般电弧冷焊情况下，由于焊缝金属冷却速度远远大于铸件在砂型中的冷却速度，焊缝主要为白口铸铁组织。其硬度可高达 600HBW 左右。用最常见的低碳钢焊条焊接铸铁时，即使采用较小的焊接电流，母材在第一层焊缝中所占的百分比也将为 25%~30%。当铸铁中 w(C) 为 3.0%，则

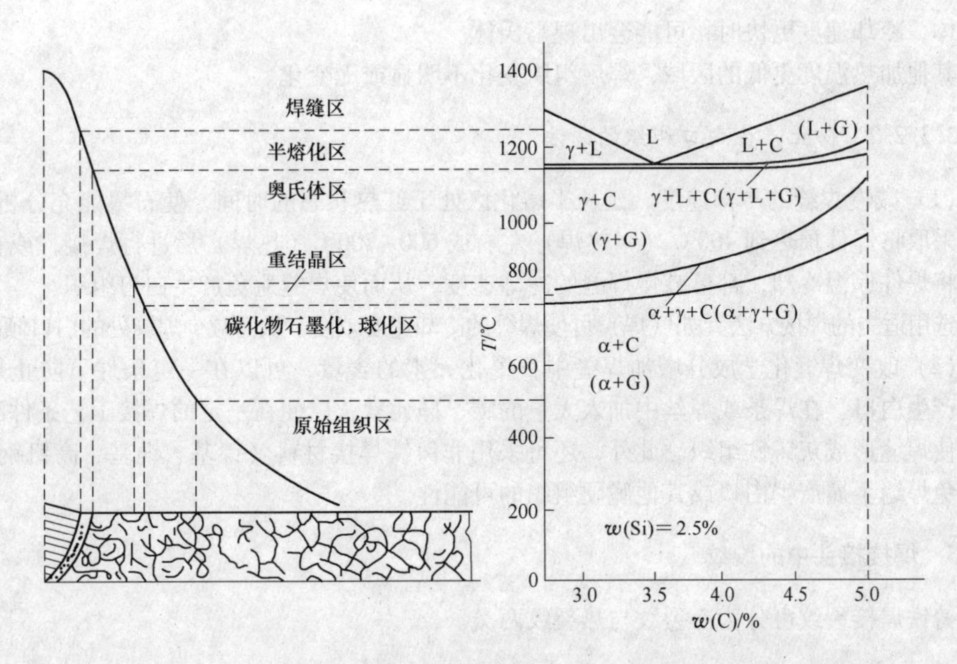

图 3-4 灰铸铁焊接接头各区组织变化图

第一层焊缝的平均 w(C) 将为 0.75% ~0.9%，属于高碳钢（w(C) >0.6%）。这种高碳钢焊缝在电弧冷焊后将出现马氏体组织，其硬度可达 500HBW 左右。

（2）半熔化区。此区较窄，处于液相线及固相线之间，其温度范围为 1150~1250℃。焊接时，此区处于半熔化状态，即液-固状态，其中一部分铸铁已转变成液体，另一部分铸铁通过石墨片中碳的扩散作用，也已转变为被碳所饱和的奥氏体。由于电弧焊过程中，该区加热非常快，故可能有些石墨片中的碳未能向四周扩散完毕而成细小片残留，此区冷速最快，故液态铸铁在共晶转变温度区间转变成莱氏体，即共晶渗碳体加奥氏体。继续冷却则为碳所饱和的奥氏体析出二次渗碳体。在共析转变温度区间，奥氏体转变为珠光体，这就是该区形成白口铸铁的过程。由于该区冷却速度很快，在共析转变温度区间，可出现奥氏体转变成马氏体的过程，并产生少量残余奥氏体，采用工艺措施，使该区缓冷，则可减少甚至消除白口及马氏体的形成。

（3）奥氏体区。该区处于固相线与共析温度上限之间，加热温度范围为 820~1150℃，无液体出现，因在共析温度区间以上，故其原先组织已奥氏体化，其组织为奥氏体加石墨。碳在奥氏体中的浓度是不一样的，加热温度较高的部分（靠近半熔化区），由于石墨片中的碳较多，向周围奥氏体扩散，奥氏体中含碳量较高，加热较低的部分（离半熔化区稍远），由于石墨片中的碳较少，向周围奥氏体扩散，奥氏体中的含碳量较低。随后冷却时，如果冷却速度较慢，会从奥氏体中析出一些二次渗碳体，其析出量的多少与奥氏体中含碳量成直线关系。冷却速度稍快时，奥氏体转变为托氏体或珠光体。冷却速度较快时，会产生一些马氏体或贝氏体组织。由于以上的原因，电弧冷焊后该区硬度比母材有一定提高。

（4）重结晶区。其加热温度范围为 780~820℃，故该区很窄。电弧焊时，由于加热速度很快，该区的部分原始组织可能转变成奥氏体。在随后的冷却过程中，奥氏体转变为珠光体，冷却速度更快时，可能会出现马氏体。

其他加热温度更低的区域，焊后组织变化不明显或无变化。

3.3.2.2　防止产生白口组织的方法

(1) 减慢焊缝的冷却速度，延长半熔化区处于红热状态的时间，使石墨能充分析出，通常采取将焊件预热到400℃（半热焊）左右或600~700℃（热焊）后进行焊接，或在焊接后将焊件保温冷却，都可减慢焊缝的冷却速度，从而使焊缝避免产生白口组织。

选用适当的焊接方法（如气焊）可使焊缝的冷却速度减慢，从而减少焊缝处的白口倾向。

(2) 改变焊缝化学成分增加焊缝中石墨化元素的含量，可以在一定条件下防止焊缝金属产生白口。在焊条或焊丝中加入大量的碳、硅元素，以便在一定的焊接工艺条件配合下，使焊缝形成灰铸铁组织。此外，还可采用非铸铁焊接材料（镍基、铜基、高钒钢等）来避免焊缝金属产生白口或其他脆硬组织的可能性。

3.3.3　焊接接头中的裂纹

铸铁焊接裂纹可分为冷裂纹与热裂纹两类。

3.3.3.1　冷裂纹

这种裂纹一般发生在400℃以下，故称之为冷裂纹。铸铁焊接时，冷裂纹可能发生在焊缝或热影响区。

当焊缝为铸铁型时，较易出现这种裂纹，当采用异质焊接材料进行焊接时，焊缝成为奥氏体、铁素体或铜基焊缝，由于焊缝金属具有较好的塑性，配合采用合理的冷焊工艺，焊缝金属不易出现冷裂纹。铸铁型焊缝发生裂纹的温度，经测定一般在400℃以下，冷裂纹发生时常伴随着可听见的较响的脆性断裂的声音，焊缝较长或补焊刚度较大的铸铁缺陷时，常发生这种冷裂纹。

若焊缝的石墨化不充分，有白口层存在时，因白口层的收缩率比灰铸铁大，更容易出现裂纹。焊缝中的渗碳体越多，出现裂纹的倾向越严重。若焊缝的基体为珠光体与铁素体，石墨化进行较充分时，因石墨析出伴随有体积膨胀，可以松弛焊接拉应力，有利于降低裂纹形成倾向。

石墨的形状和大小对焊缝裂纹倾向均有影响。粗大的片状石墨对基体削弱严重，也更容易引起应力集中，无疑会促进裂纹的产生；石墨以细小片状、团絮状或球状存在时，焊缝抗裂性较好。但控制焊缝石墨的形态和尺寸，又与保证焊缝的石墨化过程相矛盾，因此，采用同质焊接材料进行焊接时，恰当地控制焊缝的化学成分和结晶条件是极为重要的。

补焊处的刚度、焊缝体积与焊缝长度，对焊接应力峰值大小有重要影响。刚度增大，焊缝体积增大，会增大收缩应力峰值；连续焊接焊缝越长，收缩应力积累增加，也促使收缩应力峰值提高，使裂纹的形成倾向增大。

3.3.3.2　热裂纹

当采用镍基焊接材料（如焊芯为纯镍的Z308焊条，焊芯为$w(\mathrm{Ni})$ 55%、$w(\mathrm{Fe})$ 45%的Z408焊条及焊芯为$w(\mathrm{Ni})$ 70%、$w(\mathrm{Cr})$ 30%的Z508焊条等）及一般常用的低碳

钢焊条焊接铸铁时，焊缝金属对热裂纹较敏感。

采用镍基焊接材料焊接铸铁时，铸铁中含 S、P 杂质高，镍与硫形成化合物 Ni3S2，而 Ni- Ni3S2 的共晶温度很低（644℃）；镍与磷生成 Ni_3P 磷化物，而 Ni - Ni_3P 的共晶温度也较低（880℃），均易形成低熔点共晶物，同时，单相奥氏体焊缝晶粒粗大，晶界易于富集较多的低倍共晶物，因此，铸铁焊接时易产生热裂纹。

灰铸铁件焊后产生裂纹，多数会造成铸件断裂，很难再次通过补焊修复。即使不形成断裂性的局部未穿透性裂纹，再次补焊时，也会因经过一次焊接加热，焊接区组织和性能发生变化、力学性能下降等因素，产生新的裂纹，或者旧有的裂纹因未充分铲除而重新发展，极大地增加了焊补的难度。所以，必须在补焊之前应周密地分析铸件的特点及补焊要求，选用合适的焊接材料、焊接方法与工艺措施，保证所要求的接头化学成分、组织与性能，降低焊接应力，防止应力集中。

3.3.3.3 防止裂纹的方法

（1）焊前预热和焊后缓冷。焊前将焊件整体或局部预热和焊后缓冷不但能减少焊缝的白口倾向，并能减小焊接应力和防止焊件开裂。

（2）采用电弧冷焊，减小焊接应力。选用塑性较好的焊接材料，如用镍、铜、镍铜、高钒钢等作为填充金属，使焊缝金属可通过塑性变形松弛应力，防止裂纹；用细直径焊条，小电流、断续焊（间歇焊）、分散焊（跳焊）的方法可减小焊缝处和基本金属的温度差而减小焊接应力；通过锤击焊缝可以消除应力，防止裂纹。

（3）其他措施。调整焊缝金属的化学成分，使其脆性温度区间缩小；加入稀土元素，增强焊缝的脱硫、脱磷冶金反应；加入适量的细化晶粒元素，使焊缝晶粒细化。在某些情况下，采用加热减应区法以减弱焊补处所受的应力，也可较有效地防止裂纹的产生。

3.3.4 灰铸铁的焊接

3.3.4.1 灰铸铁的焊接方法选择

选择灰铸铁焊接时，必须考虑下列因素：

（1）被焊铸件的状况。如铸件的化学成分、组织及力学性能，铸件的大小、厚薄和结构复杂程度。为保证铸件焊接接头的组织与性能，必须控制焊缝金属的化学成分与组织。同样化学成分的铸件，其组织和力学性能又与壁厚有关。体积大的铸件整体预热困难，结构复杂的铸件焊接时局部应力集中倾向严重。

（2）被焊铸件的缺陷情况。焊前应了解缺陷的类型（裂纹、缺肉、磨损、气孔、砂眼、未浇足等），缺陷的大小，缺陷所在部位的刚度，缺陷产生的原因等。使用过程中产生的缺陷是比较难焊的，尤其是结构形状复杂、薄厚不一、变断面多、孔眼密集的铸件，焊补难度更大。在较高温度下长期工作的铸件，因表面有脱碳层，内部组织也会发生变化，焊补更困难，必须采取周密的工艺措施。

（3）焊后的质量要求。如对焊后接头的力学性能和加工性能、焊缝颜色和密封性等要求应有所了解。焊后要求切削加工的铸件，接头白口层的宽度应该小于 0.1mm，硬度应控制在 270HBS 以下；对机床导轨面等缺陷补焊时，接头硬度应与母材一致；有密封要求的焊接接头，应选用与母材配合性好的焊接材料；对颜色有要求的接头应采用同质焊缝金属材料。

（4）现场设备条件与经济性。在保证焊后质量要求的条件下，力求用最简便的方法、最普通的焊接设备和工艺装备、最低的成本，使之发挥更大的经济效益乃是铸件补焊的最基本的目的。

补焊铸铁常用的焊接方法是焊条电弧热焊法、焊条电弧冷焊法、气焊和钎焊，这里重点介绍焊条电弧焊和气焊。

3.3.4.2　铸铁的焊条电弧热焊

在焊接前将焊件加热到600~700℃，并在焊接过程中保持此温度，焊后在炉中缓冷的焊接方法称为电弧热焊法。预热温度在300~400℃左右称为半热焊。

A　电弧热焊的特点

（1）采用铸铁焊条进行电弧热焊，焊后可获得与母材金属化学成分接近的焊缝金属，强度、线膨胀系数等与母材相一致的焊接接头。

（2）热焊后，熔合线处没有白口组织，硬度均匀，切削加工性较好。这对补焊后需机加工铸件来说，尤为适宜。

（3）焊接接头的致密性较好，一般不会产生渗漏现象。

（4）如果对焊件焊缝区有色泽要求，只要温度控制适当、焊接材料选择正确，经过精加工后焊缝表面色泽可达到完全与母材一致。

（5）电弧热焊成本低，铸铁焊条芯供应方便。

（6）热焊时，由于补焊区的热辐射较大，致使焊工的劳动条件恶化，须用隔热挡板加以改善。焊工必须轮换操作，避免因体力消耗过多而影响补焊质量。

（7）焊件须加热到较高温度，对精度要求高的缸面、导轨等铸件来说，控制其变形比较困难，影响到缸面、导轨的加工精度，故此类铸件不能采用电弧热焊法进行补焊。

（8）由于熔池大、温度高，焊接的空间位置受到限制，只能用平焊。

B　电弧热焊的焊接材料

电弧热焊及半热焊的焊条，主要为石墨化型，目前常用的只有两种，一种是铸铁芯石墨化焊条（Z248），一种是钢芯石墨化焊条（Z208），前者通过焊芯和药皮共同向焊缝过C、Si等石墨化元素，而后者主要通过药皮向焊缝过渡石墨化元素。热焊虽然采取了一系列减小焊接接头冷却速度的措施，但焊缝的冷却速度，特别是熔池在1150~1250℃结晶区间的冷却速度，仍然比砂型铸造时快得多。为了防止白口，控制焊缝的硬度在200HBS左右，焊缝中C、Si的含量范围见表3-12。

表3-12　焊缝中碳和硅的含量范围（质量分数）　（%）

方法	化学成分		
	C	Si	C + Si
热焊	3.0~3.8	3.0~3.8	6.0~7.6
半热焊	3.3~4.5	3.0~3.8	6.5~8.3
不预热焊	4.0~5.5	3.3~4.5	7.5~10.0

Z248 焊条为铸铁芯石墨化焊条，焊芯直径为 6~12mm，交直流两用，国内已有焊条厂生产，也可自制，表 3-13 是热焊用 Z248 焊条的焊芯成分，表 3-14 为 Z248 焊条配方。

热焊用 Z248 焊条有较粗的直径，可选择大电流施焊，适用于厚大铸件较大缺陷的补焊，在机床行业中得到了一定的应用。

表 3-13 Z248 焊条（热焊用）的焊芯成分（质量分数） （%）

铸铁芯成分					焊芯成分	
C	Si	Mn	S	P	C	Si
3.0~3.5	4.5~5.0	0.5	≤0.6	<0.3	3.0~3.5	2.7~3.6

表 3-14 Z248 焊条（热焊用）配方（质量分数） （%）

石墨粉	铝粉	萤石	大理石	冰晶石	碳酸钡
25	8	15	22	15	15

Z208 焊条焊芯为 H08 钢芯，药皮中含有较多的 C、Si、Al 等石墨化元素向焊缝过渡，使焊缝形成灰铸铁组织。焊芯直径一般 5mm 以下，较 Z248 便宜易得。Z208 焊条配方见表 3-15。

表 3-15 Z208 焊条（热焊用）配方（质量分数） （%）

序号	石墨	硅铁	铝粉	大理石	萤石	白泥	云母	碳酸钡	固体水玻璃
1	30	24	S	12	14	6	6	—	—
2	20	28	10	20	8	—	—	8	1.5

C 焊接工艺要点

热焊工艺过程包括焊前准备、预热、焊接、焊后处理等。

热焊使焊缝的组织、硬度、物理性能及颜色等都与母材接近；但热焊劳动条件恶劣，生产成本高，生产率低，它主要适用于冷却速度快的厚壁铸件，或刚度较大、结构复杂、易产生裂纹的铸件。

半热焊由于预热温度低，冷却速度较快，在石墨化能力更强的焊接材料配合下才能获得灰铸铁组织。半热焊在一定程度上，改善了劳动条件，简化了焊接工艺，但对补焊刚度大的铸件，由于 400℃ 以下铸铁的塑性几乎为零，接头温差又大，故热应力也大，接头易产生裂纹。

（1）焊前准备。焊前应对缺陷所在的部位进行清理，将油、锈等清除干净；如是砂眼、缩孔等铸造缺陷，应将型砂等杂物彻底清除，对于裂纹应查清其走向、分支和端点所在位置，有些裂纹肉眼观察便一目了然，有的则需用放大镜观察，若仍不能清楚其走向或端点，可用火焰加热 200~300℃，冷却后即可明显地显示出来，也可以用渗油法，渗油后擦去表面油渍，撒上一薄层滑石粉，用小锤敲振，也可以显示出裂纹痕迹。对于有密封要求的铸件，经水压试验便可检查出渗漏处。

为预防裂纹在补焊中扩展，焊前应在裂纹终端钻孔。钻头可用 ϕ5~10mm，深度应比裂纹所在平面深 2~4mm；穿透性裂纹则应钻透（图 3-5）。

为保证接头焊透和成形良好，焊前还应开坡口或造型。工件壁厚 5mm 左右时，可不开坡口，5mm 以上时可开 V 形坡口，厚度大于 15mm 的铸件，最好开 X 形坡口（图 3-6）。开出的坡口底部应圆滑，上口稍大，以预防应力集中并便于操作。

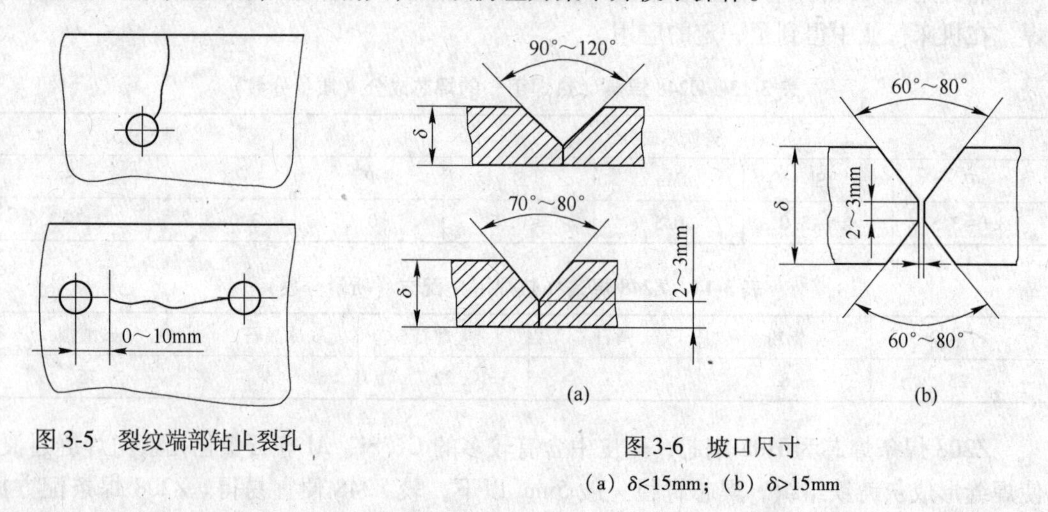

图 3-5　裂纹端部钻止裂孔

图 3-6　坡口尺寸
（a）δ<15mm；（b）δ>15mm

（2）预热。热焊或半热焊时预热温度的选择，主要根据铸件体积、壁厚、结构复杂程度、缺陷位置、补焊处的刚度及现场条件等来确定。对结构复杂的铸件，由于补焊区刚性大，焊缝无自由收缩的余地，故宜采用整体预热。而结构简单的铸件，补焊处刚性小，焊缝有一定膨胀收缩的余地，例如铸件边缘缺陷及小块断裂，则可采用局部预热。

整体预热一般是将铸件整体炉内加热，或用远红外加热；局部预热可采用远红外加热或氧-乙炔火焰加热。

（3）焊接。为保持预热温度、促进石墨化、降低焊接应力，故宜采用大直径的焊条，大电流、长弧、连续焊。因铸铁焊条药皮中含有较多的高熔点难熔物石墨，采用适当的长弧将有利于药皮的熔化以及石墨向熔池中过渡。焊接时，从缺陷中心引弧，逐渐移向边缘，逐层堆焊，直至将缺陷填满。电弧在缺陷边缘处不宜停留过长，以免母材熔化量过多或造成咬边。如果发现熔渣过多，应注意随时清渣，以防夹渣。在焊接过程中要始终保持预热温度，否则，要重新加热才能继续进行焊接。

（4）焊后缓冷。焊后一定要采取保温缓冷的措施，采用保温材料覆盖。对于重要铸件，应在 600~900℃进行消除应力处理。

3.3.4.3　铸铁的焊条电弧冷焊

电弧焊冷焊法就是焊件在焊前不预热，焊接过程中也不辅助加热，这样可以大大加快补焊的生产率，降低补焊成本，改善劳动条件，减少焊件因预热时受热不均匀而产生的变形和焊件已加工面的氧化。因此，在可能的条件下应尽量采用冷焊法。目前，冷焊法正在我国推广使用，并获得了迅速的发展，广泛用于铸铁件小缺陷的补焊，如汽轮机、汽车缸体、机床导轨、泵壳、电动机罩壳、铸铁容器及薄型铸铁件等。但是，冷焊法在焊接后因焊缝及热影响区的冷却速度都很快，极易形成白口组织。此外，因焊件受热不均匀，常形成较大的内应力，以致产生裂纹。

A 铸铁冷焊的特点

通常电弧冷焊前铸件不经预热，焊后也不需热处理。但对形状复杂的薄型铸件，为了改善冷焊熔合性能，防止裂纹产生，减少白口，冷焊前最好将铸件补焊处局部预热到80~200℃，这样不但可将补焊区域表面的油污、水分去除，还可减少焊接区的温差和焊接应力，从而改善焊接质量。电弧冷焊有如下特点：

（1）由于焊前不加热或低温预热，大大改善了焊工在操作时的劳动条件。

（2）补焊前的准备工作和焊接工艺过程大大简化，因而节约辅助材料和工时。

（3）铸铁件处于低温状态，变形量较小。

（4）电弧冷焊的最大特点是可在各种空间位置进行补焊，故对各种设备的修复更为适宜。

B 电弧冷焊用焊条

电弧冷焊灰铸铁焊条分为同质和异质两大类，常用铸铁焊条的牌号及用途见表3-16。

表3-16 常用铸铁焊条的牌号及用途

牌号	型号	药皮类型	焊接电流	焊芯主要成分	主要用途
Z100	EZFe	氧化型	交直流	碳钢	一般灰铸铁件非加工面的焊补
Z116	EZV	低氢钾型	交直流	高钒钢	高强度灰铸铁及球墨铸铁的焊补
Z117	EZV	低氢钠型	直流	高钒钢	
Z122Fe	EZFe-2	铁粉钛钙型	交直流	碳钢	多用于一般灰铸铁件非加工面的焊补
Z208	EZC	石墨型	交直流	铸铁	一般灰铸铁件焊补
Z238	EZC	石墨型	交直流	球墨铸铁	球墨铸铁件焊补
Z238SnCu	EZCQ	石墨型	交直流	球墨铸铁	球墨铸铁件焊补
Z248	EZC	石墨型	交直流	铸铁	灰铸铁件焊补
Z258	EZC	石墨型	交直流	球墨铸铁	球墨铸铁件焊补
Z268	EZCQ	石墨型	交直流	球墨铸铁	球墨铸铁件焊补
Z308	EZNi-1	石墨型	交直流	纯镍	重要灰铸铁薄壁件和加工面的焊补
Z408	EZNiFe-1	石墨型	交直流	镍铁合金	重要高强度灰铸铁件及球墨铸铁件焊补
Z408A	EZNiFeCu	石墨型	交直流	镍铁铜合金	可用于重要灰铸铁及球墨铸铁件焊补
Z438	EZNiFe-2	石墨型	交直流	镍铁合金	用于重要灰铸铁及球墨铸铁件焊补
Z508	EZNiCu-1	石墨型	交直流	镍铜合金	强度要求不高的灰铸铁件焊补
Z607	EZCuFe	低氢钠型	直流	铜铁混合	一般灰铸铁件非加工面的焊补

a 焊缝金属为铸铁的石墨化型焊条

焊缝金属为铸铁（同质），焊条主要有Z208、Z248两种。

Z208为低碳钢芯石墨化型铸铁焊条，强石墨化型药皮。焊缝金属碳、硅总量（质量分数）控制在6.5%~8.3%之间较为合适。此焊条适用于焊接中小型灰铸铁件的各类缺陷，焊条制造方便，成本低。

Z248为铸铁芯石墨化型焊条，焊芯为直径6~12mm的铸铁棒，药皮为石墨化型，这种焊条由铸造生产厂家自制。焊芯的成分中含较多的碳（w(C)为3.0%~3.5%)、硅

(w(Si)为4.5%~5.0%）等，提高了石墨化效果，这种焊条主要适用于补焊大厚度（壁厚大于10mm）铸件的加工面和非加工面上的缺陷。因焊条直径较大，可配合使用较大的焊接电流，焊后采取缓冷措施，更有利于促进石墨化效果，这种焊条制造工艺复杂，不易于机械化成批生产；手工生产又很难保证每根焊条涂料成分的均匀性。

用这两种焊条补焊形状结构简单的铸件，当缺陷位于铸件端面及边缘上时，可采用局部预热工艺，焊后缓冷，可使接头不产生白口及淬硬组织。硬度、加工性能与母材相近，颜色与母材一致，也不容易产生裂纹。结构简单的小型铸件，可不进行预热。采用大电流连续焊接工艺，焊后采取缓冷措施，也可以得到较好的效果。

b　焊缝金属为钢的焊条

焊缝金属为钢的铸铁焊条牌号、某些特点及用途见表3-16。

Z100为钢芯氧化型药皮铸铁焊条，这种焊条氧化性强，焊接时可将熔池中的碳和硅氧化，使焊缝成为碳钢，此焊条可与母材较好地熔合，易于生产，成本低。但因氧化性强，熔深大，熔池中的碳、硅含量难以降低，接头白口较宽并有淬硬倾向。

Z112-Fe为钢芯钛钙型铁粉焊条。由于药皮中加入了大量铁粉，增大了焊条的熔敷速度，使熔池中碳、硅的浓度得到稀释，可降低焊缝中碳和硅的含量。焊接操作工艺得当时，可获得淬火倾向较小、硬度350HBS以下的焊缝金属。但单层焊时，焊缝的平均含碳量仍较高，属于高碳钢，难以加工；又因其收缩率与母材相差较大，容易产生剥离裂纹。此焊条与铸铁母材熔合较好，工艺性优良，易于成批生产，价格便宜。

EZFe -1为纯铁型药皮焊条，熔敷金属中含碳量很低，故可以稀释熔池中碳、硅浓度，焊缝金属具有较好的塑性和抗裂性。但单层焊时效果差，且半熔化区白口严重，加工困难。

EZFe-2为低熔点低氢型铸铁焊条，其性能与Z112-Fe相近。因药皮熔点低，增大了焊条的熔化速度，降低了熔深，母材熔化得较少，使熔池中碳、硅稀释效果更小，增大了焊缝的塑性，与母材熔合较好。但半熔化区白口严重，加工困难。

J422与J506为普通结构钢焊条，采用不预热工艺用它来焊接铸铁近年来得到一定的应用，并且焊缝与母材熔合较好。操作工艺得当时，可以成功地补焊铸件非加工面的缺陷。

Z116、Z117为高钒铸铁焊条。在低氢型药皮中加入大量钒铁，使焊缝金属成为w(V)为10%~12%的高钒钢。钒与碳的亲和力较大，可把渗入焊缝中的碳结合成碳化钒微粒，均匀地分布在焊缝铁素体基体上。因而，使焊缝硬度不高（200~250HBS），加工性能得到改善，有一定的塑性，伸长率（δ_s）可达32%，强度在400MPa以上，提高了抗裂性能。由于钒是强烈阻碍石墨化的元素，且半熔化区脱碳严重（碳向熔池迁移与钒化合），故白口层较宽。如果焊缝中w(V)低于7%~8%，则焊缝金属变脆变硬。因此，熔敷金属的化学成分（主要是含钒量）和母材的熔化量（取决于焊接电流的大小）对接头的加工性能和抗裂性能影响较大。此种焊条主要用于不预热焊接工艺，焊接强度较高的薄壁铸件或球墨铸铁件。此焊条采用低碳钢芯，可批量机械生产，但因含钒铁量较高，焊条的价格也较高。

这几种焊条焊接灰铸铁时，焊缝金属为碳钢或合金钢。为保证熔池中碳、硅含量的稀释效果，使焊缝具有较好的塑性，必须使母材尽量少熔化，这就要求减小熔合比、缩短高温停留时间。为此，焊接时一般均不采用预热补焊工艺，且尽量采用小电流，用交流或直流反接法施焊。并用多道、分段、断续或分散焊接法焊接。用这些焊条补焊灰铸铁件的实例较多，效果也较满意。

c 镍基铸铁焊条

该类焊条有 Z308、Z408、Z508 等，此类焊条的牌号、特点和用途见表 3-16，其熔敷金属的化学成分见表 3-17。

表 3-17 镍基铸铁焊条熔敷金属的化学成分（质量分数） （%）

<table>
<tr><th>焊条型号</th><th>C</th><th>Si</th><th>Mn</th><th>S</th><th>Fe</th><th>Ni</th><th>Cu</th><th>Al</th></tr>
<tr><td>EZNi-1</td><td rowspan="5">≤2.00</td><td>≤2.50</td><td>≤1.00</td><td rowspan="5">≤0.03</td><td rowspan="2">≤1.00</td><td>≥90</td><td>—</td><td>—</td></tr>
<tr><td>EZNi-2</td><td>≤4.0</td><td>≤1.80</td><td>≥90</td><td>≤2.50</td><td>≤1.00</td></tr>
<tr><td>EZNiFe-1</td><td>≤2.50</td><td rowspan="3">≤1.00</td><td rowspan="3">余</td><td rowspan="3">45~60</td><td>—</td><td>—</td></tr>
<tr><td>EZNiFe-2</td><td rowspan="2">≤4.00</td><td rowspan="2">≤2.50</td><td>≤1.00</td></tr>
<tr><td>EZNiFe-3</td><td>1.0~3.0</td></tr>
<tr><td>EZNiCu-1</td><td>≤1.00</td><td>≤0.80</td><td>≤2.50</td><td rowspan="2">≤0.25</td><td>≤1.00</td><td>60~70</td><td>24~35</td><td>—</td></tr>
<tr><td>EZNiCu-2</td><td>0.35~0.55</td><td>≤ 0.75</td><td>≤2.30</td><td>0.35~0.55</td><td>50~60</td><td>35~45</td><td>—</td></tr>
<tr><td>EZNiFeCu</td><td>≤2.00</td><td>≤2.00</td><td>≤1.50</td><td>≤0.03</td><td>余</td><td>45~60</td><td>4~10</td><td>—</td></tr>
</table>

镍是扩大 γ 区的元素，在 Fe-Ni 合金中，w(Ni) 超过 30%时，合金凝固后一直到室温，其组织均为塑性高而硬度低的奥氏体组织，不发生相变。有铜存在时，铜和镍都是非碳化物形成元素。镍基合金所形成的奥氏体和铁素体在高温下均有较高的溶解碳的能力，如在 1300℃时，纯镍可溶解 w(C) 2.0%；w(Ni) 70%，w(Cu) 30%的铜镍合金可溶解 w(C) 0.9%。温度下降时，少量的过饱和碳将以细小的石墨形式析出。焊缝具有一定的强度和塑性，且硬度较低。镍又是促进石墨化的元素，对减小半熔化区的白口层宽度很有利。实践表明，焊接电流一定时，焊缝含镍量越高，半焰化区白口层越小，接头的加工性能也越好；用纯镍焊条，小电流密度，不预热工件补焊铸铁时，半熔化区白口层宽度约为 0.05~0.1mm，并呈断续状分布。焊缝强度与灰铸铁接近，但塑性好，所以有利于切削加工和有较好的抗裂性能。但镍在我国属稀缺物资，所以纯镍焊条价格昂贵。镍铁焊条焊缝中镍和铁基本各占一半，强度较高（400MPa 以上），塑性也较好，伸长率为 10%~20%，线膨胀率也较小，接头有较好的抗裂性。但因含镍量比纯镍焊条低，半熔化区白口层较用纯镍焊条时宽，接头硬度也略高一些，但仍可机械加工。焊条成本比纯镍焊条低，而且补焊在高温下或腐蚀条件下长期工作发生变质的铸件时，比同类焊条中其他焊条熔合性好。此种焊条多用于补焊高强度灰铸铁件、球墨铸铁件不重要部位的缺陷及可锻铸铁件的缺陷。

镍铜铸铁焊条（Z508，型号为 EZNiCu-1、EZNiCu-2），焊芯中通常 w(Ni) 70%、w(Cu)30% 左右，也称蒙乃尔焊条，其焊缝金属强度在镍基焊条中最低，约为 200MPa 左右，硬度与镍铁焊条相近，可进行机械加工。焊缝成分随含硅量增加，晶界可形成 Cu-Si 低熔点共晶，易产生热裂纹。镍铜合金的收缩率高达 2%，冷裂纹倾向也较大，这种焊条在铸铁补焊中应用最早，但目前已逐渐被其他铸铁焊条代替。

镍铁铜铸铁焊条（EZNiFeCu）是国家标准中新列入的一种铸铁焊条，从化学成分上看，可认为它是综合了镍铁与镍铜焊条的优点，克服了镍铜焊条易产生裂纹的缺点，焊缝金属既有较高的强度和塑性，又有较好的抗裂性。焊缝中碳、硅含量较高，镍、铜非碳化物形成元素含量近50%~70%（质量分数），有利于提高半熔化区的石墨化程度，可降低白口层的宽度，改善加工性能和抗冷裂性能。

用镍基焊条焊接铸铁，因镍与硫容易形成多种低熔点共晶物，对热裂纹有一定的敏感性，在焊接时若采用预热工艺、增大高温停留时间，显然是不利的。所以，此类焊条多采用不预热工艺，补焊要求较高，缺陷较小的铸件。若补焊处面积较大，为保证补焊成功率，可用于坡口处的打底焊，然后再用其他价格便宜的焊条，以适当的焊接工艺填满焊缝，以降低成本。

d　铜基铸铁焊条

铜基焊条有多种形式：Z607为铜芯铁粉焊条，药皮为低氢钠型，铁粉占药皮质量的一半左右；Z616铜芯铁皮焊条，以纯铜芯外包低碳钢皮作焊芯，外涂低氢钾型药皮；若外涂钛钙型药皮，则成为牌号Z612的焊条。也可以用钢芯外包纯铜皮或外套纯铜管作焊芯，药皮同上，做成上述两种牌号的铸铁焊条。在缺少专用铸铁焊条时，为了应急修补铸件缺陷，还可以用普通低碳钢焊条外包纯铜皮或缠绕纯铜丝，或用一根低碳钢焊条与1~2根纯铜或黄铜丝捆扎在一起，焊条末端点焊起来，以保证通电良好，进行铸件补焊。不管采用哪一种形式，都应该保证熔敷金属中 $w(Cu)$ 为80%、$w(Fe)$ 为20%左右，其组织是以铜为主的铜铁机械混合物。

铜的价格比镍低，也是非碳化物形成元素，石墨化作用较弱，但具有较好的塑性，在高温时塑性更好，有利于松弛接头中的焊接应力，减小裂纹形成倾向。铜的熔点1083℃，比铸铁低，焊接时母材熔化速度小于焊条熔化速度，可降低熔合比，减少母材中碳、硫和磷等杂质向熔池过渡，有利于减小焊缝白口化及裂纹倾向。铜基焊条中有适量铁的存在可减少热裂，还有助于降低气孔。铁与铜的互溶度很小，故铁与铜在熔池高温停留时间很短的情况下不可能溶合得很好，铜又不溶解碳，因此，熔池中的碳均处于含量较小的铁中，使铁成为高碳钢，这就形成了由铜与高碳钢机械混合物构成的焊缝金属。铜基部分塑性好，而高碳钢部分因存在着马氏体及渗碳体，硬度很高。所以，含铁量增大时（$w(Fe)$ 大于30%），焊缝脆性增大，对冷裂纹敏感，焊接热输入大时，熔合区白口层较宽，加工性能差。此类焊条对气孔的敏感性较大（铜与水和二氧化碳反应可生成氢和一氧化碳），焊缝的颜色与铸铁相差甚大。所以，这类焊条多用于低强度铸铁件非加工面不预热工艺的补焊。

C　铸铁电弧冷焊工艺

(1) 焊前应彻底清理油污，裂纹两端要打止裂孔，加工的坡口形状要保证便于焊补及减少焊件的熔化量。

(2) 选择合适的最小焊接电流。灰铸铁含Fe、Si、C及有害的S、P杂质高，焊接电流越大，与母材接触的第一、二层异质焊缝中熔入母材量越多，带入焊缝中的Fe、Si、C、S、P量也随之上升。对镍基焊条来说，其中Si及S、P杂质提高，会明显增大发生热裂纹的敏感性。焊接电流较大，则焊接热输入增大，其结果使焊接接头拉应力增高，发生裂纹的敏感性增大。同时母材上处于半熔化区温度范围（1150~1250℃）的宽度增大，在电弧冷焊快速冷却条件下，冷却速度极快的半熔化区的白口区加宽。

（3）采用较快的焊接速度及短弧焊接。在保证焊缝正常成形及与母材熔合良好的前提下，应采用较快的焊接速度。因为随着焊接速度加快，铸铁母材的熔深、熔宽下降，母材融入焊缝量随之下降，焊接热输入也随之减小，其引起的效果与上述降低焊接电流所得效果是同样的。焊接电压（弧长）增高，使母材熔化宽度增宽，母材熔化面积增加，故应采用短弧焊接。

（4）采用短段焊、断续焊、分散焊及焊后立即锤击焊缝的工艺，以降低焊接应力，防止裂纹发生。随着焊缝的增长，纵向应力增大，焊缝发生裂纹的倾向增大，故宜采用短段焊，采用异质焊接材料进行铸铁电弧冷焊时，一般每次焊缝长度为10~40mm。薄壁件散热慢，一次所焊焊缝长度可取10~20mm；厚壁件散热快，一次所焊焊缝长度可取30~40mm。当焊缝仍处于较高温度，塑性性能异常优良时，立即用带圆角的小锤快速锤击焊缝，使焊缝金属承受塑性变形，以降低焊缝应力。为了尽量避免补焊处局部温度过高，应力增大，应采用断续焊，即待焊缝附近的热影响区冷却至不烫手时（50~60℃），再焊下一道焊缝。必要时还可采取分散焊，即不连续在同一固定部位补焊。而在补焊区的另一处补焊，这样可以更好地避免补焊处局部温度过高，从而避免裂纹发生。

（5）选择合理的焊接方向及顺序。焊接方向及顺序合理与否对焊接应力的大小及裂纹具有较大的影响。对于灰铸铁厚大件的补焊，焊接应力大，焊缝金属发生裂纹与焊缝金属及母材交界处发生剥离性裂纹的危险性增大。一般是刚度大的地方先焊，刚度小的部位后焊，从而有利于减小焊接接头的应力水平，防止产生裂纹。

（6）采用栽丝焊等特殊工艺。厚件开坡口多层焊时，焊接应力大，特别是采用碳钢焊缝时，由于其收缩率大，焊缝屈服强度又高于灰铸铁抗拉强度，不易发生塑性变形而松弛应力，而热影响区的半熔化区又是薄弱环节，故往往沿该区发生剥离性裂纹。即使焊接后当时不开裂，若工件将受较大冲击负荷，也容易在使用过程中沿该区破坏。栽丝补焊就是通过栽入碳钢螺柱将焊缝与未受焊接热影响的铸件母材固定在一起，从而防止剥离裂纹的发生，并提高该区承受冲击负荷的能力。这种补焊方法主要应用于承受冲击负荷的厚大铸铁件（厚度大于20mm）裂纹的补焊，焊前在坡口内钻孔，攻螺纹。孔一般应为两排，均匀分布，拧入钢质螺柱（如图3-7所示），先绕螺柱焊接，再焊螺柱之间。常用螺柱直径为8~16mm，厚件采用直径大的螺柱，螺柱拧入深度应等于或大于螺柱直径，螺柱凸出待焊表面高度一般为4~6mm。拧入螺柱的总截面积应为坡口表面积的25%~35%。这种补焊方法主要应用于承受冲击负荷的厚大铸铁件（厚度大于20mm）裂纹的补焊。

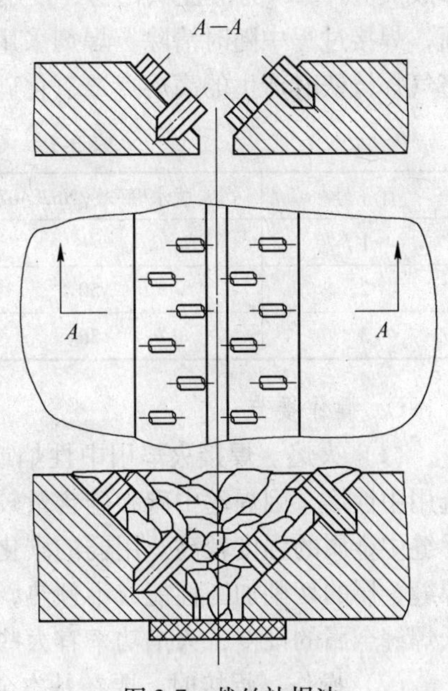

图3-7 栽丝补焊法

3.3.4.4　铸铁的气焊

A　铸铁气焊的特点

气焊火焰温度比电弧温度低得多，因而焊件的加热和冷却比较缓慢，这对防止灰铸铁在焊接时产生白口组织和裂纹都很有利，所以，用气焊补焊的薄件质量一般都比较好，因而气焊成为补焊铸铁的常用方法。但气焊与电弧焊相比，其生产率低、成本高、焊工的劳动强度高、焊件变形较大、补焊大型铸件时难以焊透。因此，目前许多工厂已逐步采用电弧焊代替气焊补焊铸铁件。但由于气焊的铸件质量较好，易于切削加工，使许多工厂中的中小型灰铸铁件，还是较多的用气焊补焊。

B　气焊的焊丝与焊剂

（1）焊丝。为了保证气焊的焊缝处不产生白口组织，并有良好的切削加工性，铸铁焊丝的成分应有高的含碳量和含硅量，气焊常用焊丝的化学成分见表 3-18。

表 3-18　气焊常用焊丝的化学成分（质量分数）　（%）

序　号	C	Si	Mn	S	P	用　途
1（HS401A）	3.0~4.2	2.8~3.6	0.3~0.8	≤0.08	0.15~0.5	热焊
2（HS401B）	3.0~4.2	3.8~4.8	0.3~0.8	≤0.08	0.15~0.5	冷焊

（2）焊剂。铸铁气焊常需要焊剂，也称气焊粉。气焊铸铁时熔池表面存在着熔点（1713℃）较高的 SiO_2，黏度较大，影响焊接的正常进行，如不即时除去，在焊缝中容易形成夹渣，SiO_2 为酸性氧化物，使用碱性物质与其化合生成低熔点的复合盐，浮在熔池表面，焊接过程中随时清除。焊剂采用统一牌号 CJ201，熔点较低（约 650℃）呈碱性，能将气焊铸铁时产生的高熔点二氧化硅复合成易熔的盐类，焊剂的配方成分见表 3 -19。

表 3-19　CJ201 的配方成分（质量分数）　（%）

序　号	脱水硼砂（Nb28407）	苏打（Na_2CO_3）	钾盐（K_2CO_3）
1	—	100	—
2	50	50	—
3	56	22	22

C　操作要点

（1）火焰。焊接火焰用中性焰或弱的碳化焰。具体选用应根据补焊的情况，一般可选用中性焰，因焊丝中碳和硅含量较高，能避免焊缝处产生白口组织，用中性焰焊补后，焊缝中金属的强度较高。用弱的碳化焰补焊会使焊缝金属渗碳而降低强度，但当要求提高焊缝金属的切削加工性能或不预热，焊较厚的铸铁时，可用弱的碳化焰使焊缝增碳，以降低焊缝金属的硬度，火焰功率宜大些，否则不易消除气孔、夹渣。

（2）操作。焊接时，要在基本金属熔透后再加入焊丝金属，以防止熔合不良。发现熔池中有小气孔和白亮点夹杂物时，可以往熔池中加入少量气焊焊剂，有助于消除夹渣，但气焊焊剂不宜加入过多，否则反而容易产生夹渣、气孔。适当加大火焰的功率，提高熔池铁液温度，有利于气体及夹杂物浮起，因而能够减少气孔、夹渣。操作时应注意火焰应始终盖住熔池；加入焊丝时，经常用焊丝轻轻搅动熔池，促使气体、熔渣浮出。补焊将完毕时，应使焊缝稍高于焊件表面，并用焊丝刮去杂质较多的表面层。

（3）采用加热减应法。补焊件刚度较大时，可采用“加热减应法”进行焊接。“加热减应法”就是加热补焊处以外的一个或几个区域，以降低补焊处的拘束应力，防止产生裂纹的一种措施。如图3-8所示的补焊件中间部分有一裂纹，此处的拘束度很大，补焊时焊缝的膨胀和收缩均受很大的牵制，会产生很大的拘束应力，不采取措施很难补焊成功。焊前在补焊处及框架上下两个杆件与裂纹对称部位都用气焊火焰轮流进行加热到接近暗红色（600~700℃），再补焊中间杆件上的裂纹。补焊过程中，上下两杆件仍保持所要求的加热温度。这样，三个杆件在加热和冷却时几乎同时膨胀或收缩，降低了焊缝处的拘束应力，可有效地避免裂纹的产生。

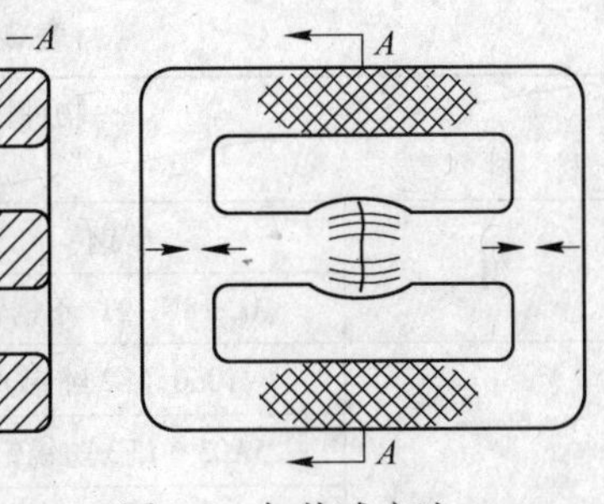

图3-8 加热减应法

3.4 钢与有色金属的焊接

3.4.1 钢与铝及其合金的焊接

钢与铝及其合金的焊接可以采用钨极氩弧焊、冷压焊、摩擦焊、扩散焊等方法进行施焊。铝及其合金具有重量轻、强度高的特点。另外具有很好的物理性能，例如导电性、导热性和耐蚀性。铝及其合金与钢焊接成构件，很有实际意义。

3.4.1.1 钢与铝及其合金的焊接性

铝能够与钢中的铁、锰、铬、镍等元素形成有限固溶体，也会形成金属间化合物，还能够与钢中的碳形成化合物。在不同含量的情况下，铝与铁可分别形成多种金属间化合物，例如FeAl、$FeAl_2$、$FeAl_3$、Fe_2Al_7、Fe_3Al、Fe_2Al_5等，其中Fe_2Al_5最脆。它们对材料的力学性能（含显微硬度）都有显著的影响。

铝及其合金的物理性能与钢相差很多，见表3-20，因此焊接困难大。它们的熔点相差800~1000℃，当铝或铝合金已完全熔化时，而钢还是固态。另外，热导率相差2~13倍，很难均匀加热。再者，线膨胀系数相差1.4~2倍，在焊接接头熔合区必然造成无法通过热处理消除的残余热应力。同时，铝及其合金在加热时还产生难熔的Al_2O_3。综上所述，钢与铝及其合金采用熔焊是非常困难的，一般常用压焊的方法，由于压焊的设备庞大、复杂，工件清洁度要求高，且保证接头处有一定的变形量，对设备的使用受到限制。本节只介绍钢与铝及其合金的钨极氩弧焊。

3.4.1.2 钢与铝及其合金的焊接工艺

钢与铝及其合金采用钨极氩弧焊方法焊接时，应将钢的一侧加工成70°的坡口，且镀上活化层，这样可提高焊接接头强度。一般对碳钢及低合金钢坡口表面镀锌，奥氏体钢坡口表面镀铝。但在碳钢及低合金钢表面则不宜镀铝，这是因为在镀铝过程中会产生金属间化合物，而形成增碳层，严重降低接头强度。

表 3-20　钢、铝及其合金的物理性能

材料		熔点/℃	热导率 /W·m^{-1}·K^{-1}	线膨胀系数 /℃$^{-1}$
钢	碳钢	1500	77.5	11.76×10^{-6}
	1Cr18Ni19Ti 不锈钢	1450	16.3	16.6×10^{-6}
铝①及其合金	1060（L2 纯铝）	658	217.7	24.0×10^{-6}
	5A03（LF3 防锈铝）	658	146.5	23.5×10^{-6}
	5A06（LF6 防锈铝）	580	117.2	24.7×10^{-6}
	3A21（LF21 防锈铝）	643	163.3	23.2×10^{-6}
	2A12（LY12M 硬铝）	502	121.4	22.7×10^{-6}
	2A12（LD10M 硬铝）	510	159.1	22.5×10^{-6}

①括号外为新标准牌号，括号内为对应的旧标准牌号。

钨极氩弧焊采用交流电源，钨极直径为 2~5mm。焊接铝与钢时先将电弧指向铝焊丝，然后移动到熔池，如图 3-9（a）所示。这样保护镀层不致被破坏。另一种方法是将铝焊丝向钢侧移动，如图 3-9（b）所示，使液态铝流至钢的坡口表面。这时应保护坡口上的镀层勿烧损。焊接电流可根据被焊金属材料的厚度按表 3-21 选择。

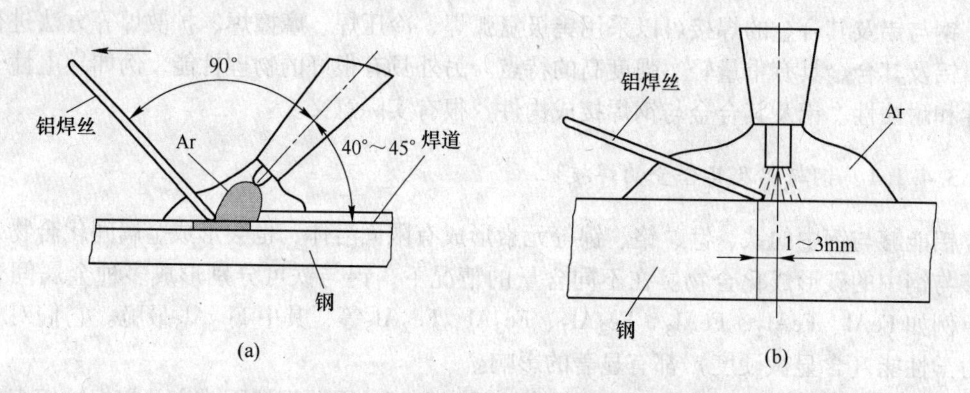

图 3-9　钢与铝焊接示意图
（a）氩弧堆焊时电弧的位置；（b）对接焊时电弧的位置

表 3-21　钢与铝钨极氩弧焊时焊接电流的参考值

金属厚度/mm	3	6~8	9~10
焊接电流/A	110~130	130~160	180~200

采用含少量硅的纯铝焊丝可以较稳定地形成优质接头。这类焊接接头的抗拉强度和疲劳强度都可达到与母材铝件相当的水平，其密封性和在海水或空气中的耐蚀性也比较好。如果钢坡口表面采用复合镀层，如 Cu-Zn（4~6μm+30~40μm）或 Ni-Zn（5~6μm +30~49μm），能使金属同化合物层的厚度减小，硬度降低，接头强度提高。

3.4.2 钢与铜及其合金的焊接

钢和铜在高温时虽然晶格类型、晶格常数、原子半径等都很接近，对焊接有利，但熔点、热导率、线膨胀系数等差异较大，焊接困难。

3.4.2.1 钢与铜及其合金的焊接性

由于两者的线膨胀系数相差大，而且铜-铁二元合金的结晶温度区间约在300~400℃范围之内，故在焊接时容易发生焊缝热裂纹。焊缝金属中w(Fe) 为10%~43%时，抗热裂性能最好。

液体铜或铜合金有可能向钢热影响区的表面内部渗透和扩展，形成渗透裂纹，可能是单个裂纹，也可能是沿晶界网状裂纹。凡含镍、铝、硅的铜合金焊缝对钢的渗透少，含锡的青铜渗透多。w(Ni) 大于16%的铜合金焊缝在碳钢上不会造成渗透裂纹。然而，钢的组织状态对渗透裂纹有重要影响。液态铜能浸入奥氏体而不能浸入铁素体，所以，单相奥氏体钢容易发生渗透裂纹，而奥氏体—铁素体双相钢就不太容易发生渗透裂纹。

3.4.2.2 钢与铜及其合金的焊接工艺

（1）钢与铜的熔焊。钢与铜及其合金的焊接可以用气焊、焊条电弧焊、埋弧焊、氩弧焊、电子束焊等熔焊方法来进行施焊。焊接时，应把焊接处表面和焊丝严格清理干净，直至露出金属光泽。

厚度大于3mm的钢与纯铜焊接时，最好开保证双面钝边焊透的X形坡口。或采用埋弧焊。钢与铜焊条电弧焊时的焊接参数可参阅表3-22。

表3-22 钢与铜焊条电弧焊时的焊接参数

被焊材料厚度/mm	母材牌号	接头形式	焊条		焊接电流/A
			牌号	直径/mm	
3+3	T4 铜 + Q235	I形坡口	T107	3	130
4+4	T4 铜 + Q235	V形坡口	T107	4	180
3+8	T4 铜 + Q235	T形接头	T107	3.2	120~160
3+10				2	120~160

不锈钢与铜焊接时，选用不锈钢焊条，则熔敷金属含铜量达到一定数量时会产生热裂纹；若采用铜焊条，则焊缝中的镍、铬、铁渗入不锈钢侧热影响区的奥氏体晶界，而使接头硬而脆。一般大多采用与铜和铁无限固溶的镍或镍基合金作填充金属，以达到较高的强度与塑性。由于铜比不锈钢散热快，故焊接时电弧应偏向铜侧，才能保证焊缝的高质量。

（2）压焊。钢与铜及铜合金用真空扩散焊、电阻焊或闪光焊、爆炸焊等焊接方法都可以获得满意的接头。其中扩散焊的最佳焊接参数为：真空度0.01333~0.1333Pa，焊接温度900℃，压力49MPa，焊接时间20min。加入镍过渡层可提高接头强度。

钢与纯铜、黄铜用电阻焊或闪光焊焊接时，效果很好。

18-8型不锈钢与纯铜爆炸焊接头强度可高达165MPa，而且接头区内显微硬度不升高。由于焊接性良好，铜作为中间层，制成钢-铜-铝过渡件。

3.4.3　钢与镍及其合金的焊接

镍及镍基合金的强度、塑性、耐热性及耐蚀性优良，其抗应力腐蚀更佳，广泛用于石油、化工及核能工程。镍与铁的物理及化学性能差别不大，有利于焊接，但易产生气孔及热裂纹等焊接缺陷。

3.4.3.1　钢与镍及其合金的焊接性

焊缝在高温下镍与氧气形成 NiO，冷却时镍与氢气、碳发生反应，镍被还原，生成水蒸气和一氧化碳。在结晶时这些气体易形成气孔。焊缝金属含镍量多而熔入的钢较少时，因含碳量减少，气孔倾向变小。锰、钛、铝等元素具有脱氧作用，焊缝金属含铬、锰能提高气体在固态金属中的溶解度，也有利于防止气孔产生。所以，镍与不锈钢焊接比镍与碳钢焊接更不易产生气孔。

镍与硫、磷及 NiO 等都能形成低熔点共晶，焊缝组织为粗大树枝状结晶，在焊接应力作用下容易产生热裂纹。锰、铬、钼、铝、钛、铌、镁等，能够细化晶粒并打乱枝晶方向，防止热裂纹。镁、锰能脱硫，这些也都能防止热裂纹的产生，铝、钛能脱氧，当焊缝金属中 w(Ni) 低于 30%时，在快速冷却下会产生马氏体组织，塑性、韧性严重降低，因而铁镍焊缝中 w（Ni）应控制在 30%以上。

3.4.3.2　钢与镍及其合金的焊接工艺

钢与镍及镍基合金焊接时可以采用熔焊和压焊方法，诸如焊条电弧焊、埋弧焊、惰性气体保护焊、点焊、缝焊、爆炸焊等。为保证接头性能良好，只有正确地选择焊接方法、焊接材料及焊接参数，才能保证接头的质量。

好的工艺措施对保证钢与镍及镍基合金的焊接接头质量有重要影响。坡口表面和焊接材料必须清理干净，防止将有害杂质带入焊缝。电弧焊时，纯镍一侧热影响区的组织粗大和碳钢一侧的魏氏组织对接头性能不利，故应采用低的焊接参数，防止过热，降低热裂纹倾向。

表 3-23 及表 3-24 分别列出了手工钨极氩弧焊和机械化钨极氩弧焊的焊接参数。

表 3-23　手工钨极氩弧焊的焊接参数

材料	厚度/mm	焊丝		焊前状态	接头形式	焊接参数			
		牌号	直径/mm			电弧电压/V	焊接电流/A	氩气流量/L · min^{-1}	钨极直径/mm
1Cr18Ni9Ti+GH3030	2.0 + 1.5	HGH30 或 H1Cr18Ni9Ti	2.0	1Cr18Ni9Ti 水淬 GH3030 或 GH1035 固溶化机械抛光	搭接	11~11.5	60~90	5~8	2.0
	2.5 +2.0						70~100		
	2.0 + 1.2						50~80		
1Cr18Ni9Ti+GH1035	1.5 + 1.5	H1Crlg Ni9Ti	1.6				50~75		

续表 3-23

材 料	厚度/mm	焊丝		焊前状态	接头形式	焊接参数			钨极直径/mm
		牌号	直径/mm			电弧电压/V	焊接电流/A	氩气流量/L·min^{-1}	
GH3132+Cr17Ni2	1.2 + 1.2	HGH44 或 HGH113 或 HGH132	1.6	990℃空冷	对接	11~12	55~65	6~8	1.6
GH3132 1Cr18Ni9Ti			1.5			8~10	65~85	4~5	

表 3-24 机械化钨极氩弧焊的焊接参数

材 料	厚度/mm	焊前状态	焊丝		电弧电流/A	焊接电压/V	焊接速度/m·min^{-1}	送丝速度/m·min^{-1}	保护气流流量/L·min^{-1}	附加保护气体流量/L·min^{-1}	钨极直径/mm
			牌号	直径/mm							
GH3132+GH1140	1.2+1.2	固溶	HGH132	1.2	90	9~10	0.46	0.47	6~8	2~3	3.0
	2.5+2.0				140		0.32	0.6			
GH3132+SG-5	1.5	固溶抛光	HSG-1	1.0	100	8.5	0.23	0.25	—	—	—
GH1140+1Cr18Ni9Ti	1.0+1.5	固溶	HGH140	1.6	100~110	11	0.5~0.6	0.5~0.6	5~8	2~4	—

3.4.4 钢与钛及其合金的焊接

钛及其合金具有优良的耐蚀性和很高的比强度，而且质量轻，强度高，是化工、航空、电力等工业广泛应用的材料。随着工业的发展，许多零部件和设备都由复合材料制造而成，因此钢与钛及其合金的焊接也日益增多。

3.4.4.1 钢与钛及其合金的焊接性

在高温下钛及钛合金大量吸收氧气、氮气、氢气等气体而脆化，液态吸入上述气体的脆化更加严重。因此，在焊接或加热到4000℃以上的部位必须用惰性气体保护。钛及钛合金的热导率大约只有钢的1/6，弹性模量只有钢的1/2，故焊接时用刚性固定防止变形，焊后退火消除应力。退火需在真空或氩气保护下进行，加热温度为550~650℃，恒温1~4h。

从钛-铁相图（图 3-10）上可以看出，铁在 α 钛中的溶解度很低，w(Fe) 约为 0.1%时就会形成 TiFe，高温下或含铁量更高时，还会形成 $TiFe_2$，它们都使塑性严重下降。钛与不锈钢焊接时，钛与铁、铬、镍形成复杂的金属化合物，使焊缝严重脆化，甚至产生裂纹。这种情况下尽量采用压焊或钎焊，最好避免熔焊的方法。

3.4.4.2 钢与钛及其合金的间接熔焊工艺

钛与钢直接熔焊时，因钛与铁在液态混合时会产生金属化合物而严重脆化，因此不能进行焊接。钛只能与锆、铪、铌、钽、钒五种金属相互固溶，可以进行焊接，其中钛与

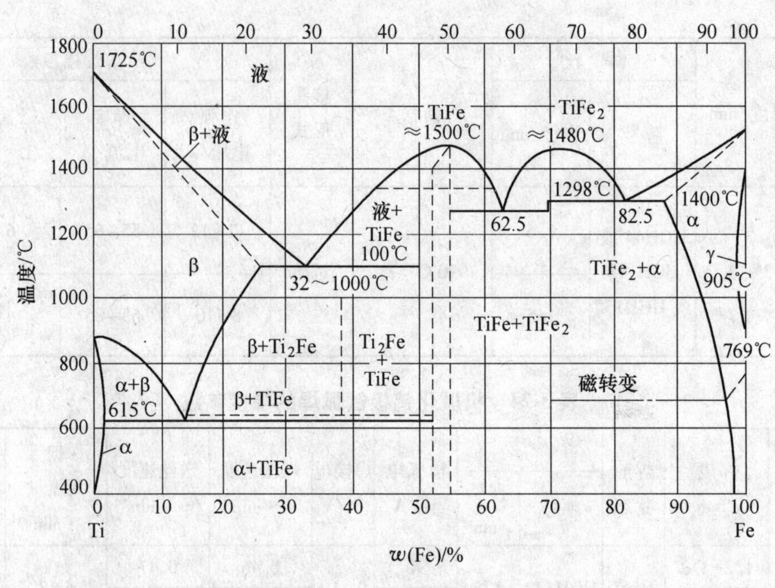

图 3-10　钛-铁相图

锆、铌、钽的焊缝塑性良好。因此，钛与钢的焊接只能采用间接熔焊的办法，也就是用增加过渡段后进行同种材料的熔焊。过渡段可用爆炸焊方法制成钛-钢复合件。另外，也可以用多种中间层金属轧制成两侧分别为钢和钛合金的过渡段（即钛合金-钒-铜-钢），然后两端采用电子束焊。另外，采用钽+青铜复合中间层或蒙乃尔合金作中间层的钛与不锈钢氩弧焊，其效果良好。

钛与钢复合板的焊接时，为了防止在加热中产生脆化层而影响钛与钢的结合强度，一般夹有铌中间层。但焊接时要避免钛与钢的熔合，可以采用加盖板的隔离措施。即接头强度由基层钢焊缝保证，覆层钛上加盖钛板起抗腐蚀作用，在钢焊缝与钛盖板之间用银或熔点很低的钎料填充，如图 3-11 所示。也可以在钢与钛接头之间加难熔金属铌薄片的方法，来防止钢中的铁融入钛覆层焊缝中而形成脆性相，如图 3-12 所示。

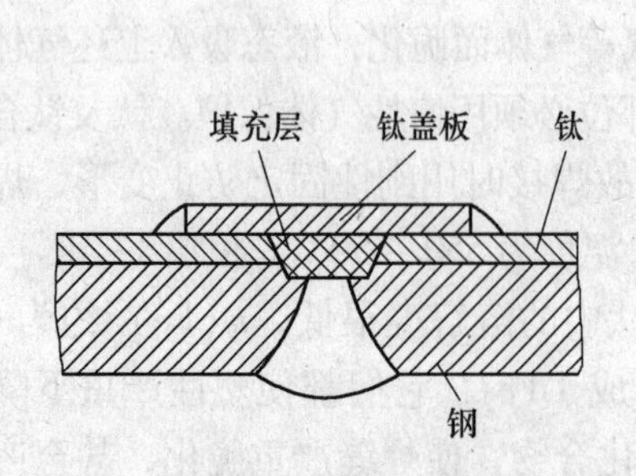

图 3-11　钛-钢复合板加盖焊接示意图

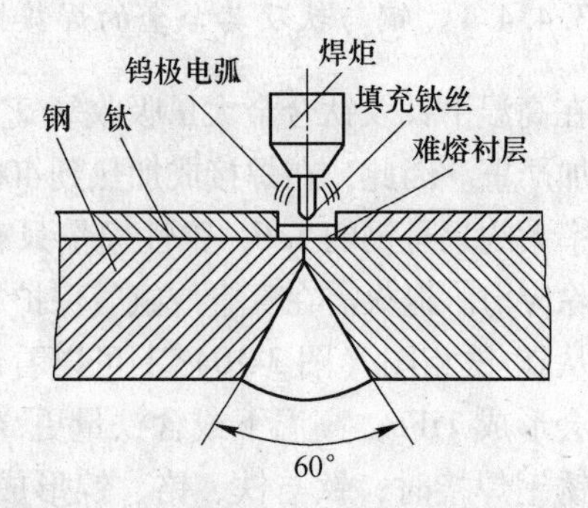

图 3-12　钛-钢复合板加衬层焊接示意图

3.5　异种有色金属的焊接

随着现代工业的发展和需要，有色金属之间的焊接工作也越来越多。本节主要介绍铝铜、铝钛、钛铜、钛铌的焊接。

3.5.1　铝与铜的焊接

铝与铜都是良好的导电材料，铝比铜的密度小，价格便宜，在许多情况下铝可以代铜使用。在工业生产中，常常会遇到铝和铜焊接问题。

3.5.1.1　铝与铜的焊接性

铝和铜的物理性能有很多的相同点，例如前面提到的导电性，但也有不同点，例如熔点相差423℃。因此，它们很难同时熔化，铝在高温下会强烈氧化，需要采取措施才能防止氧化和去除溶池中的氧化物。铝和铜在高温时相互无限固溶，随着温度的下降，铝在铜中的溶解度逐渐下降。到固态时为有限固溶。

铝和铜能形成多种以金属化合物为主的固溶体相，其中包括 $AlCu_2$、Al_2Cu_3、AlCu、Al_2Cu 等。w(Cu) 在12%~13%以下时的铝铜合金，综合性能最好，或者采用铝基合金，以提高接头的强度、塑性，尽量减少液态铝和固态铜接触的时间。

由于铝和铜的塑性很好，故常用压焊方法获得良好的接头质量。另外，利用压焊制成铝铜过渡接头，就可以避开异种金属熔焊的困难，而成为铜与铜，或铝与铝的同种金属的焊接。

3.5.1.2　铝与铜的焊接工艺

(1) 氩弧焊。铝与铜氩弧焊时，要将电弧向铜的一侧偏移约相当于板厚1/2的距离，以便达到两种材料的均匀熔化，在接头的铜侧形成约3~10μm厚的金属化合物层，在接头的铝侧形成铜在铝中的固溶体带。

由于金属化合物的显微硬度极高，则接头强度严重降低。通过试验，1μm厚的金属化合物不会影响接头的强度。在焊缝中加入合金元素可以改善铝铜熔焊接头的质量。加入锌、镁能限制铜向铝中过渡，加入钙镁能使表面活化，易于填满树枝状结晶的间隙，加入钛、锆、钼等难熔金属有助于细化组织，加入硅、锌能减少金属间化合物。

(2) 埋弧焊。埋弧焊时其接头形式和电弧与坡口的位置如图3-13所示。从图3-13可以看出，电弧的中心位置偏向铜材一侧，假设所焊材料的厚度为 δ，那么偏移距离约为 0.5δ~0.6δ。铜侧开U形坡口、铝侧为直边。当某焊件厚度为10mm时，焊丝直径为2.5mm，焊接电流为400~420A，电弧电压为38~39V，送丝速度为92mm/s，焊接速度为6mm/s这样，焊缝金属中 w(Cu) 只有8%~10%，可得到满意的接头力学性能。

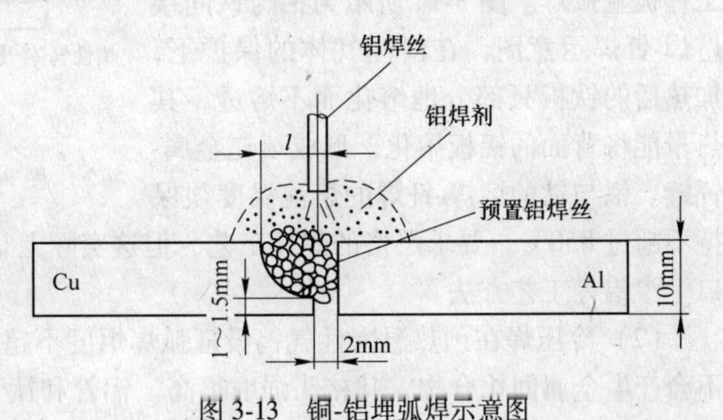

图3-13　铜-铝埋弧焊示意图

铝-铜埋弧焊的焊接参数见表3-25。

表 3-25　铝-铜埋弧焊的焊接参数

焊件厚度 /mm	焊接电流 /A	焊丝直径 /mm	电弧电压 /V	焊接速度 /m · h^{-1}	焊丝偏离 /mm	焊道数目	焊剂层	
							宽度/mm	高度/mm
8	360~380	2.5	35~38	24.4	4 ~5	1	32	12
10	380~400	2.5	38~40	21.5	5~6	1	38	12
12	390~410	2.6	39~42	21.5	6~7	1	40	12
20	520~550	3.2	40~44	18.5	8~12	3	46	14

(3) 压焊。在铝铜焊接上应用的时间较长，压焊时为防止产生脆性化合物，常需在铜表面上镀锌、铝或银钎料。闪光焊需采用比钢焊接时大 1 倍的焊接电流，比铜高 4 倍的送丝速度，100~300mm/s 的高压快速顶锻和 0.02~0.04s 的通电顶锻时间。这样才能将脆性化合物和氧化物均从接头中挤出，并使接触面处产生较大的塑性变形，以获得性能很好的接头。

3.5.2　铝与钛的焊接

3.5.2.1　铝与钛的焊接性

铝与钛在物理、化学和力学性能方面都有所不同，其电子结构和原子半径等有明显的差异，所以焊接性很差。铝的熔点比钛低 1160℃。在室温下钛在铝中的溶解度仅为 0.07%，在不同的温度下分别形成 TiAl 和 $TiAl_3$型化合物。由试验可知，在 700~800℃下保温 15s，液态铝熔池不会产生 $TiAl_3$，如温度超过 900℃或长时间保温就会形成 $TiAl_3$。所以，采用熔焊-钎焊法使钛不熔化，且使铝的温度保持在 800~850℃范围之内。

3.5.2.2　铝和钛的焊接工艺

(1) 铝和钛的熔焊-钎焊可以应用手工钨极氩弧焊。图 3-14 所示为铝与钛间接熔焊-钎焊示意图，在惰性气体的保护下，加热后的钛板只部分地熔化而不熔透，其热量能将背面的铝板熔化，形成填充金属-钎缝。铝与钛的熔焊-钎焊的熔池温度须保持不超过 850℃，要求严格的焊接工艺，但这实际上是很难做到的。因此，产生了在钛坡口上渗铝等工艺方法。

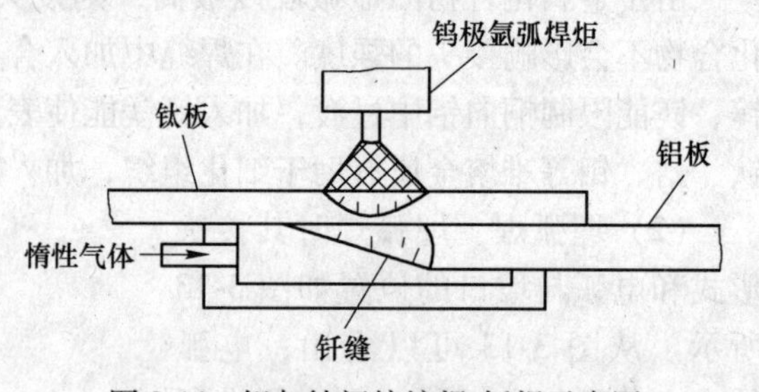

图 3-14　铝与钛间接熔焊-钎焊示意图

(2) 冷压焊在预热温惰性气钨极氩弧焊炬度不超过 500℃下压焊的铝钛接头，界面上不会产生金属间化合物，其接头强度很高。铝管和钛管也可以采用冷压焊，压焊前，必须把铝管加工成凸槽，钛管加工成凹槽，把铝管和钛管凹凸槽紧贴在一起，通过挤压力进行压焊。铝钛管的冷压焊适用于内径为 10~100mm、壁厚为 1~4mm 的铝钛管接头，这种接头有人做过试验，将接头在 100℃以 200~450℃/min 的速度在液体中冷却，经 1000 次这样的试验，接头仍能保持其密封性。

3.5.3 钛与铜的焊接

3.5.3.1 钛与铜的焊接性

钛与铁一样，都是同素异构元素，钛在880℃以上为β钛，低于880℃为α钛。

钛与铜能形成Ti_2Cu、TiCu、$TiCu_4$等多种金属间化合物。另外，还可以形成多种共晶体，其熔点最低点只有860℃，钛与铜焊接的主要问题是脆性化合物和低熔点共晶。

3.5.3.2 钛与铜的焊接工艺

钛与铜可以用熔焊和扩散焊，但其要求各不相同。

（1）熔焊。钛与铜熔焊时，加入钼、铌或钽的钛合金过渡层，可以使α相转变温度降低从而获得与铜的组织相近的单相β组织钛合金。这类过渡层的成分（质量分数）可以是Ti+Nb(30%）或Ti+Al(3%)+Mo(6.5%~7.5%）+Ci(9%~11%）等。这时的接头强度可达216~221MPa，冷弯角为140°~180°。

厚度为2~5mmTA2和Ti3A137Nb两种钛合金与T2铜的熔焊参数和接头性能列于表3-26。

表3-26 钛合金与铜的熔焊参数和接头性能

被焊材料	厚度/mm	焊接电流/A	电弧电压/V	焊丝		电弧偏离/mm	接头平均抗拉强度/MPa	弯曲角度/(°)
				牌号	直径/mm			
TA2+T2	3	250	10	QCr0.8	1.2	2.5	192	—
	5	400	12	QGr0.8	2	4.5	191	—
Ti3A137Nb+TA2	2	260	10	T4	1.2	3.0	125	90
	5	400	12	T4	2	4.0	234	120

（2）扩散焊。钛与铜进行扩散焊时也要增加钼或铌中间层。其目的是防止钛铜焊接时产生金属化合物和低熔点共晶体，提高接头强度。表3-27为钛与铜的扩散焊焊接参数及接头抗拉强度。从表中可以看出，采用电炉加热，时间较长，获得的接头强度明显高于高频感应加热时间较短的接头强度。

表3-27 钛与铜的扩散焊焊接参数及接头抗拉强度

中间层材料	焊接参数			抗拉强度/MPa	加热方式
	温度/℃	时间/min	压力/MPa		
不加中间层	800	30	4.9	63	高频感应
	800	300	3.4	144~157	电炉
钼（喷镀层）	950	30	4.9	78.4~113	高频感应
	980	300	3.4	186~216	电炉
铌（喷镀层）	850	30	4.9	71~103	高频感应
	980	300	3.4	186~217	电炉

续表 3-27

中间层材料	焊接参数			抗拉强度/MPa	加热方式
	温度/℃	时间/min	压力/MPa		
铌（0.1mm 箔片）	950	30	4.9	91	高频感应
	980	300	3.4	216~267	电炉

3.5.4　钛与铌的焊接

钛与铌不生成脆性化合物，可以无限固溶，不难焊接，通常采用氩弧焊、等离子弧焊、真空电子束焊等焊接方法。采用真空电子束焊质量最好。钛与铌焊接时，要用惰性气体进行保护，如能在充满惰性气体的焊箱中进行焊接，其焊接质量最稳定，可防止或减少由于保护不好而造成的接头性能下降。由于受真空室尺寸影响，大型焊接结构件难以施焊。铌的熔点比钛高约 800℃，故焊接时电弧或电子束应偏向铌一侧，以免钛合金烧穿。

4 焊接接头的强度计算

4.1 焊接接头受力分析

焊接接头就是用焊接方法连接的不可拆卸的接头。它由焊缝、熔合区、热影响区组成。

4.1.1 焊接接头的基本形式

焊接接头的基本形式有五种，即对接接头、T形接头、搭接接头、角接接头和端接接头，见表4-1。不同的焊接方法需要选择不同的接头形式，以获得可靠而有效的连接。下面介绍用于电弧焊、电阻焊接头基本形式。

表 4-1 电弧焊接头的基本形式

接头形式	示 意 图	坡口形式举例
对接接头		I形　V形　双V形　钝边U形　钝边J形　钝边双U形
角接接头	a	单面焊　双面焊
	b	单V形　双V形
T形接头		单边V形　钝边单边V形　双单边V形

续表 4-1

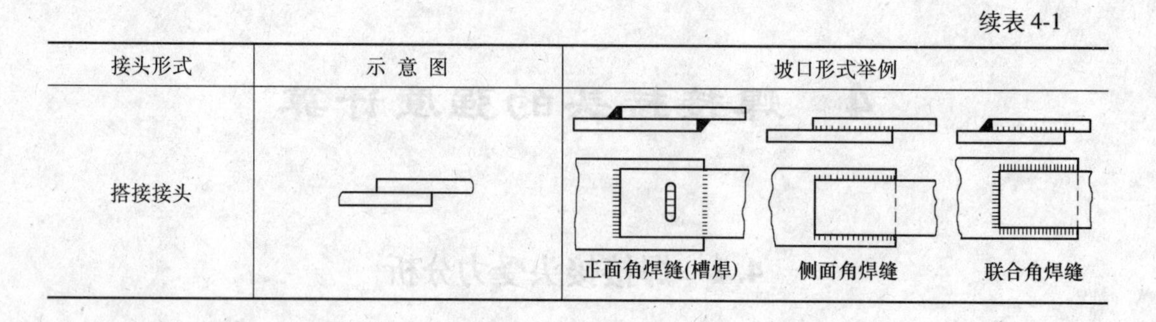

接头形式	示 意 图	坡口形式举例
搭接接头		正面角焊缝(槽焊)　侧面角焊缝　联合角焊缝

4.1.1.1　电弧焊接头的基本形式

（1）对接接头。对接接头从受力角度看，是比较理想的接头形式，与其他类型的接头相比，它的受力状况较好，应力集中程度较小。但是，由于是对接连接，被连接板边缘加工及装配要求较高。

（2）角接接头。角接接头多用于箱形构件上，它的承载能力视其连接形式不同而异。表 4-1 中的 a 所示单面焊形式最简单，但承载能力最差，特别是当接头处于承受弯曲力矩时，焊根处会产生严重的应力集中，焊缝容易自根部撕裂。若采用双面焊角焊缝连接，其承载能力可大大提高。表 4-1 中的 b 化为开坡口焊缝的角接接头，有较高的强度，而且具有很好的棱角，但可能出现层状撕裂问题。

（3）T 形接头。T 形接头可承受各种方向的力和力矩。这种接头有多种类型，有不开坡口的和开坡口的。不开坡口的接头通常都是不焊透的，开坡口的是否焊透要看坡口的形状和尺寸。常用的坡口形式有单边 V 形、带钝边的单边 V 形、双单边 V 形等。开坡口并焊透的 T 形接头其强度可按对接接头计算，特别适用于承受动载荷的结构。

（4）搭接接头。搭接接头的应力分布不均匀，疲劳强度较低，不是理想的接头类型。但由于其焊接准备和装配工件简单，在结构中仍然得到广泛的应用。搭接接头一般采用正面角焊缝、侧面角焊缝或正面、侧面联合角焊缝连接，有时也用塞焊缝、槽焊缝连接。塞焊缝、槽焊缝可单独完成搭接接头的连接，但更多的是用在搭接接头焊缝强度不足或反面无法施焊的情况。

4.1.1.2　电阻焊接头的基本形式

电阻焊是应用最多的压焊方法，常用的电阻焊方法有对焊、点焊和缝焊。

（1）对焊接头。对焊用于各种杆和板的连接。例如钢筋、管道、杆件、机器零件及板的拼接等。其接头形式均采用对接，如图 4-1（a）~（c）所示。图 4-1（a）是汽车轮圈的对焊；图 4-1（b）是锚链的对焊；图 4-1（c）是气缸气门的异种钢对焊。对焊的连接面一般垂直于构件的中心线，若采用特殊的夹紧装置后，也可以连接中心线互成一定角度的构件。连接时两个连接面应尽可能具有相同的形式和面积。

（2）点焊接头。点焊一般都采用搭接接头。点焊通常用于两薄板的搭接接头，有时也用于三薄板的搭接，如图 4-1（d）所示。能够连接的板厚取决于材料的种类和电焊机的功率。结构钢板厚一般不大于 30mm，两板间厚度相差不大于 3 倍。连接三板时，若板厚有差别，厚板最好置于中间位置。

点焊特别适用于冲压构件的连接，点焊焊缝适宜在剪切力下工作，而不适宜在拉伸力下连接。

（3）缝焊接头。电阻缝焊是由滚动圆盘电极与工件作相对运动，产生一个个熔核相互搭叠的密封焊缝而成的。电阻焊缝的实质是由点焊的许多焊点局部重叠构成的，所以接头类型与点焊相同，如图4-1（e）所示。缝焊接头具有水密性和气密性好的特点，所以特别适于薄壁容器（壁厚不超过2mm）的连接。搭接时搭接部分的宽度是板厚的5~6倍。

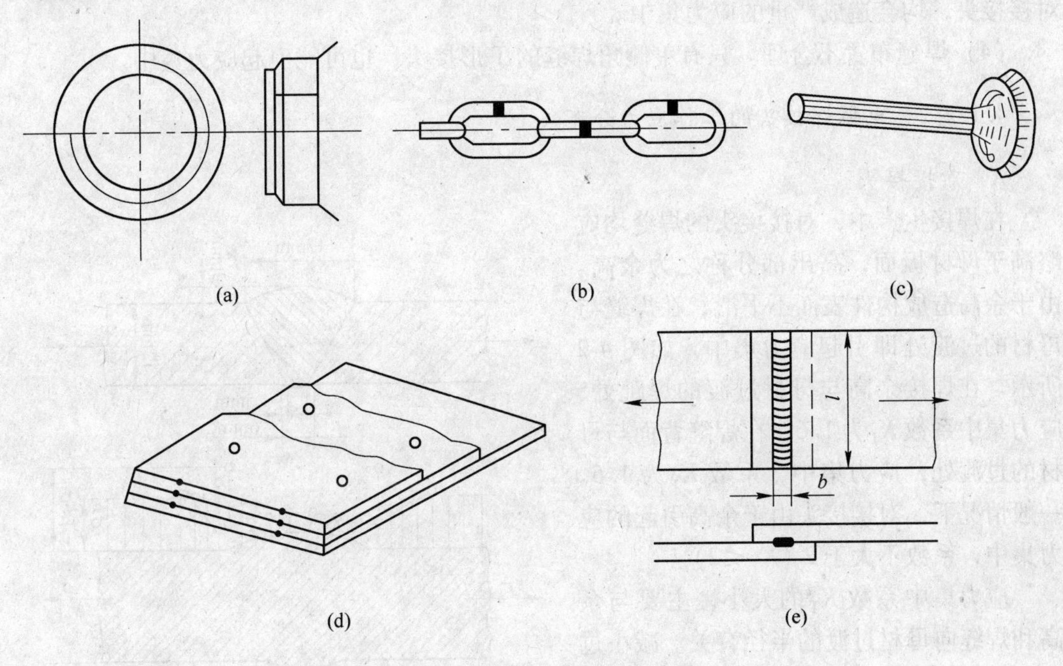

图4-1 电阻焊接头形式与构件

（a）轮圈对接；（b）锚链对接；（c）气缸气门异种钢对接；（d）三板搭接点焊；（e）缝焊搭接接头

4.1.2 常见焊接接头受力分析

4.1.2.1 应力集中

应力集中概念在焊接结构中，由于焊缝形状和焊缝布置的特点，使实际的焊接接头中总是存在着几何形状的变化，有时还会存在某种焊接缺陷，造成接头几何形状突变或不连接，从而在接头承受外力作用时，导致接头中工作应力分布不均匀。

应力集中，是指最大应力值（σ_{max}）比平均应力值（σ_m）高的现象。应力集中的大小，常以应力集中系数K_T表示：

$$K_T = \sigma_{max}/\sigma_m \tag{4-1}$$

式中 K_T——应力集中系数；

σ_{max}——截面中最大应力值，MPa；

σ_m——截面中平均应力值，MPa。

焊接接头中引起应力集中的原因很多，有结构方面的，也有工艺方面的，下面就其主要原因做一介绍。

（1）焊缝中的工艺缺陷。焊缝中经常产生的气孔、裂纹、夹渣、未焊透等焊接缺陷往往在缺陷周围引起应力集中。其中以裂纹、未焊透引起的应力集中最严重。

（2）不合理的焊缝外形。对接接头的焊缝余高过大，角焊缝截面为凸形等，在焊趾处都会形成较大的应力集中。

（3）设计不合理的焊接接头。不等厚度的钢板对接时，接头截面突变，或加盖板的对接接头，均会造成严重的应力集中。

（4）焊缝布置不合理。只有单侧角焊缝的T形接头，也可能引起应力集中。

4.1.2.2　电弧焊接头的工作应力分布

A　对接接头

在焊接生产中，对接接头的焊缝均应略高于母材板面，高出部分称之为余高。由于余高造成构件表面不平滑，在焊缝与母材的过渡处即引起应力集中，如图 4-2 所示。在焊接余高与母材过渡的焊趾处，应力集中系数 K_T 为 1.6，在焊缝背面与母材的过渡处，应力集中，系数 K_T 为 1.5。一般情况下，对接接头由于余高引起的应力集中，系数不大于 2（$K_T \leqslant 2$）。

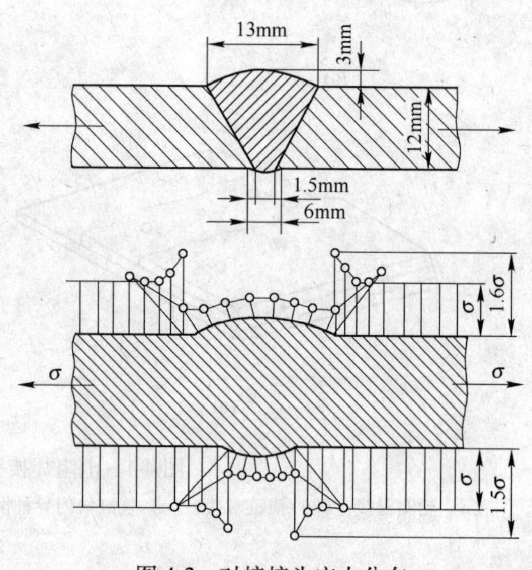

图 4-2　对接接头应力分布

应力集中系数 K_T 的大小，主要与余高和焊缝向母材过渡的半径有关。减小过渡半径和增大余高，均能使 K_T 增加。余高太大，虽然能使焊缝截面增厚，但却使应力集中增加，因此生产中应当控制余高值，不应以增加余高的方法来增加焊缝的承载能力。在国家有关标准中规定，余高应在 0～3mm 之间。

由于余高带来的应力集中，对动载结构的疲劳强度是十分不利的，所以要求它越小越好。国家标准规定，在承受动载荷情况下，焊接接头的焊缝余值应趋于零。因此，对重要的动载结构，可采用削平余高或增大过渡圆弧的措施来降低应力集中，以提高接头的疲劳强度。

对接接头外形的变化与其他接头相比是不大的，所以它的应力集中较小，而且易于降低和消除。因此对接接头是最好的接头形式。它不但静载可靠，而且疲劳强度也很高。

B　T 形接头

由于T形接头焊缝向母材过渡较突然，接头在外力作用下应力流线扭曲很大，造成应力分布极不均匀，在角焊缝的过渡处和根部都有很大的应力集中，如图 4-3 所示。

a　未开坡口 T 形接头

图 4-3（a）所示为未开坡口的T形接头中正面焊缝的应力分布状况。由于整个厚度没有焊透，所以焊缝根部应力集中很大。一焊趾截面 $B—B$ 上应力分布也是不均匀的。应

力集中随 θ 角减小而减小，也随焊脚尺寸增大而减小。但非承载焊缝在 B 的 K_T 随焊脚尺寸增大而增大。

b 开坡口并焊透的 T 形接头

如图 4-3（b）所示，这种接头的应力集中大大降低。可见，保证焊透是降低 T 形接头应力集中的重要措施之一。因此，对重要的 T 形接头必须开坡口或采用深熔焊接方法进行焊接。

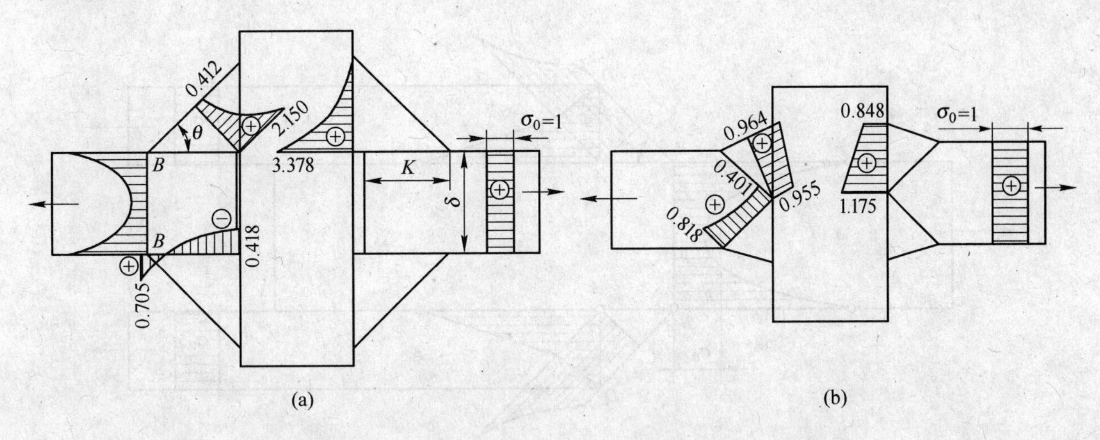

图 4-3 T 形接头的应力分布（图中数字表示应力系数 K_T 值）

（a）未开坡口 T 形接头；（b）开坡口并焊透的 T 形接头

在 T 形接头中，应尽量避免在其板厚方向承受较高的拉力。这是因为轧制的钢材常有夹层缺陷，尤其厚板更容易出现层状撕裂，所以应将其焊缝形式由承载状态转化为非承载状态，如图 4-4 所示，以（b）图代替（a）图。如果两个方向都受拉力，则宜采用圆形、方形或特殊形状的轧制、锻造插入件，如图 4-5 所示。

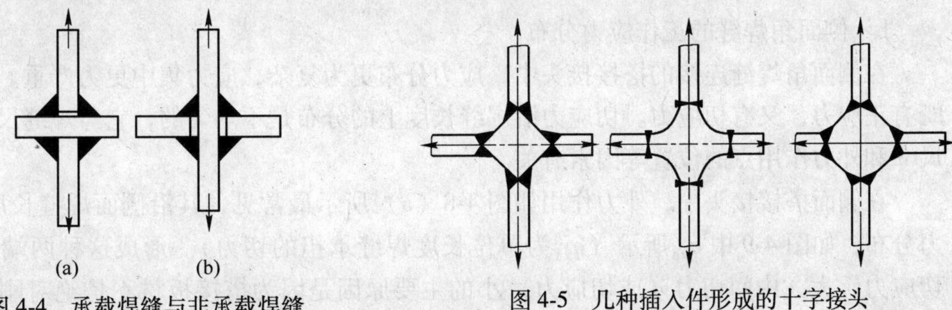

图 4-4 承载焊缝与非承载焊缝

（a）承载焊缝；（b）非承载焊缝

图 4-5 几种插入件形成的十字接头

C 搭接接头

在搭接接头中，根据搭接角焊缝受力方向的不同，可分为正面角焊缝接头、侧面角焊缝接头、正面和侧面角焊缝联合接头等。它们在受外力作用时，其工作应力分布的规律与特点是不相同的。

a 正面角焊缝的工作应力分布

这种搭接接头是采用垂直于作用力方向的正面角焊缝来连接的。在正面角焊缝的搭接接头中，应力分布是很不均匀的，如图 4-6 所示。由图可知，在角焊缝的根部 A 点和焊趾

B 点都有较大的应力集中，其数值与许多因素有关，如焊趾 B 点的应力集中系数就是随角焊缝的斜边与水平边的夹角 θ 而变的，减小其夹角 θ，增大熔深及焊透根部等都可降低应力集中系数。

搭接接头的正面角焊缝受偏心载荷作用时，在焊缝上会产生附加弯曲应力，导致弯曲变形，如图 4-7 所示。为了减小弯曲应力，两条正面角焊缝之间的距离应不小于其板厚的 4 倍（$l \geqslant 4\delta$）。

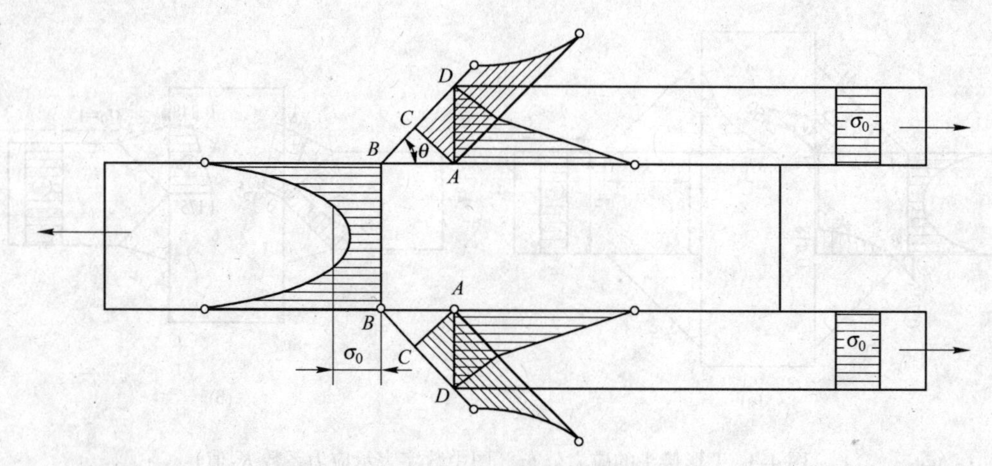

图 4-6　正面搭接角焊缝的工作应力分布

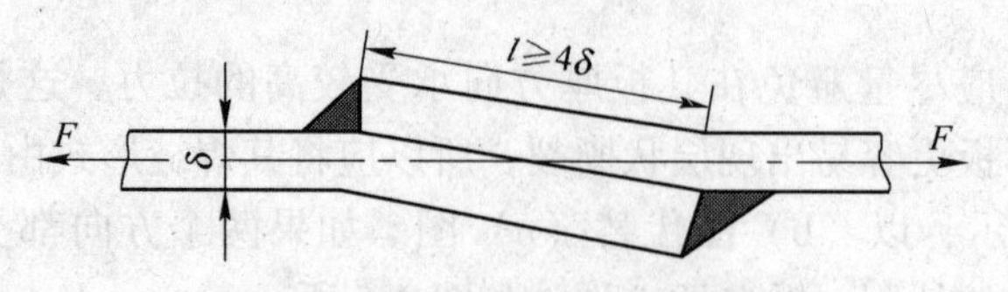

图 4-7　正面搭接接头的弯曲变形

b　侧面角焊缝的工作应力分布

在侧面角焊缝连接的搭接接头中，应力分布更为复杂，应力集中更为严重。在焊缝中既有正应力，又有切应力。切应力沿焊缝长度上的分布是不均匀的，它与焊缝尺寸、断面尺寸和外力作用点的位置等因素有关。

在侧面搭接接头中，外力作用如图 4-8（a）所示最常见，其沿侧面焊缝长度 q_{xa}上切力分布，如图 4-9 中 q_{xa}所示（q_{xa}为单位长度焊缝承担的切力）。形成这种两端切力（或切应力）大、中间切力（或切应力）小的主要原因是因为搭接板材不是绝对刚体，在受力时本身产生弹性变形。在两块板的搭接区段通过各截面的力是不同的。对于图 4-8（a）的受力情况，上板的截面通过的力 F'_x从左到右逐渐由 F 降至零；下板的截面通过的力 F''_x从左到右逐渐由零升高到 F。两块板的弹性变形也随之从左到右相应地减小和增大。这样，两块板上各对应点之间的相对位移就不是均匀分布的，而是两端高中间低，因而夹在两板中焊缝所传递的切力 q_{xa}也是两端高中间低。对于图 4-8（b）的受力情况，上板受拉，拉力 F'_x从左到右逐渐下降；而下板受压，压力 F''_x从左到右也逐渐降低。这样两板各对应点的相对位移从左到右逐渐下降，因而焊缝传递的切力 q_{xb}以左端为最高，向右逐渐减小。图 4-9 所示为 q_{xa}及 q_{xb}分布的对比。

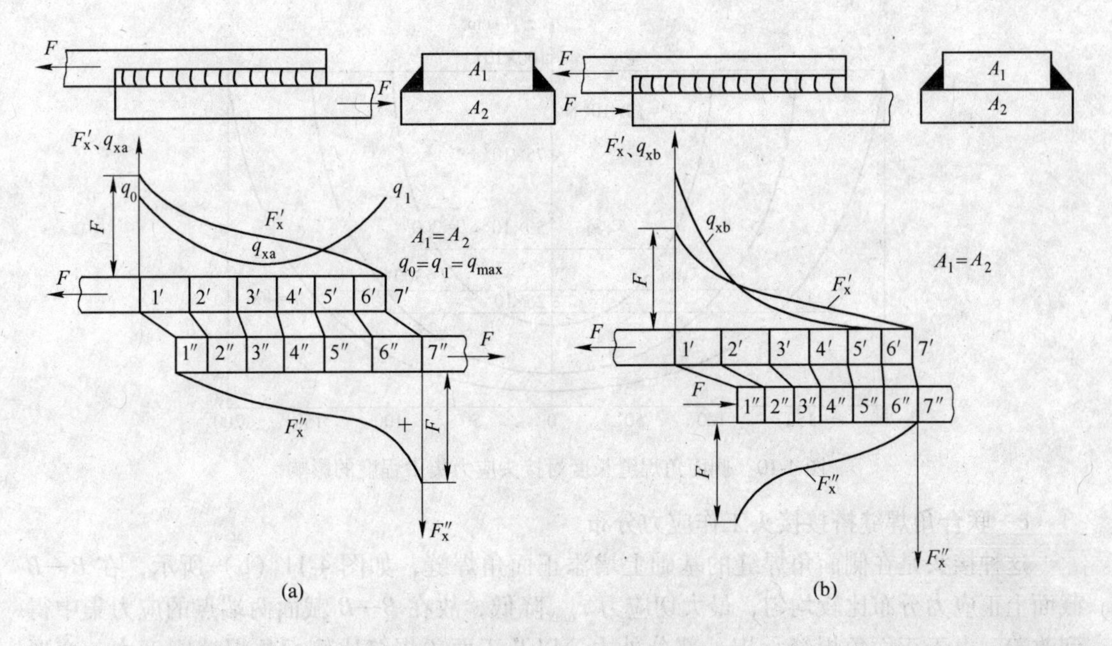

图 4-8 侧面搭接焊缝变形分布示意图

A_1，A_2—上、下搭板的横截面积

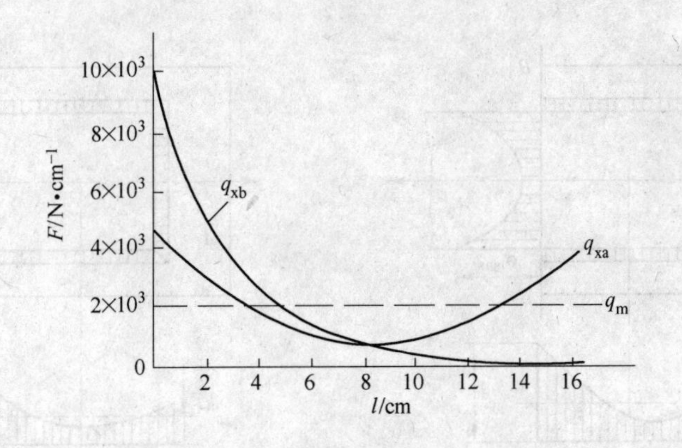

图 4-9 侧面搭接接头中的切力分布

侧面角焊缝的长度对接头的应力集中程度也有明显的影响，如图 4-10 所示。由图 4-10可以看出，侧面角焊缝上的最大切应力出现在焊缝两端，中部切应力最小。同时，随着角焊缝的长度变化，切应力分布的不均匀程度就增大。因此，对于侧面角焊缝连接的搭接接头，采用过长的侧面角焊缝将使应力集中程度增大，是不合理的。

一般工艺规定侧面角焊缝长度一般不得大于 50K（K 为焊脚）。在这种侧面角焊缝焊成的搭接接头中，母材断面上应力分布是不均匀的，如图 4-11（a）中横截面 B—B 的焊缝附近有最大正应力 σ_{max}，其应力集中非常严重。

另外，当两块被连接的搭接板的断面面积不相等时，切应力分布将不对称于焊缝中点，而是靠近小断面一端的应力高于靠近大断面的一端，如图 4-11（a）所示。它说明这种接头的应力集中比断面相等的接头更为严重。

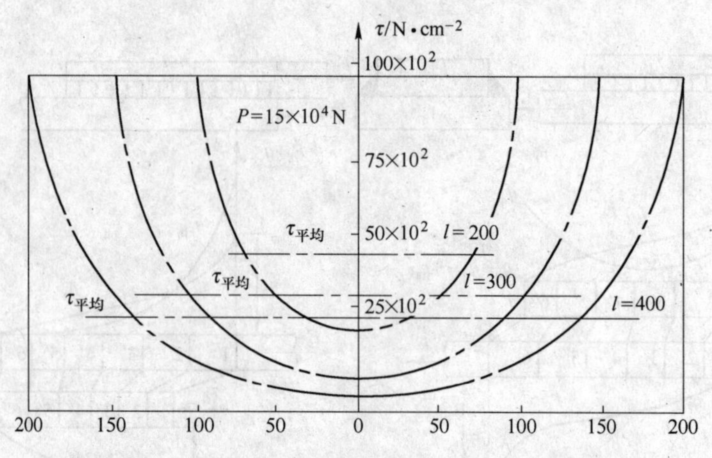

图 4-10　侧面角焊缝长度对接头应力集中程度的影响

c　联合角焊缝搭接接头工作应力分布

这种接头是在侧面角焊缝的基础上增添正面角焊缝，如图 4-11（b）所示，在 $B—B$ 截面上正应力分布比较均匀，最大切应力 τ_{max} 降低，故在 $B—B$ 截面两端点的应力集中得到改善。由于正面角焊缝承担一部分外力，以及正面角焊缝比侧面角焊缝刚度大、变形小，所以侧面角焊缝的切应力分布得到改善。设计搭接接头时，增加正面角焊缝，不但可以改善应力分布，还可以缩短搭接长度。

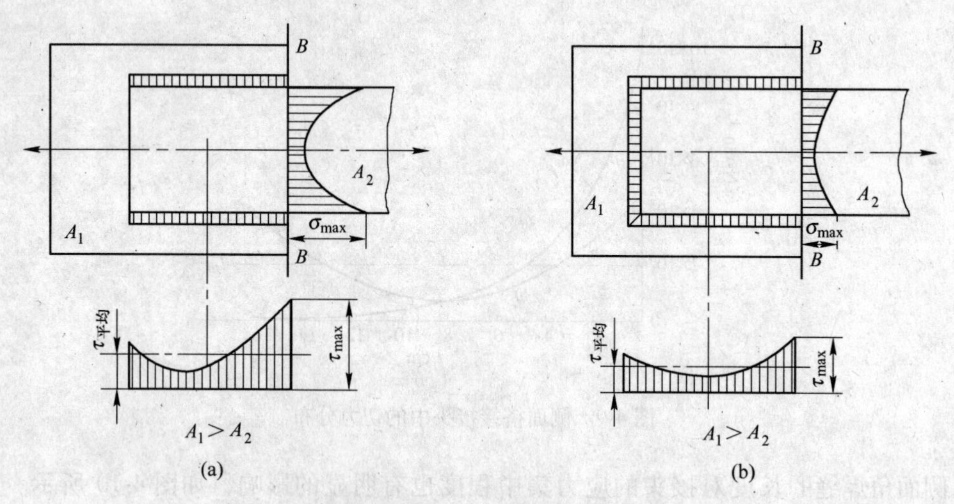

图 4-11　侧面角焊缝与联合角焊缝搭接接头的应力分布

（a）侧面角焊缝焊接接头；（b）联合角焊缝搭接接头

4.1.2.3　电阻焊接头的工作应力分布

A　点焊接头的工作应力分布

点焊接头的工作应力分布很不均匀，应力集中系数很高，点焊接头中的焊点主要承受切应力。在单排搭接点焊接头中，焊点除承受切应力外，还承受由偏心引起的拉应力；在多排点焊接头中，拉应力较小。

在点焊接头中，焊点附近的板材沿板厚方向的正应力分布和焊点上切应力分布都是不均匀的，存在严重的应力集中，如图 4-12 所示。当点焊接头中由单排多焊点组成时，各点承受的载荷不同，如图 4-13 所示。两端焊点受力最大，中间焊点受力最小。点数越多，分布越不均匀。图 4-14 给出了点焊接头的承载能力与焊点排数的关系曲线。图中，ΣF 为各列焊点的总载荷量，F_{max} 为一个焊点的总载荷量，n 为焊点排数。由图 4-14 可以看出，焊点排数多于三排，并不能明显地增加承载能力，所以是不合理的。

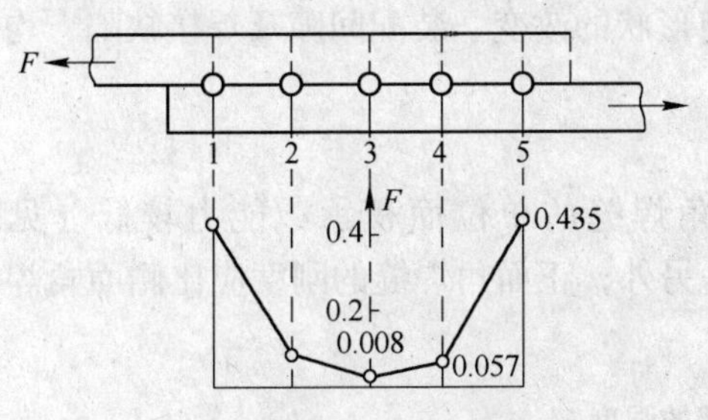

图 4-12 点焊接头的工作应力分布

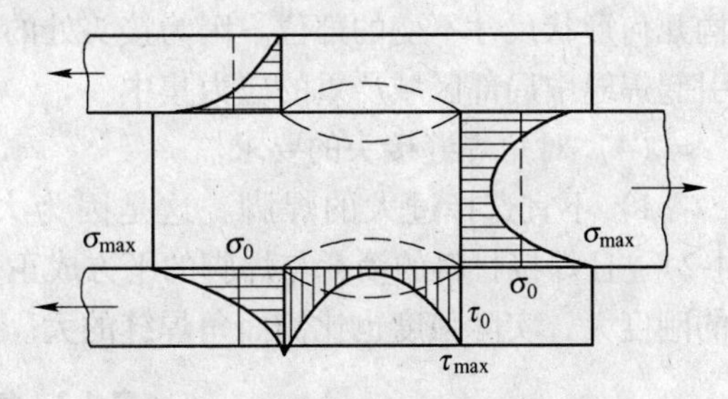

图 4-13 单排多焊点接头中的载荷分配

采用单排点焊的接头是不可能达到与母材等强的，通常采用多排焊点实现与母材等强度。

点焊接头中的焊点承受拉力时，焊点周围产生极为严重的应力集中，如图 4-15 所示。它的抗拉强度特别低，所以一般应避免采用这种连接形式。

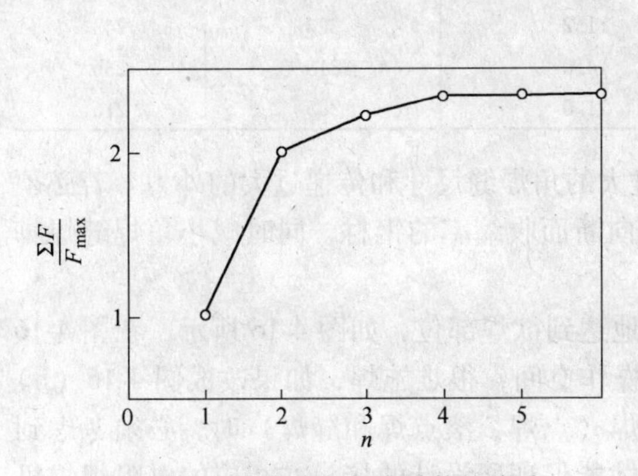

图 4-14 承载能力与焊点排数的关系

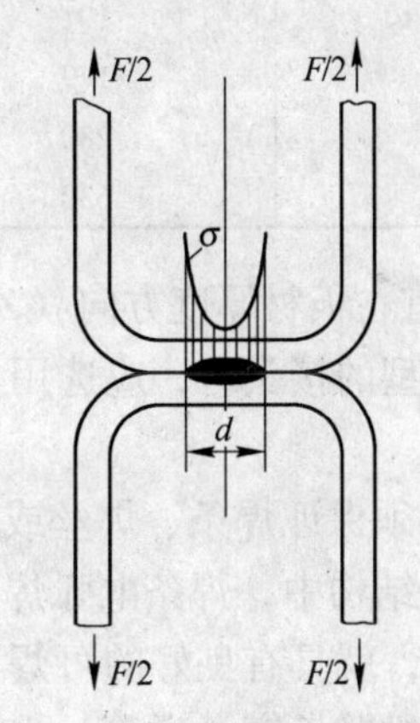

图 4-15 焊点受拉力的应力分布

B 缝焊接头的工作应力分布

缝焊接头的焊缝是由一个个焊点局部重叠构成的，它多用于薄板容器的焊接。当材料的焊接性好时，其接头静载强度可与母材相同。缝焊接头的应力分布比点焊均匀。

4.2 焊接接头静载强度计算

4.2.1 对焊接接头形式的要求

4.2.1.1 焊接接头的合理性

在焊接结构中，焊接接头是整个结构的薄弱环节，结构的破坏往往源于接头区，这除了与材料的选择、结构的制造工艺有关外，还与焊接接头的形式在结构中是否合理有密切关系。在结构中对焊接接头的合理性有以下的要求：

（1）应保证接头满足使用要求。

（2）焊接容易实现，变形能够控制。

（3）应尽量使接头形式简单、结构连续，并将焊缝尽可能安排在应力较小的以及结构几何形状尺寸不变的部位。因为接头处的几何形状的改变、装配间隙及焊接缺陷，均会引起焊缝中局部区域严重的应力集中。

（4）对角焊缝接头的要求。

1）不宜选择过大的焊脚。这是因为大的角焊缝的单位面积承载能力较低（见表4-2）。且焊接材料的消耗与焊脚的平方成正比。另外，正面角焊缝的刚度应比侧面角焊缝的刚度大，实际强度也比侧面角焊缝的大。

表 4-2　角焊缝的强度

焊脚 K/mm	焊缝金属面积 A/mm^2	角焊缝计算厚度 a/mm	实验结果/MPa	
			正面角焊缝	侧面角焊缝
4	11	2.8	433	326
8	45	5.6	360	270
12	101	8.4	332	250
16	179	11.2	324	243
20	280	14.0	315	236
30	630	21.0	305	216

2）不宜在板材厚度方向（Z 向）上有过大的角焊缝尺寸和传递过大的外力。若必须采用这种类型的接头时，应选用具有良好 Z 向断面收缩率的钢材，同时减小角焊缝焊脚高度。

（5）必须保证焊条、焊丝或电极能方便地达到欲焊部位，如图 4-16 所示。在图 4-16（a）所示的结构中，焊条电弧焊时没有留出操作空间，很难施焊，如果改成图 4-16（b）的结构形式，就具有良好的可焊到性。电阻焊（点焊、滚点焊和缝焊）时，必须考虑到电阻焊焊机机臂长度（喉深）和电极尺寸，才能保证所设计的接头在相应的电阻焊焊机上能方便地进行焊接。如图 4-17（a）所示结构就不符合要求，机臂伸不到位，如改为图 4-17（b）所示结构就较为合理了。

（6）焊接质量要求越高的接头，越要注意接头的可检测性。对于高压容器，其焊缝往往要 100%射线检测。图 4-18（a）所示的接头就是无法用射线检测，或探出的结果没有意义，应改为图 4-18（b）的接头形式就可以用射线探伤。

（7）当焊接结构在腐蚀介质中工作时，应力要求采用对接接头，并保证焊缝焊透，避免单面焊根部有未焊透的接头；同时要避免接头缝隙形成夹角和结构死区，防止结构底部沉积固体物质。如图 4-19 所示，图 4-19（a）、（c）、（e）为不合理的接头形式，图4-19（b）、（d）、（f）为改进后的接头形式。

4.2.1.2　常见不合理的接头形式及其改进

焊接接头形式中的一些不合理形式及其改进方案，见表 4-3。

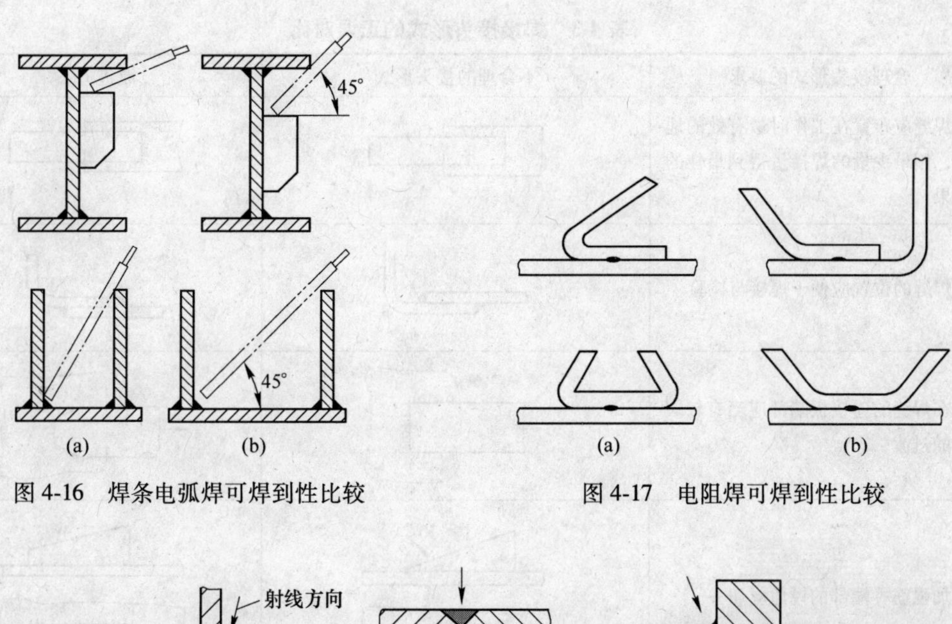

图 4-16 焊条电弧焊可焊到性比较

图 4-17 电阻焊可焊到性比较

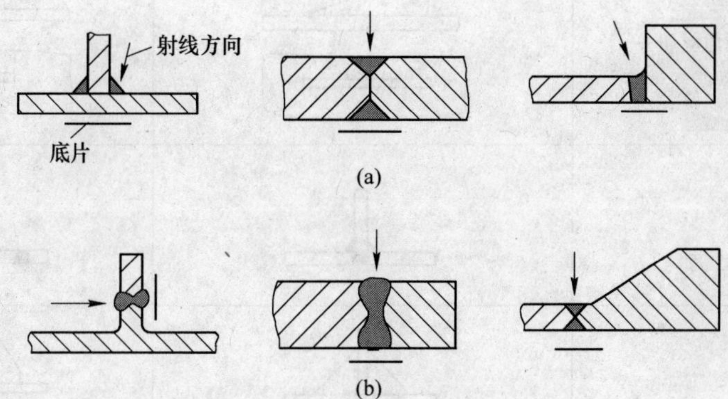

图 4-18 射线检测的可检测性比较

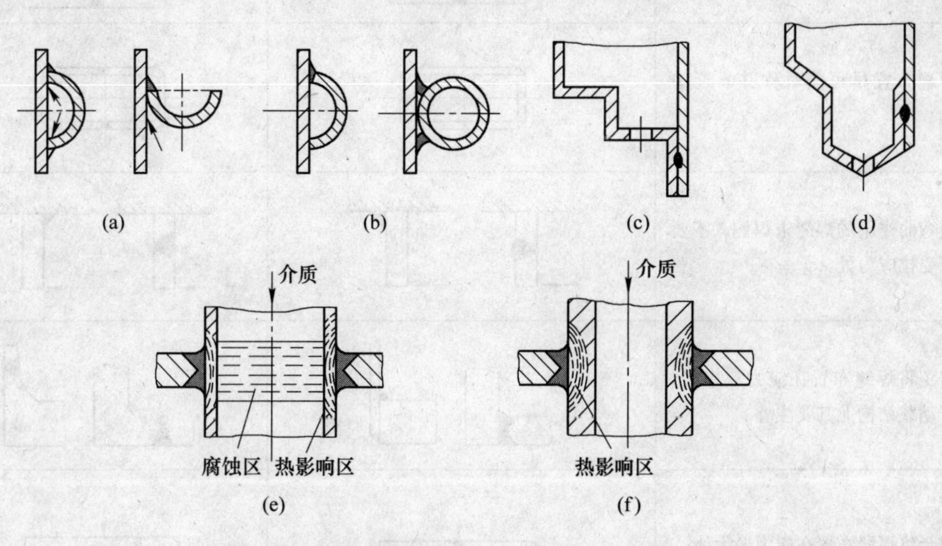

图 4-19 在腐蚀介质中工作的接头形式

(a)，(c)，(e) 不合理的接头形式；(b)，(d)，(f) 改进后的接头形式

表 4-3　焊接接头形式的正误对比

合理接头形式的要求	不合理的接头形式	改进方案
焊缝应布置在工作时最有效的地方，用最少量的焊接量得到最佳的效果	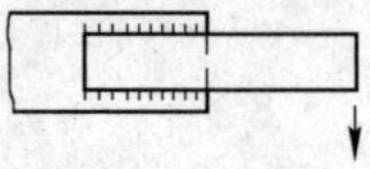	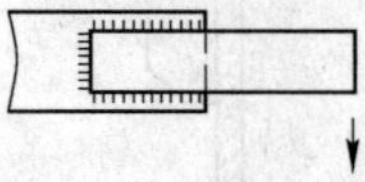
焊缝的位置应便于焊接与检验		
在焊缝的连接板端部应当有较缓和的过渡	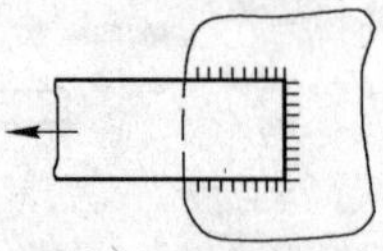	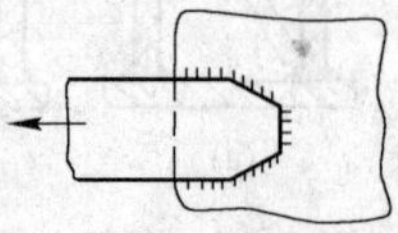
加强筋等端部的锐角应切去	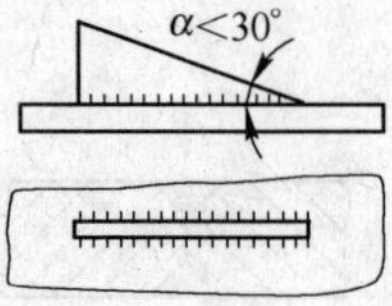 $\alpha<30°$	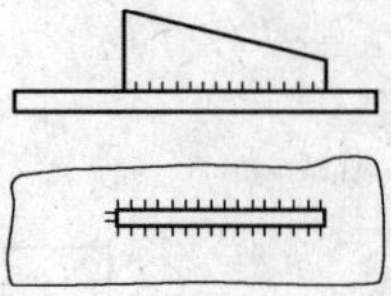
焊缝不便过于密集	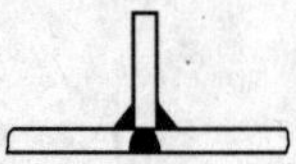	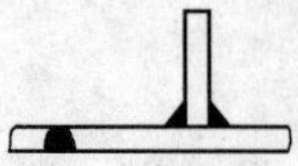
避免交叉焊缝	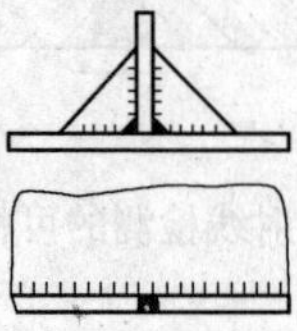	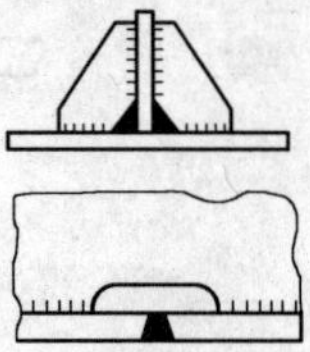
焊缝布置尽可能对称并靠近中性轴	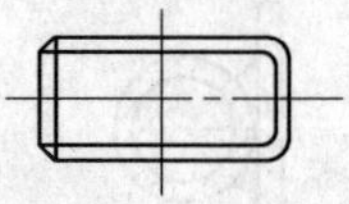	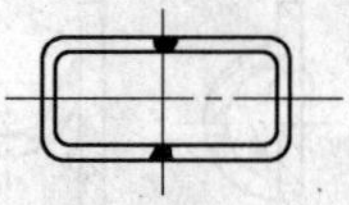
受弯曲作用的焊缝未焊侧，不要位于受拉应力处	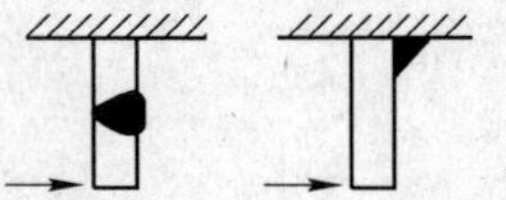	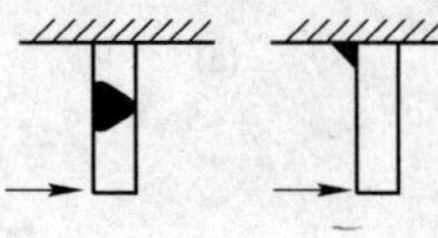
避免将焊缝布置在应力集中处，对于动载结构尤其要注意	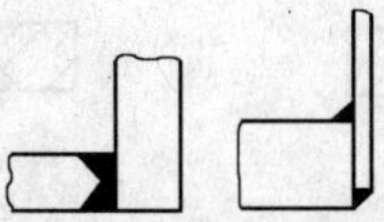	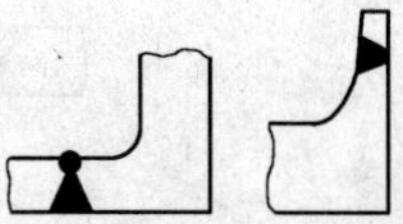
避免将焊缝布置在应力最大处		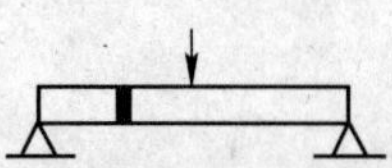

续表 4-3

合理接头形式的要求	不合理的接头形式	改进方案
焊缝应避开加工表面	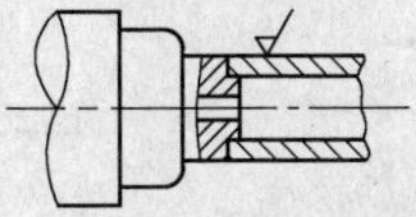	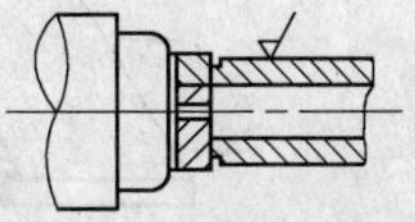
自动焊时，焊缝位置应使焊接设备的调整次数及翻转次数最少	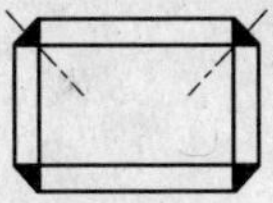 自动焊机机头轴线位置	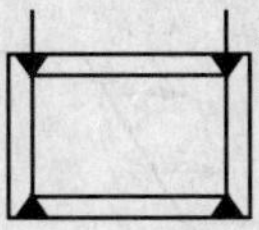 自动焊机机头轴线位置
电渣焊时，应使焊接处的截面尽量设计成规则的形状	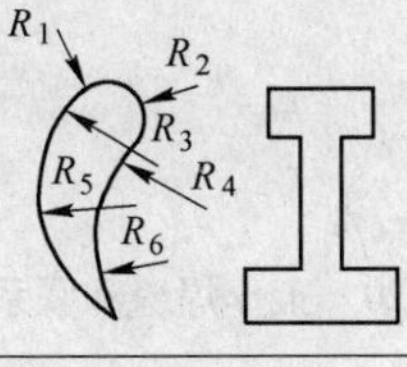 R_1 R_2 R_3 R_4 R_5 R_6	
钎焊接头应尽量增加钎焊面，可将对接改为搭接，搭接长度为厚度的 4~5 倍	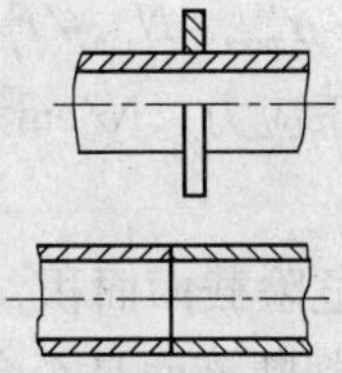	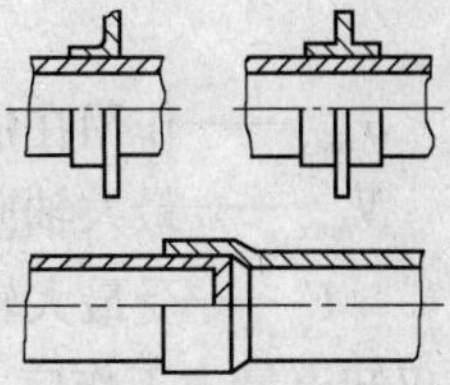

4.2.2 焊接接头静载强度计算

4.2.2.1 工作焊缝和联系焊缝

焊接结构上的焊缝，根据其载荷的传递情况可分为两种：一种焊缝与连接的元件是串联的它承担着传递全部载荷的作用，一旦断裂，结构就立即失效，这种焊缝称为工作焊缝，如图 4-20（a）、（b）所示，焊缝上的应力称为工作应力；另一种焊缝与被连接件是并联的，它传递很小的载荷，主要起元件之间相互联系的作用，焊缝一旦断裂，结构不会立即失效，这种焊缝称为联系焊缝，如图 4-20（c）、（d）所示，焊缝上的应力称为联系应力。设计焊接结构时，对工作焊缝必须进行强度计算，对联系焊缝不必计算。对于既有工作应力又有联系应力的焊缝，则只计算工作应力而忽略联系应力。

4.2.2.2 焊接接头静载强度计算

这里主要介绍焊接接头的许用应力设计法。设计时，把设计参量（如载荷、强度、几何尺寸等）看成定值。分析焊缝计算断面上的工作应力时做了较多的假定和简化，便于一般焊接结构的接头强度计算。

A 许用应力

a 基本金属的许用应力

构件在受拉伸（压缩）外力作用时，将会有一个最大轴向力 N_{max}，该力作用的横截面称为危险截面，该面上作用的正应力就是最大正应力（也就是最大工作应力），即：

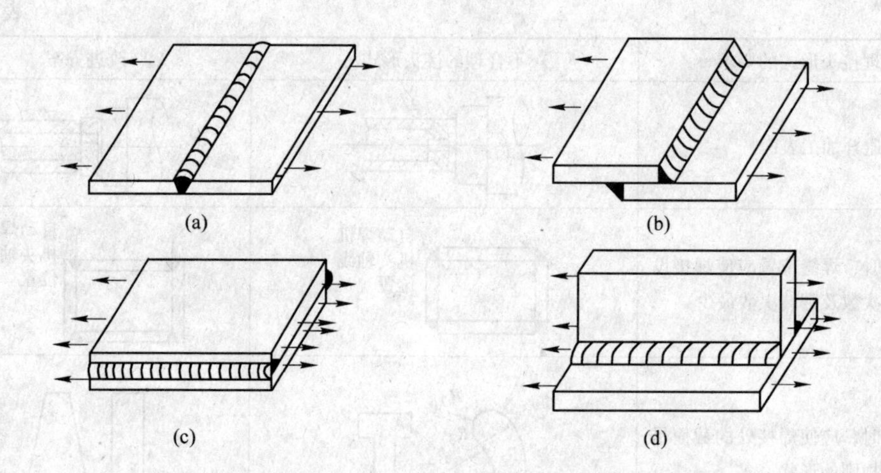

图 4-20　工作焊缝和联系焊缝

$$\sigma_{max} = N_{max}/F \tag{4-2}$$

式中　σ_{max}——作用在危险截面上的正应力，N/cm²；

N_{max}——最大轴向力，N；

F——受最大轴向力作用的危险截面面积，cm²。

仅知道最大工作应力，并不足以判断该面是否会在强度方面发生破坏。为此，还需知道材料在破坏时的应力，可笼统称为材料在拉伸（压缩）时的极限应力，并用 σ_{jx} 表示。要保证材料不致因强度不足而破坏，应使构件的最大工作应力 σ_{max} 小于极限应力 σ_{jx}。将保证构件具有足够的强度而正常工作的许用应力取为：

$$[\sigma] = \sigma_{jx}/n \tag{4-3}$$

式中　$[\sigma]$——材料在拉伸（压缩）时的许用应力，N/cm²；

n——安全系数，其数值通常是按设计规范确定的。

对于每一种材料应该选择相应的应力作为它受拉（压）时的极限应力塑性材料制成的构件，当其发生显著的塑性变形时，往往影响到它的正常工作，所以通常取 σ_s 或 $\sigma_{0.2}$（没有明显流动阶段的塑性材料）作为 σ_{jx}；而脆性材料由于直到破坏都不会产生明显的塑性变形，由它制成的构件，只有在真正断裂时才丧失正常工作的能力，所以取 σ_b 作为 σ_{jx}。于是塑性材料的许用拉（压）应力应为：

$$[\sigma] = \sigma_s/n_s \quad 或 \quad [\sigma] = \sigma_{0.2}/n_s \tag{4-4}$$

而脆性材料的许用拉（压）应力应为：

$$[\sigma] = \sigma_b/n_b \tag{4-5}$$

一般在构件的设计中，规定 n_s 为 1.5 ~ 2.0，而规定 n_b 为 2.0~5.0。

b　焊缝许用应力

焊缝许用应力的大小与许多因素有关，它不但与焊接工艺和材料有关，而且与焊接检验方法的精确程度密切相关。

随着焊接技术的不断发展，以及焊接检验的日益改进，焊接接头的可靠性不断提高，焊缝的许用应力也相应增大。确定焊缝的许用应力有两种方法。

(1) 用基本金属的许用应力乘以一个系数来确定焊缝的许用应力。这个系数主要是根据所用焊接方法和焊接材料确定的。用一般焊条电弧焊焊成的焊缝，可采用较低的系数；用低氢型焊条或自动焊焊成的焊缝，则采用较高的系数，见表4-4。这种方法的优点是可以在不知道基本金属许用应力的条件下设计焊接接头。

表4-4 焊缝许用应力 (N/cm^2)

<table>
<tr><th rowspan="2">焊缝种类</th><th rowspan="2">应力状态</th><th colspan="2">焊缝许用应力</th></tr>
<tr><th>420MPa 及 490MPa 级焊条的焊条电弧焊</th><th>低氢型焊条的焊条电弧焊、自动焊和机械化焊接</th></tr>
<tr><td rowspan="3">对接焊缝</td><td>拉应力</td><td>0.9 [σ]</td><td>[σ]</td></tr>
<tr><td>压应力</td><td>[σ]</td><td>[σ]</td></tr>
<tr><td>切应力</td><td>0.6 [σ]</td><td>0.65[σ]</td></tr>
<tr><td>角焊缝</td><td>切应力</td><td>0.6 [σ]</td><td>0.65 [σ]</td></tr>
</table>

注：1. 表中 [σ] 为基本金属的许用拉应力；

2. 适于低碳钢和490MPa级以下的低合金结构钢。

(2) 采用已经规定的具体数值。该方法多为某类产品行业所用，为了本行业的方便和技术上的统一，常根据产品的特点、工作条件、所用材料、工艺过程和质量检验方法等，制订出相应的焊缝许用应力值，见表4-5。

表4-5 钢结构焊缝许用应力 (N/cm^2)

<table>
<tr><th rowspan="4">焊缝种类</th><th rowspan="4" colspan="2">应力种类</th><th rowspan="4">符号</th><th colspan="4">自动焊、机械化焊接和用 E43 系列焊条的焊条电弧焊</th><th colspan="3">自动焊、机械化焊接和用 E50 系列焊条的焊条电弧焊</th></tr>
<tr><th colspan="7">构件的钢号</th></tr>
<tr><th colspan="2">Q215 钢</th><th colspan="2">Q235 钢</th><th colspan="3">Q345 钢 (16Mn)</th></tr>
<tr><th>第一组①</th><th>第二组、第三组</th><th>第一组</th><th>第二组、第三组</th><th>第一组</th><th>第二组</th><th>第三组</th></tr>
<tr><td rowspan="4">对接焊缝</td><td colspan="2">抗压</td><td>[σ'_a]</td><td>15200</td><td>13600</td><td>16650</td><td>15200</td><td>23500</td><td>22600</td><td>21000</td></tr>
<tr><td rowspan="2">抗拉</td><td>自动焊或用精确方法②检查质量的手工焊和半自动焊焊缝</td><td>[σ'_L]</td><td>15200</td><td>13600</td><td>16650</td><td>15200</td><td>23500</td><td>22600</td><td>21000</td></tr>
<tr><td>用普通方法②检查质量的手工焊和半自动焊焊缝</td><td>[σ'_L]</td><td>2700</td><td>11750</td><td>14200</td><td>12700</td><td>20100</td><td>19100</td><td>18100</td></tr>
<tr><td colspan="2">抗剪</td><td>[τ']</td><td>9300</td><td>8300</td><td>9800</td><td>9300</td><td>14200</td><td>13600</td><td>12700</td></tr>
<tr><td>角焊缝</td><td colspan="2">抗拉、抗压、抗剪</td><td>[τ']</td><td>10700</td><td>10700</td><td>11750</td><td>11750</td><td>16650</td><td>16650</td><td>16650</td></tr>
</table>

①指钢材按其尺寸分组，分组尺寸见表4-6。

②指焊接检验的方法。普通方法指外观检查、测量尺寸、钻孔检查等方法；精确方法是在普通方法的基础上，用射线或超声波进行补充检查。

表 4-6　钢材的分组尺寸　（mm）

组　别	Q215 钢或 Q235 钢			Q345 钢（16Mn）
	棒钢直径或厚度	型钢或异型钢厚度	钢板厚度	钢材的直径或厚度
第一组	≤40	≤5	4~20	≤16
第二组	>40~100	>5~20	>20~40	17~25
第三组	—	>20	—	26~36

注：1. 棒钢包括圆钢、方钢、扁钢及六角钢，型钢包括角钢、工字钢和槽钢；
2. 工字钢和槽钢的厚度指腹板厚度。

B　焊接接头静载强度计算

假设由于焊接接头的应力分布，尤其是角焊缝构成的各类型接头的应力分布十分复杂，准确计算是有一定困难的。在静载条件下为了计算方便，一般做以下假设：

（1）焊接残余应力对接头强度没有影响。

（2）几何不连续而引起局部应力集中对接头强度没有影响。

（3）焊接接头的工作应力是均布的，以平均应力计算。

（4）正面角焊缝和侧面角焊缝在强度上无差别。

（5）焊脚尺寸的大小对焊缝强度没有影响。

（6）角焊缝都是在切应力作用下破坏的，按切应力计算其强度。

（7）忽略焊缝的余高和少量的熔深，以焊缝中最小断面为计算断面（又称危险断面）。各种接头的焊缝计算断面如图 4-21 所示，图中 a 值为该断面的计算厚度。

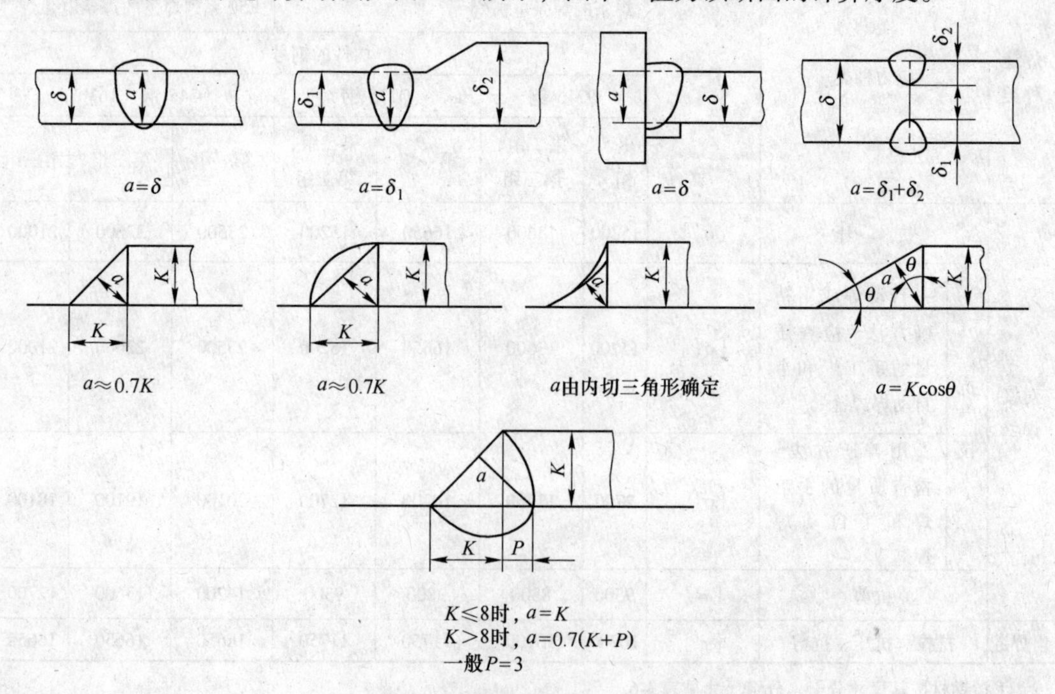

图 4-21　各种接头的焊缝计算断面（a 为计算厚度）

C 电弧焊接头的静载强度计算

目前，对于静载强度计算方法仍采用许用应力法，而接头的强度计算实际上是计算焊缝的强度，因此，强度计算时许用应力均为焊缝的许用应力。

焊缝的强度计算一般表达式为：

$$\sigma \leqslant [\sigma'] \quad 或 \quad \tau \leqslant [\tau'] \tag{4-6}$$

式中 σ，τ——平均工作应力，N/cm^2；

$[\sigma']$，$[\tau']$——焊缝的许用应力，N/cm^2。

a 对接接头静载强度计算

计算对接接头的强度不考虑焊缝余高，所以计算基本金属强度的公式完全适用于计算对接接头。焊缝长度可取实际长度，计算高度取两板中较薄者的厚度。如果焊缝金属的许用应力与基本金属相等，则可不必进行强度计算。

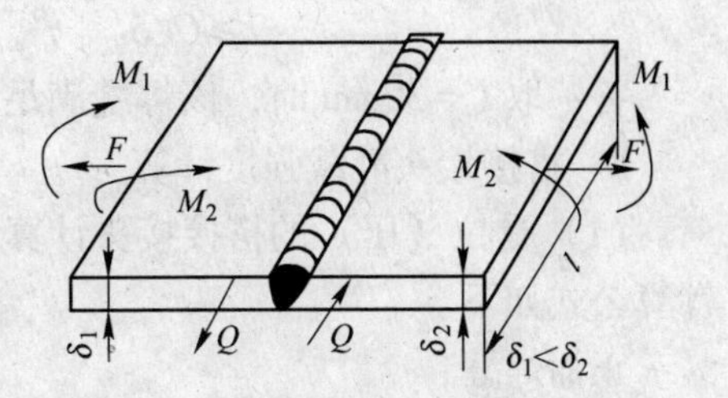

图 4-22 对接接头的受力情况

对接接头可承受拉、压、弯、剪切等力，全部焊透的对接接头各种受力情况如图 4-22 所示。图中 F 为接头所受拉（或压）力，Q 为剪切力，M_1 为平均内弯矩，M_2 为垂直平面弯矩。

其受力情况的计算公式如下：

（1）受拉时

$$\sigma = F/l\delta_1 \leqslant [\sigma'_L] \tag{4-7}$$

（2）受压时

$$\sigma = F/l\delta_1 \leqslant [\sigma'_a] \tag{4-8}$$

（3）受剪切时

$$\tau = Q/l\delta_1 \leqslant [\tau'] \tag{4-9}$$

（4）受板平面内弯矩（M_1）

$$\sigma = 6\ M_1/\delta_1 l^2 \leqslant [\sigma'_L] \tag{4-10}$$

（5）受垂直板面弯矩（M_2）

$$\sigma = 6\ M_2/\delta_1{}^2 l \leqslant [\sigma'_L] \tag{4-11}$$

式中 l——焊缝长度，cm；

δ_1——接头中较薄板的厚度，cm；

$[\sigma'_L]$——焊缝许用拉应力，N/cm^2；

$[\sigma'_a]$——焊缝许用压应力，N/cm^2；

$[\tau']$——焊缝许用切应力，N/cm^2。

对不完全焊透的对接接头，在强度计算时其厚度一般低于实际焊透深度，如不封底的对接焊缝的计算厚度为较薄板的 5/8。

【例 4-1】 将两块长 500mm、厚 5mm 的钢板对接在一起，两端受 284000N 的拉力，材料为 Q235 钢，试校核其焊缝强度。

解： 由表 4-5 和表 4-6 查得 $[\sigma'_L] = 14200N/cm^2$，已知 $F = 284000N$，$l = 500mm = 50cm$，$\delta_1 = 5mm = 0.5cm$。

代入对接接头受拉强度计算公式：

$$\sigma = F/\delta_1 = 284000/50 \times 0.5 = 11360\text{N/cm}^2 < 14200\text{N/cm}^2$$

答：该焊接缝满足强度要求，工作时是安全的。

【例 4-2】　两块材料为 Q235 的钢板对接，板厚 10mm，焊缝受 29300 N 的剪切力，试计算焊缝长度。

解：由表 4-5 和表 4-6 查得 $[\tau'] = 9800\text{N/cm}^2$，已知 $Q = 29300\text{N}$，$\delta_1 = 10\text{mm} = 1\text{cm}$。由式（4-9）可知：

$$l \geqslant Q/\delta_1 [\tau'] = 29300/1 \times 9800 = 2.99\text{cm}$$

答：取 $l' = 30\text{mm}$ 时，该焊缝满足强度要求。

b　搭接接头静载强度计算

（1）受拉（压）的搭接接头计算。各种搭接接头如图 4-23 所示，承受拉（压）时的计算公式如下。

正面焊缝：

$$\tau = F/1.4Kl \leqslant [\tau'] \tag{4-12}$$

侧面焊缝；

$$\tau = F/1.4Kl \leqslant [\tau'] \tag{4-13}$$

联合焊缝：

$$\tau = F/0.7K\sum l \leqslant [\tau'] \tag{4-14}$$

式中，$\sum l = 2l_1 + l_2$。

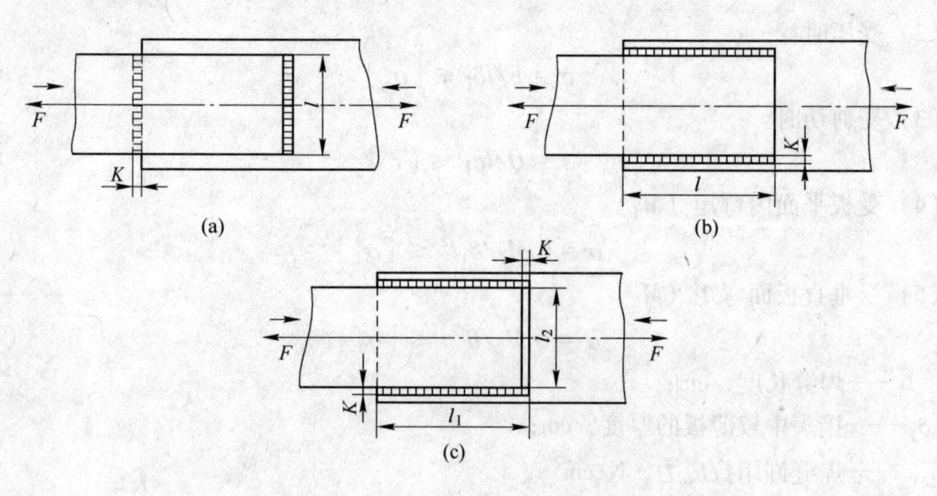

图 4-23　各种搭接接头受力情况

（a）正面搭接；（b）侧面搭接；（c）联合搭接

【例 4-3】　将∟ 100×100×10 用角焊缝搭接在一块钢板上，如图 4-24 所示。受拉伸时要求与角焊缝等强度，试计算搭接焊缝长度 l 并合理布置。

解：从材料手册查得角钢截面积 $A = 19.2\times10^{-4}\text{m}^2$，许用应力值 $[\sigma'] = 160\text{MPa}$，焊缝的许用切应力 $[\tau'] = 100\text{MPa}$，角钢的重心距 $z_o = 28.4\text{mm}$。

角钢的允许载荷为：

$[F]=A[\sigma']=19.2\times10^{-4}\times160\times10^{6}=307200\text{N}$

假定接头上各段焊缝中的切应力都达到焊缝许用切应力值，即 $\tau=[\tau']$，若取 $K=10\text{mm}$，则所需焊缝总长由式（4-14）可知：

$\sum l=[F]/0.7K[\tau']$

$=307200/0.7\times10\times10^{-3}\times100\times10^{6}$

$=0.439\text{m}=439\text{mm}$

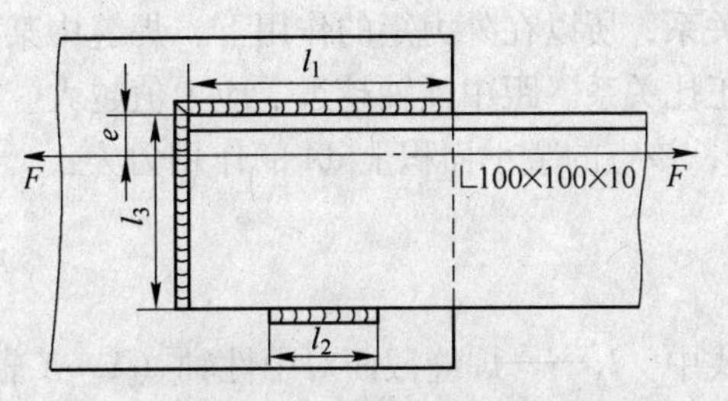

图 4-24　合理布置焊缝

合理布置焊缝：首先最大限度地安排正面角焊缝 $l_3=100\text{mm}$，则侧面角焊缝总长为 339 mm，考虑到两侧角焊缝均匀受力及合力作用线应当通过角钢重心，即 $z_o=e$。

根据平衡原理，可列出平衡方程组：

$$\begin{cases}l_1+l_2=339\\ l_1z_o=l_2(l_3-e)\end{cases}$$

即

$$\begin{cases}l_1+l_2=339\\ 28.4\times l_1=(100-28.4)\times l_2\end{cases}$$

解方程组得：$l_1=243\text{mm}$，$l_2=97\text{mm}$。

取 $l'_1=250\text{mm}$，$l'_2=100\text{mm}$。

【例 4-4】　说明在求出焊脚值和焊缝长度后，还必须合理布置焊缝，才能达到受力均衡，保证接头强度。

（2）受弯曲的搭接接头静载强度的计算。搭接接头在搭接平面内受弯曲力矩，如图 4-25、图 4-26、图 4-27 所示。这种接头的计算方法有三种：分段计算法、轴惯性矩计算法、极惯性矩计算法。其计算过程分述如下。

1）分段计算法。如图 4-25 所示的搭接接头，在外力矩 M 作用下焊缝两个平面内产生两个内力矩 M_V 和 M_H 根据内外力平衡的关系，即：

$$M=M_V+M_H \tag{4-15}$$

式中　M_V——垂直焊缝产生的内力矩；

M_H——水平焊缝产生的内力矩。

当焊缝不是深熔焊缝，若应力值达 τ 时，得

$$M_V=\tau\times0.7Kh^2/6$$

$$M_H=0.7\tau Kl(h+k)$$

则　$M=\tau\times[0.7Kl(h+k)+0.7Kh^2/6]$

可推导出

$$\tau=M/0.7Kl(h+k)+0.7Kh^2/6 \tag{4-16}$$

式（4-16）就是分段计算法的公式。

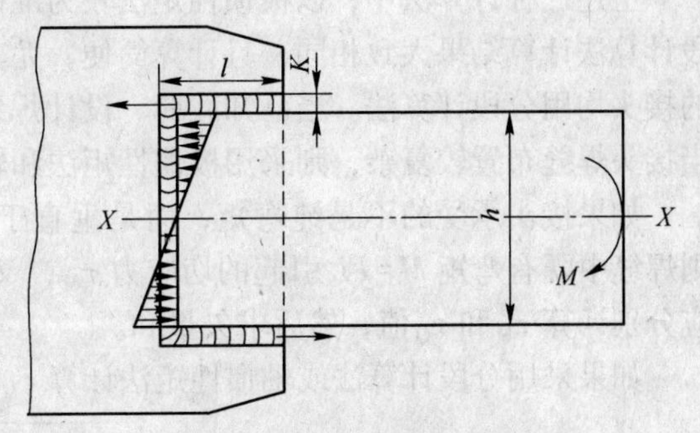

图 4-25　分段计算法示意图

2）轴惯性矩计算法。如图 4-26 所示的搭接接头，假定焊缝中的应力与基本金属中的变形成比例，由于基本金属的变形与其至中性轴（X—X 轴）的距离成正比

关系，所以在外力矩的作用下，焊缝中某点的应力值与其至中性轴（X—X 轴）的距离成正比关系。距中性轴越远，应力值越大。取焊缝与中性轴的距离为 y 的某点，其应力值为 τ，该点的微小面积上 dA 的作用力为：

$$\tau = \frac{M}{I_X}y$$

式中　I_X——焊缝截面对中性轴（X—X 轴）的惯性矩，$I_X = \int_A y^2 \mathrm{d}A$。

那么，最大切应力为：

$$\tau_{\max} = M/\ I_X y_{\max} \tag{4-17}$$

3）极惯性矩计算法。如图 4-27 所示的搭接接头，在外力 M 的作用下绕 O 点回转。取焊缝上任意一点并距 O 点为 r，则该点微小面积为 dA。

与中心 O 点相距为 r 处的切应力为：

$$\tau = \frac{M}{I_{\mathrm{P}}}r$$

式中　I_{P} ——焊缝计算截面对 O 点的极惯性矩，$I_{\mathrm{P}} = \int_A r^2 \mathrm{d}A$；

M ——平衡外力矩的全部焊缝对 O 点的反作用力矩。

那么，最大切应力为：

$$\tau_{\max} = Mr_{\max}/I_{\mathrm{P}} \tag{4-18}$$

式中　I_{P}——极惯性矩，等于相互垂直的两个轴惯性矩之和，即 $I_{\mathrm{P}} = I_X + I_Y$。

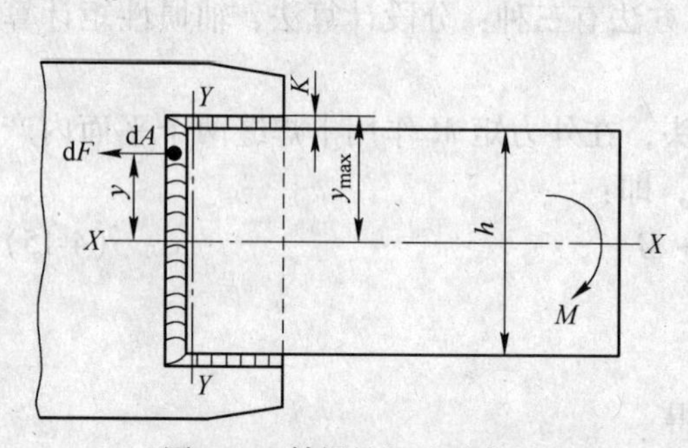

图 4-26　轴惯性矩法示意图

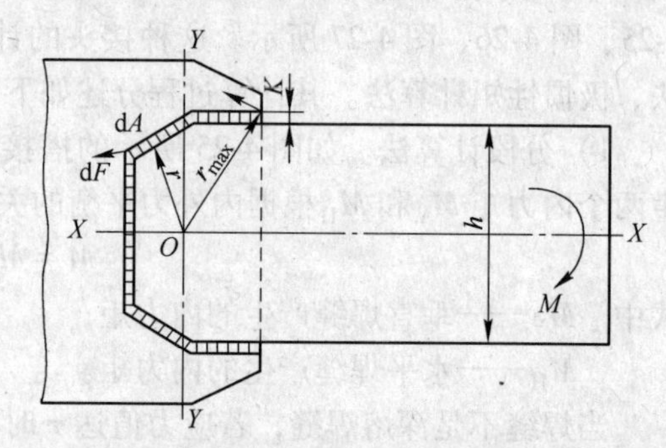

图 4-27　极惯性矩计算示意图

上述三种计算法中，以极惯性矩法较为准确，但计算过程较为复杂。轴惯性矩法和分段计算法计算结果大致相同，且计算简便，尤其是分段计算法最简便。所以，一般较简单的接头均用分段计算法。当已知载荷、设计焊缝长度或焊脚尺寸时，用分段计算更方便。当接头焊缝布置较复杂，则采用极惯性矩法和轴惯性矩法较方便。

如果接头承受的不是纯弯矩，而是垂直于 X 轴方向的偏心载荷 F，如图 4-28 所示，则焊缝中既有弯矩 $M=FL$ 引起的切应力 τ_{M}，又有由切力 $Q=F$ 引起的切应力 τ_{Q}。计算时应分别计算 τ_{M} 和 τ_{Q} 值，然后求矢量和。

如果采用分段计算法或轴惯性矩法计算 τ_{M}，则按下式计算合成应力：

$$\tau_{合} = \sqrt{\tau_{\mathrm{M}}{}^2 + \tau_{\mathrm{Q}}{}^2} \leqslant [\tau'] \tag{4-19}$$

如果采用极惯性矩法计算，τ_{M} 的最大值垂直于 $r_{\max}$，需要将其分解为平行于 τ_{Q} 的

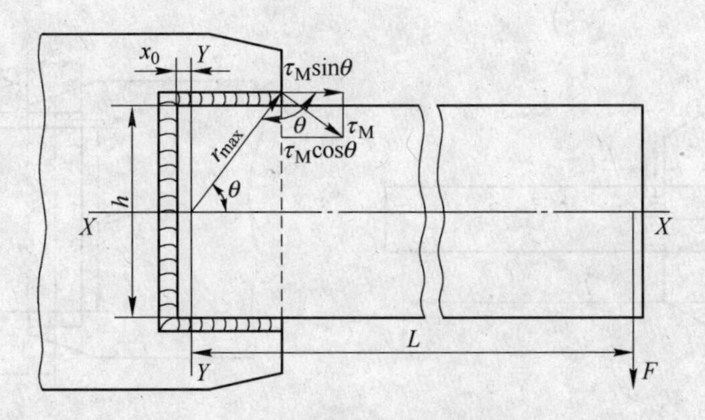

图 4-28 偏心受载的搭接接头

（$\tau_M\cos\theta$）和垂直的（$\tau_M\sin\theta$）两个力，然后再与 τ_Q 合成。其合成力按下式计算：

$$\tau_{合} = \sqrt{(\tau_M\cos\theta + \tau_Q)^2 + (\tau_M\sin\theta)^2} \leqslant [\tau'] \tag{4-20}$$

（3）双缝搭接接头的计算。有的搭接接头只有两条焊缝组成，如图 4-29、图 4-30 所示。这种接头的强度，应根据焊缝长度和焊缝之间距离的对比关系按下式计算。

长焊缝小间距，且力垂直于焊缝，如图 4-29（a）所示，则：

$$\tau_{合} = \tau_M + \tau_Q \tag{4-21}$$

长焊缝小间距，且力平行于焊缝，如图 4-29（b）所示，则：

$$\tau_{合} = \sqrt{\tau_M{}^2 + \tau_Q{}^2} \tag{4-22}$$

在式（4-21）和式（4-22）中：

$$\tau_M = 3FL/0.7Kl^2, \quad \tau_Q = F/l$$

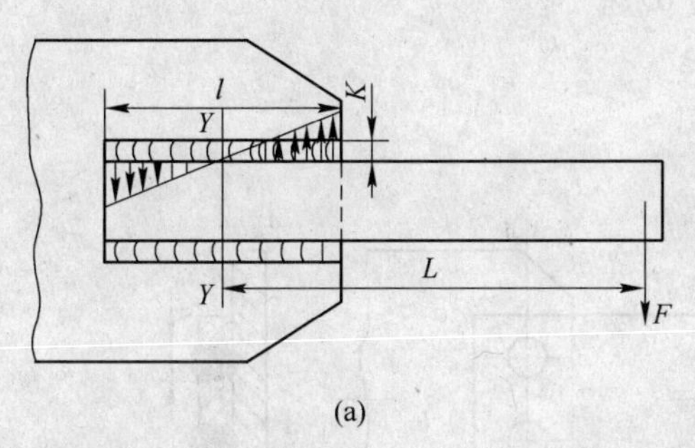

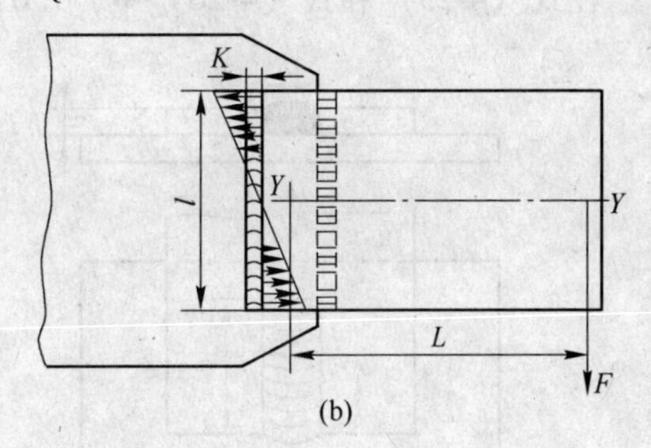

图 4-29 长焊缝小间距搭接接头

短焊缝大间距，且力平行于焊缝，如图 4-30（a）所示，则：

$$\tau_{合} = \tau_M + \tau_Q \tag{4-23}$$

短焊缝大间距，且力垂直与焊缝，如图 4-30（b）所示，则：

$$\tau_{合} = \sqrt{\tau_M{}^2 + \tau_Q{}^2} \tag{4-24}$$

在式（4-23）和式（4-24）中：

$$\tau_M = FL/0.7Klh^2, \quad \tau_Q = F/1.4Kl$$

（4）开槽焊接头及塞焊接头的计算。这两种接头的构造如图 4-31 所示。它们的强度计算与搭接相似，均按工作面承受切力计算。即切力作用于基本金属与焊缝金属的接触面上，所以其承载能力取决于焊缝金属与母材接触面积的大小。对开槽焊来说，焊缝面积与

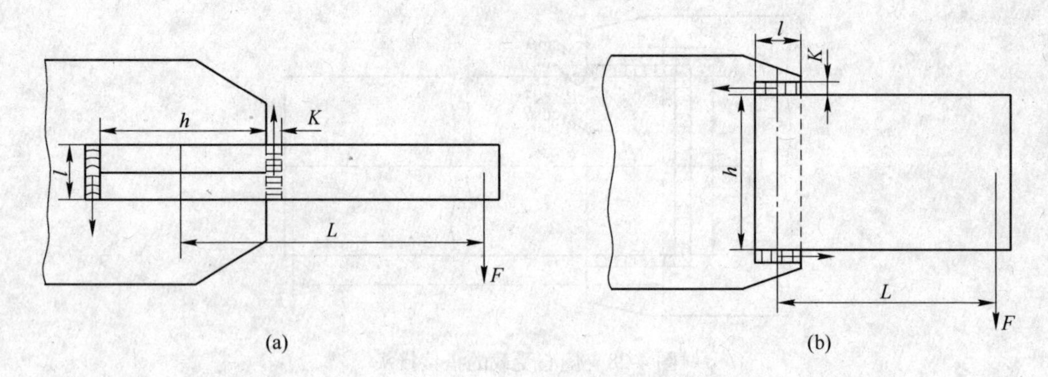

图 4-30　短焊缝大间距搭接接头

开槽长度 l 及板厚 δ 成正比。对于塞焊来说，焊缝金属的接触面积与焊点直径 d 的平方及点数 n 成正比。此外，焊缝金属接触面积的大小，还受焊接方法及可焊到性的影响，所以常在计算公式中乘以系数 m（$1.0 \geqslant m > 0.7$）。当槽或孔的可焊到性差时，取 $m=0.7$；当槽或孔的可焊到性好或采用自动焊等熔深较大的焊接方法时，取 $m=1.0$。其计算公式常以允许载荷能力表示。

开槽焊受剪切时，如图 4-31（a）所示，

$$[F] = 2\delta l[\tau']m \tag{4-25}$$

塞焊受剪切时，如图 4-31（b）所示，

$$[F] = n\pi d2/4[\tau']m \tag{4-26}$$

在式（4-25）和式（4-26）中，$1.0 \geqslant m > 0.7$。

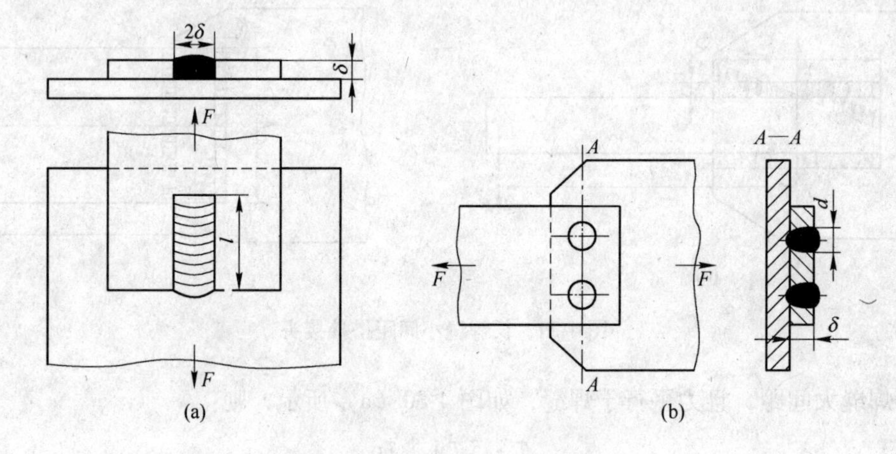

图 4-31　开槽焊、塞焊接头

c　T 形接头静载强度计算

（1）载荷平行于焊缝的 T 形接头计算。如图 4-32 所示，如果开坡口并焊透，强度按对接接头计算，焊缝截面积等于母材截面积（$A=\delta h$）。当不开坡口时，按下式计算：

$$\tau_{合} = \sqrt{\tau_M^2 + \tau_Q^2} \tag{4-27}$$

式中，$\tau_M = 3FL/0.7Kh^2$，$\tau_Q = F/1.4Kh$。

其原因是产生最大应力的危险点是在焊缝的最上端，该点同时有两个切应力起作用：

一个是由 $Q=F$ 引起的 τ_Q；另一个是由 $M=FL$ 引起的 τ_M。τ_Q 和 τ_M 是互相垂直的，所以该点的合成应力按式（4-27）计算。

（2）弯矩垂直于板面的 T 形接头计算。如图 4-33 所示，如开坡口并焊透，其强度按对接接头计算，可按式（4-11）计算。当接头不开坡口用角焊缝连接，可按下式计算：

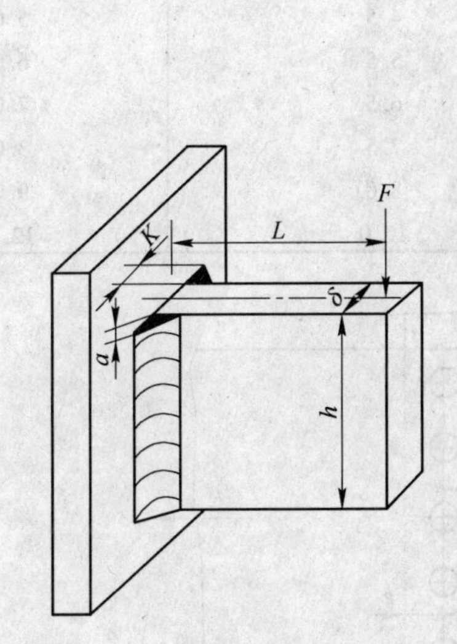

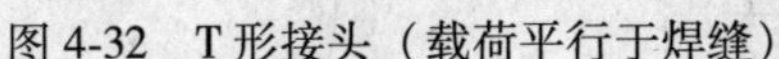
图 4-32 T 形接头（载荷平行于焊缝）

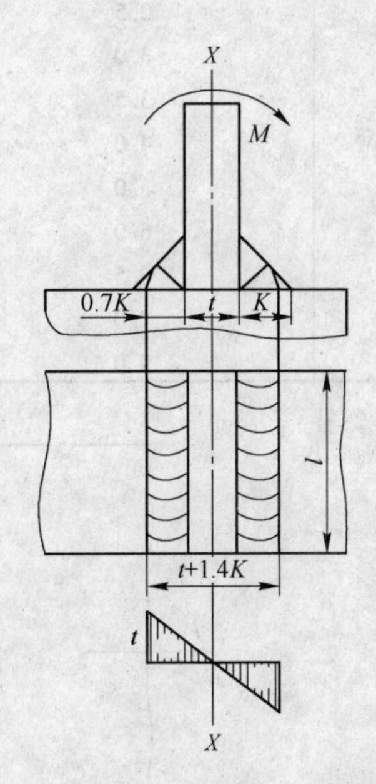

图 4-33 弯矩垂直于板面的 T 形接头计算

$$\tau = M/W$$

$$W = l[(\delta + 1.4K)^3 - \delta^3]/6(\delta + 1.4K) \quad (4\text{-}28)$$

D 点焊接头静载强度计算

对于点焊接头，焊点具有较高抗剪能力，而抗撕裂能力低，故设计时要使焊点受剪切而避免受撕拉。根据接头传递载荷的大小，可设计成单点搭接和多点搭接。为了保证多点搭接接头上每个焊点的质量和受力尽可能均匀，要注意焊点直径和焊点排列。

a 几个假设

精确计算焊点的工作应力较困难，为了简化计算，特做以下假设：

（1）每个焊点都在切应力下破坏。

（2）忽略因搭接接头的偏心力而引起的附加应力。

（3）焊点上的应力集中对强度没有影响。

（4）在同一搭接接头上的焊点受力是均匀的。

b 接头中几何参数的确定

（1）焊点直径 d。按母材厚度确定，表 4-7 给出几种常用金属材料的最小焊点直径参考值。也可按 $d=5\sqrt{\delta}$，式中 δ 为较小板厚。

（2）焊点到边缘距离 e。为了防止焊点沿板边处撕裂，焊点中心至板端面距离 $e_1 \geq 2d$；为了防止焊点熔核被挤出，焊点中心至板侧面距离 $e_2 \geq 1.5d$，如图 4-34 所示。

表 4-7　最小焊点直径参考值

板厚/ mm	焊点直径/mm		
	低碳钢、低合金钢	不锈钢、耐热钢、钛合金	铝合金
0.3	2.0	2.5	—
0.5	2.5	2.5	3.0
0.6	2.5	3.0	—
0.8	3.0	3.5	3.5
1.0	3.5	4.0	4.0
1.2	4.0	4.5	5.0
1.5	5.0	5.5	6.0
2.0	6.0	6.5	7.0
2.5	6.5	7.5	3.0
3.0	7.0	8.0	9.0
4.0	9.0	10.0	12.0

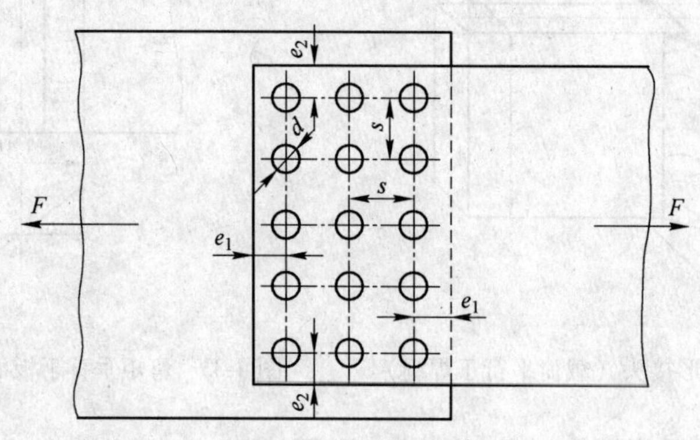

图 4-34　点焊接头设计

c　点焊接头静载强度计算公式

表 4-8 中头在受拉、受压、弯曲及偏心力作用下的静载强度计算公式。

表 4-8　点焊接头静载强度计算公式

简　图	计 算 公 式	备　注
F　F 单面剪切 双面剪切	拉或压： 单面剪切 $\tau = 4F/ni\pi d^2 \leqslant [\tau_0']$ 双面剪切 $\tau = 2F/ni\pi d^2 \leqslant [\tau_0']$	$[\tau_0']$ —— 焊点的剪切许用应力； i ——焊点的列数； n ——每列的焊点数。

续表 4-8

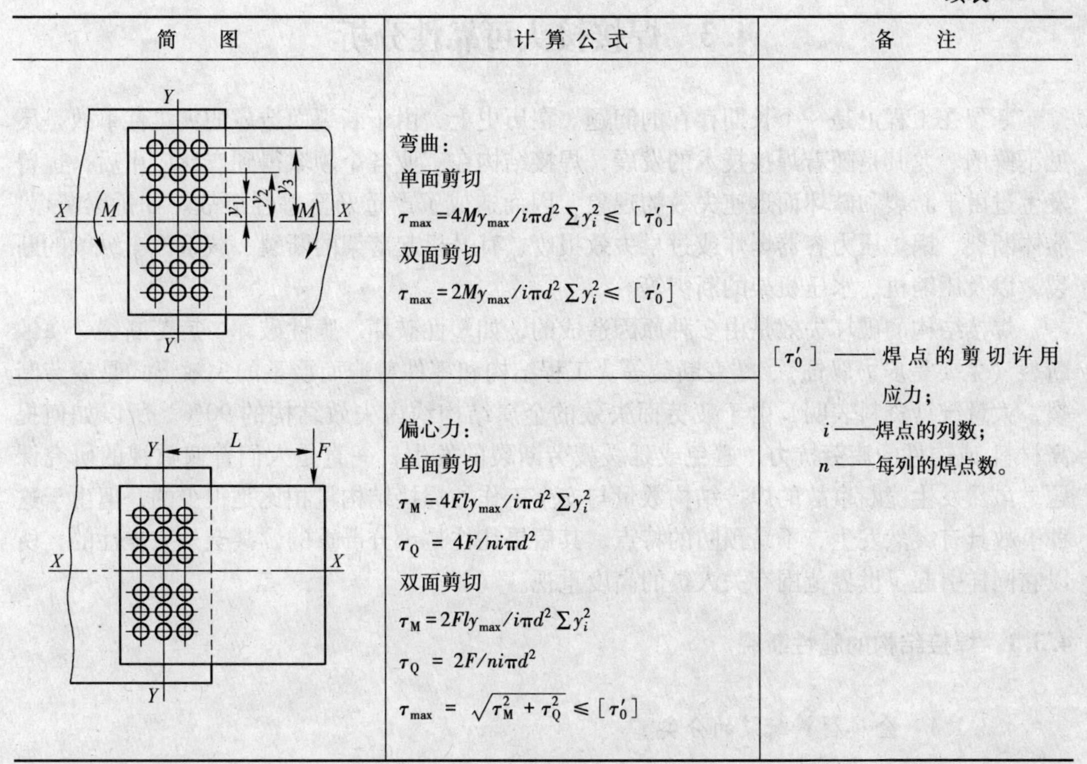

简 图	计算公式	备 注
Y, X, M, y_1, y_2, y_3	弯曲： 单面剪切 $\tau_{max}=4My_{max}/i\pi d^2\sum y_i^2\leqslant[\tau_0']$ 双面剪切 $\tau_{max}=2My_{max}/i\pi d^2\sum y_i^2\leqslant[\tau_0']$	$[\tau_0']$ ——焊点的剪切许用应力； i——焊点的列数； n——每列的焊点数。
Y, X, L, F	偏心力： 单面剪切 $\tau_M=4Fly_{max}/i\pi d^2\sum y_i^2$ $\tau_Q=4F/ni\pi d^2$ 双面剪切 $\tau_M=2Fly_{max}/i\pi d^2\sum y_i^2$ $\tau_Q=2F/ni\pi d^2$ $\tau_{max}=\sqrt{\tau_M^2+\tau_Q^2}\leqslant[\tau_0']$	

【例 4-5】 设计与基本金属等强度的点焊接头，焊件断面为 300mm×4mm，许用应力 $[\sigma]=16000\text{N/cm}^2$，焊点抗切许用应力 $[\tau_0']=1000\text{N/cm}^2$。

解： 焊件允许承受载荷 $[F]=[\delta]A=1600\times30\times0.4=192000\text{N}$

根据上述点焊接头中几何参数，得焊点直径

$$d=5\sqrt{\delta}=5\sqrt{4}=10\text{mm}$$

根据表 4-8 中当受拉（压）时接头形式为单面剪切时的公式，可计算出每个焊点允许承受的载荷：

$$F_0=\pi d^2/4[\tau_0']=3.14\times1^2\times10000/4=7850\text{N}$$

所需焊点数：

$$n=[F]/F_0=192000/7850=24.4$$

取 $n=25$。

又由 $S\geqslant3d$，取 $S=33$ mm；取 $e_2\geqslant1.5d$，$e_2=18\text{mm}$。

每一排可布置的点数为：

$$N_0=(300-36)\div33+1=9$$

确定为三排，外侧两排各为 9 个焊点，中间一排取 8 个焊点，交错布置，共为 26 个焊点。接头设计如图 4-35 所示。

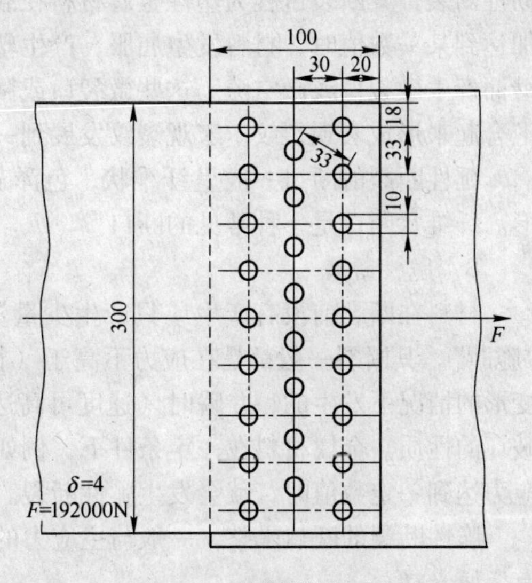

图 4-35 焊点设计的布置

4.3　焊接接头可靠性分析

断裂在工程上是一个长期存在的问题。在历史上，由于断裂而造成的灾难性事故是屡见不鲜的。尤其是随着焊接技术的发展，焊接结构在工业各个领域得到广泛应用后，也曾发生过由于断裂和破坏而迅速失效的现象，因而造成了严重乃至恶性事故。如桥梁断塌、船体断裂、锅炉压力容器爆炸或过早失效报废、直升机起落架的断裂、载重汽车纵梁的断裂，以及压缩机、水压机架的断裂等。

焊接结构的破坏失效是由多种原因造成的，如塑性破坏、脆性破坏、疲劳断裂、腐蚀断裂（主要是应力腐蚀)、蠕变断裂等。工程结构和零件普遍而严重的失效形式是疲劳断裂，大量统计资料表明，由于疲劳而失效的金属结构约占失效结构的90%。所以如何提高材料 或构件的疲劳抗力，避免或延缓疲劳断裂的发生，一直是人们普遍重视的研究课题。虽然发生脆断事故的焊接结构数量与安全工作的焊接结构量相比是很少的，但由于这种事故具有突然发生、不易预防的特点，其后果往往是十分严重的，甚至是灾难性的，所以它同样引起了世界范围有关人员的高度重视。

4.3.1　焊接结构的脆性断裂

4.3.1.1　金属材料断裂的分类

在工程上，按照材料在断裂前塑性变形的大小，将材料断裂分为延性断裂和脆性断裂两种。

A　延性断裂

材料在断裂前发生较大的塑性变形后而发生的断裂称为延性断裂，又称为塑性断裂或韧性断裂。其断裂过程为塑性金属材料在载荷作用下，首先发生弹性变形。当载荷继续增加达到某一数值时，材料发生屈服，产生塑性变形。载荷继续增加，金属将进一步变形，继而产生微裂口或微空隙。这些微裂口或微空隙一经形成后，便在随后的加载过程中逐步汇合起来形成宏观裂纹。宏观裂纹发展到一定尺寸后则发生失稳扩展而导致最终裂纹。

延性断裂的断口一般呈纤维状，色泽灰暗，边缘有剪切唇，断口附近有宏观塑性变形。纤维状断口是一种常见的断口。

B　脆性断裂

材料在断裂前没有产生或只产生少量塑性变形后而发生的断裂称为脆性断裂，简称“脆断”。其断裂一般都是在应力不高于（往往是低于）结构的设计应力和没有显著塑性变形的情况下发生的，并瞬时（速度可高达1500~2000m/s）扩展到结构整体，具有突然破坏的性质。金属材料在一定条件下，例如低温、高应变速率及高应力集中的情况下，当应力达到一定数值时，就会发生脆性断裂。

脆性断裂的断口平整，一般与主应力的方向垂直，没有可以觉察到的塑性变形，断口有金属光泽。

由于受力状态、材质和介质特点，实际金属材料的断裂都比较复杂，常常不是单一的断裂形式，往往是两种断裂的混合形式，如焊接宽板拉断的断口常常可以在预制裂纹根部看到纤维状延性断裂断口，随后又是快速扩展的脆性断裂的断口，呈现延性断裂和脆性断裂两种断裂特征。随着条件的变化，如温度降低、材料塑性变差、刻槽尖锐等，整个断面则呈闪光的脆性断口，出现几乎完全的脆性断裂；反之，则趋向于延性断裂。

4.3.1.2 脆性断裂的危害

自从焊接结构得到广泛应用以来，许多国家都曾发生过焊接结构的脆性断裂事故。由于脆断具有突然发生、来不及发现和预防的特点，一旦发生，后果十分严重，不仅造成重大的经济损失，同时还会危及到人的生命安全。

各种不幸事件的发生，引起了人们对金属结构脆性破坏的注意，推动了对脆性破坏机理的研究，并取得了不少成果，使脆断事故大为减少，是有些问题尚未完全解决。焊接结构的脆性断裂仍是一个应该予以十分重视的问题。

4.3.1.3 影响金属脆断的主要因素

同一种材料，在不同条件下可以显示不同的破坏形式。研究表明，最重要的影响因素是温度、应力状态和加载速度。例如，温度越低，加载速度越大，材料的三向应力状态越严重，则发生脆断的倾向越大。此外，晶粒度和显微组织对材料破坏倾向也有重大影响。

A 应力状态的影响

物体在受外载时，在主平面上作用有最大正应力 δ_{max}，与主平面成 45°的平面上作用有最大切应力 τ_{max}。如果在 τ_{max} 达到屈服点前 δ_{max} 先达到抗拉强度，则发生脆断；反之，如 τ_{max} 先达屈服点，则发生塑性变形及形成延性断裂。

实验证明，许多材料处于单轴或双轴拉伸应力下，可呈塑性状态。当处于三轴拉伸应力下，因不易发生塑性变形而呈脆性。

在实际结构中，三轴应力可能由三轴载荷产生，但更多的情况下是由于结构几何不连续引起的，即虽然整个结构处于单轴、双轴拉伸应力状态下，但其局部地区由于设计不佳、工艺不当，往往出现形成局部三轴应力状态的缺口效应。当构件受均匀拉伸应力时，其中一个缺口根部出现高值的应力和应变集中，缺口越深、越尖，其局部应力和应变也越大。在受力过程中，缺口根部材料的伸长，必然要引起此处材料沿宽度和厚度方向的收缩，如图 4-36 所示。但由于缺口尖端以外的材料受到的应力较小，它们将引起较小的横向收缩。由于横向收缩不均，缺口根部横向收缩受阻，结果产生横向和厚度方向的拉伸应力 σ_x 和 σ_z，也就是说缺口根部产生三轴拉应力。

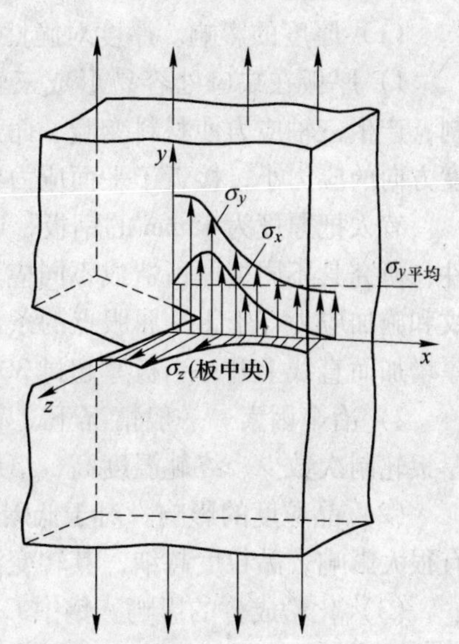

图 4-36 缺口根部应力分布示意图

在三轴拉伸时，最大应力就超过单轴拉伸时的屈服点，变成很高的局部应力，而材料尚不发生屈服，结果降低了材料的塑性，使该处材料变脆。

所以说脆性事故一般都起源于具有严重应力集中效应的缺口处，而试验中也只有引入这样的缺口才产生脆性行为。

B　温度的影响

如果把一组开有同样缺口的试样在不同温度下进行试验，就会看到随着温度的降低，它们的破坏方式会发生变化，即从塑性破坏变为脆性破坏。对于一定的加载方式（应力状态），当温度降至某一临界值时，将出现塑性到脆性断裂的转变，这个温度称为脆性转变温度。带缺口的试样比光滑试样的转变温度高；拉伸试样比扭转试样的转变温度高。

脆性断裂通常发生在体心立方和密集六方点阵的金属及合金中，只有在特殊情况下，如应力腐蚀条件下才在面心立方点阵金属中发生。因此，面心立方点阵金属（如奥氏体不锈钢），可以在很低的温度下工作而不发生脆性断裂。

C　加载速度的影响

加载速度对材料的破坏影响已由实验证实，即提高加载速度能促使材料脆性破坏，其作用相当于降低温度。

应当指出，在同样加载速率下，当结构中有缺口时，应变速率将呈现出加倍的不利影响，因为此时有应力集中的影响，应变速率比无缺口结构高得多，从而大大降低了材料的局部塑性。这也说明了为什么结构钢一旦开始脆性断裂，就很容易产生扩展现象。当缺口根部小范围金属材料发生断裂时，则在新裂纹前端的材料立即突然受到高应力和高应变载荷。换句话说，一旦缺口根部开裂，就有高的应变速率，而不管其原始加载条件是动载的还是静载的，此时随着裂纹加速扩展，应变速率更急剧增加，致使结构最后破坏。

D　材料状态的影响

除了上述的应力状态、温度、加载速度等外界条件对材料的断裂 形式有很重要的影响外，材料的本身状态对断裂形式也有重要影响，了解和考虑这些影响，对焊接结构选材来说是非常重要的。

（1）厚度的影响。厚度对脆性破坏的不利影响，由以下两种因素决定：

1）厚板在缺口处容易形成三轴应力，因为沿厚度方向的收缩和变形受到较大的限制，产生三轴应力使材料变脆。而当板较薄时，材料在厚度方向能比较自由地收缩，故厚度方向的应力小，接近于平面应力状态。

有人把厚度为45mm的钢板，通过加工制成板厚为10mm、20mm、30mm、40mm的试件，研究其不同板厚所造成不同应力状态对脆性破坏的影响，发现在预制40 mm长的裂纹和施加应力等于1/2屈服点的条件下，当板厚小于30mm时，发生脆断的转变温度随板厚增加而直线上升；当板厚超过30 mm后，脆性破坏发生温度增加较为缓慢。

2）冶金因素。一般情况下，薄板生产时压延量大，轧制温度低、组织致密；相反，厚板轧制次数少、终轧温度高，组织疏松，内外层均匀性差。

（2）晶粒度的影响。对于低碳钢和低合金钢来说，晶粒度对钢的脆性-塑性转变温度有很大影响，晶粒度越细，其转变温度越低。

（3）化学成分的影响。钢中C、N、O、H、S、P、均增加钢的脆性。另一些元素如Mn、Ni、Cr、V，如果加入适量，则有助于减少钢的脆性。

4.3.1.4　材料脆性断裂的评定方法

开始人们不理解为什么按常规方法测定的强度和塑性指标都符合要求的材料，而用以制造的结构却会发生脆性破坏。第二次世界大战后的大量实验研究说明，结构抗脆性破坏的性能是不能用光滑试件的试验来反映的，只有具有缺口的试件试验才能反应材料和结构抗脆性破坏的能力。

由于许多材料的缺口韧性和温度关系密切，所以常用转变温度作为标准来评定钢材的脆性、韧性性能，即把由某种方法测出的某种转变温度与结构的使用温度联系起来，该评定方法称为转变温度评定法。转变温度法的基础是建立在实验和使用经验上，因此，不论在实验室里，还是实际工程中都积累了丰富的数据而且方法比较简单，所以得到了广泛的应用。

脆性断裂常见的评定方法有冲击试验、落锤试验、爆炸膨胀试验和静载试验。工程中采用较广泛的方法是冲击试验。由于该方法的试件小、易制备、费用低，因此不论作为材料质量控制，还是对事故进行分析研究，在各国都得到普遍应用。目前常用的有却贝 V 形缺口冲击试验和 U 形缺口冲击试验，V 形在研究船舶脆断中曾被大量实验和采用，积累了许多有参考价值的数据。另外，V 形缺口比 U 形缺口尖锐，脆性转变温度明显，更能反映脆断问题的本质，因此，V 形缺口冲击试验的应用日益广泛。

冲击试验是在不同温度下对一系列试件进行试验，从而找出其脆性-韧性特性与温度之间的关系。实验证明，随着温度上升，打断试件所需的冲击能量也显著上升，所以可以用它来衡量材料的脆性-韧性转变特征，如图 4-37 所示。一般认为，这种能量转变主要取决于裂纹开始扩展时缺口根部的塑性变形量，当塑性变化较小时，需要较小的冲击吸收功；而变形较大时，则需要较大的冲击吸收功。这意味着这个转变温度区间以上，只有当缺口根部发生了一定塑性变形后才会开裂，而在这个转变温度区间以下时，在缺口根部塑性变形很小甚至没有塑性变形时就会开裂。

显然，此冲击吸收功（塑性变形能量）和缺口根部形状有关。由图 4-37 可知，有锁眼形缺口却贝冲击试件（缺口根部形状为圆形孔）测得的转变温度比用却贝 V 形冲击试件测得的低。由于冲击韧度值在一定温度区间内变化，所以，一般取某一固定冲击能量值（冲击吸收功 A_k），如 20J、40J 所对应的温度为韧脆转变温度，有的标准取对应最大冲击能量值（冲击吸收功 A_k）的一半所对应的温度为转变温度。对低合金高强度钢，常取冲击韧度（a_K）值为 34.3~51J/cm^{2}时对应的温度为转变温度。

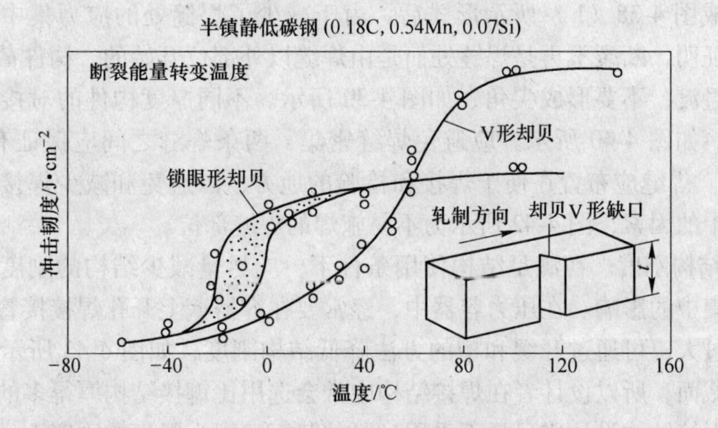

图 4-37　冲击韧度和温度的关系

缺口冲击韧度试验的不足在于冲击韧度值与在使用条件下的抗脆性破坏能力之间虽有一定的关系，但具体数值的意义只有通过与使用中的产品冲击韧度相比较才能做出评定。此外缺口冲击韧度还无法考虑材料厚度，裂纹的尺寸、形状和位置以及由缺口和裂纹引起的局部脆化等因素，而这些因素都可能会影响材料的冲击韧度和脆性转变温度。

4.3.1.5 预防脆性断裂的措施

综上所述，造成结构脆性断裂的基本因素是：材料在工作条件下韧性不足，缺陷的存在和过大的拉应力（包括工作应力、残余应力、附加应力和应力集中等）。如果能有效地减少或控制其中某一因素，则结构发生脆性断裂的可能性即可显著降低或排除。因此，防止结构脆性断裂可着眼于选材、设计和制造三个因素上。

A 正确选用材料

采用韧性材料是重要的措施。可以说，只依赖于良好的设计和制造工艺而不采用具有足够断裂韧度的材料要想防止脆性断裂是很难做到的。选材的基本原则是既要保证结构的安全，又要考虑经济效益。一般来说，应使所选用的钢材和焊接用填充金属材料在使用温度下具有合格的缺口韧性，其含义是：

（1）在结构工作条件下，焊缝、热影响区、熔合区的最脆部位应具有足够的抗开裂性能，母材金属应具有一定的止裂性能。

（2）随着钢材强度的提高，断裂韧度和工艺性一般都有所下降。因此，不宜采用比实际需要强度更高的材料，特别不应该单纯追求强度指标。

目前各国大都采用冲击韧度来进行材料的验收评定，但各个国家和部门，对于采用何种冲击韧度试验方法和规定多大的冲击韧率却不相同，尚无统一的国际标准。例如德国和日本的钢质海船用钢规定，对于强度等级为360MPa级的钢材，在-40℃时，却贝冲击韧度应为35J/cm^2。我国目前使用较多的是U形缺口冲击试验，一般以常温下的冲击韧度值等于60J/cm^{2}作为压力容器用钢的验收标准。

B 采用合理的焊接结构

设计尽量减少结构或焊接接头部位的应力集中。在设计中应尽量采用应力集中系数小的对接接头。图4-38（a）化所示的设计不合理，过去曾出现过多起这种结构在焊缝处的破坏事故，改成图4-38（b）所示形式后，由于减少了焊缝处的应力集中，承载能力提高，爆炸实验证明，断裂不再是焊缝处而是由焊缝以外部位开始的。构件截面改变的地方应设计成平缓过渡，不要形成尖角，如图4-39所示。不同厚度构件的对接接头应尽可能采用圆滑过渡，如图4-40所示。应避免焊缝密集，两条焊缝之间应保证有最小的距离，如图4-41所示。焊缝应布置在便于焊接和检验的地方，以避免和减少焊接缺陷，消除造成工艺应力集中的因素，图4-42所示为不易施焊的焊缝部位。

（1）减少结构刚度。在满足结构使用条件下，应尽量减少结构的刚度，以便降低附加应力和应力集中的影响。在压力容器中，经常要在容器壁上开孔焊接接管。为了避免焊缝在此处刚度过大，可通过开缓和槽的方法降低结构刚度，如图4-43所示。由于焊接可以连接很厚的截面，所以设计者在焊接结构中常会选用比铆接结构厚得多的截面，这样做是不恰当的。焊接结构设计应尽量不采用过厚的截面，因为厚板的刚度大，并且还会引起三轴应力，其冶金质量也不如薄板，增大厚度会提高钢材的脆性转度温度，降低断裂韧度值，反而容易引起脆断。

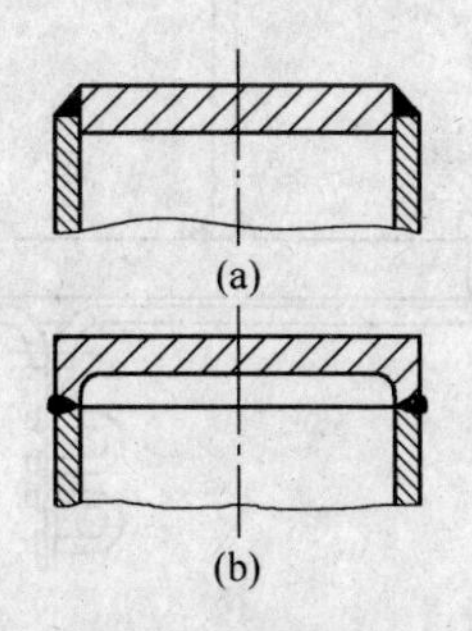

图 4-38 封头设计合理与不合理的接头
（a）不合理；（b）合理

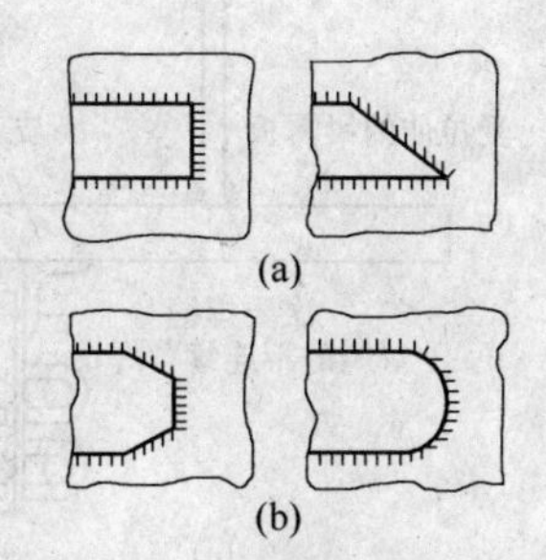

图 4-39 夹角过渡和平滑过渡的接头
（a）夹角过渡；（b）平滑过渡

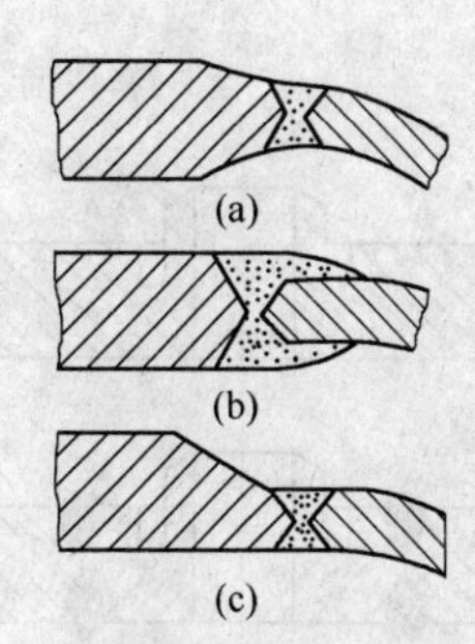

图 4-40 不同板厚的接头设计方案
（a）合理；（b）最好；（c）不合理

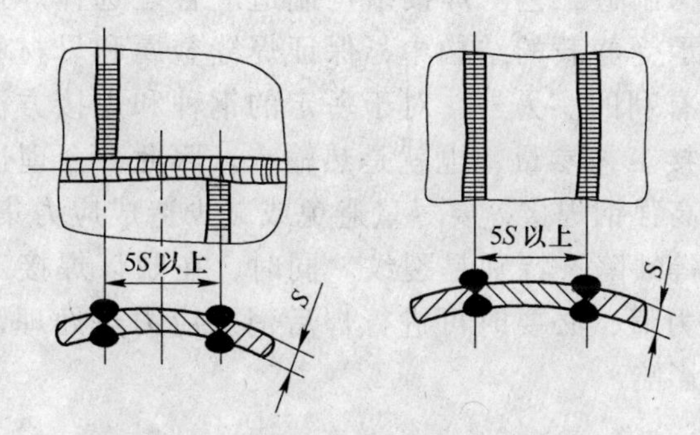

图 4-41 焊接容器中焊缝的最小距离

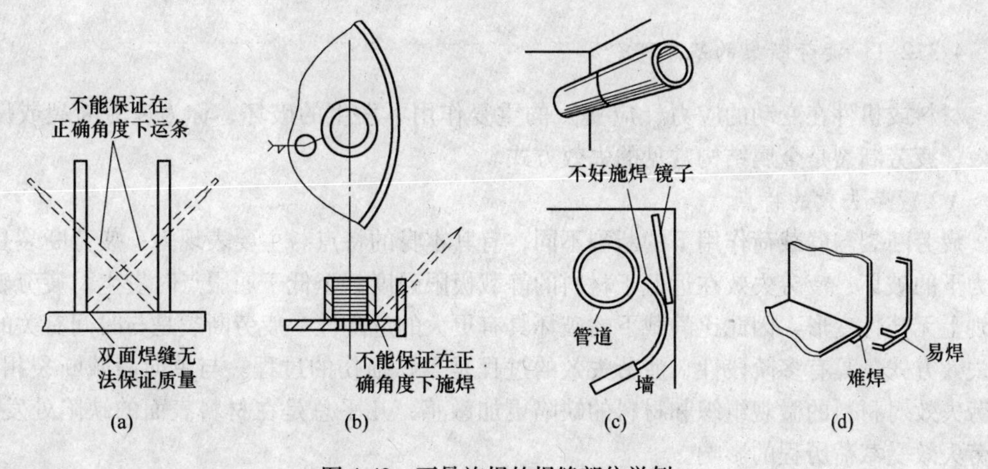

图 4-42 不易施焊的焊缝部位举例

（2）注意结构中次要元件的质量。对于附件或不受力的焊缝应当和主要承力焊缝与承力部位一样给予足够的重视。因为脆性裂纹一旦由这些次要元件上产生，便完全可能扩展到主要元件中去，造成结构的破坏。如图 4-44 所示附加元件安装方案中，图 4-44（a）的焊缝位置不易保证，极易产生裂纹，而图 4-44（b）的方案则避免了上述缺点，有助于防止脆断。

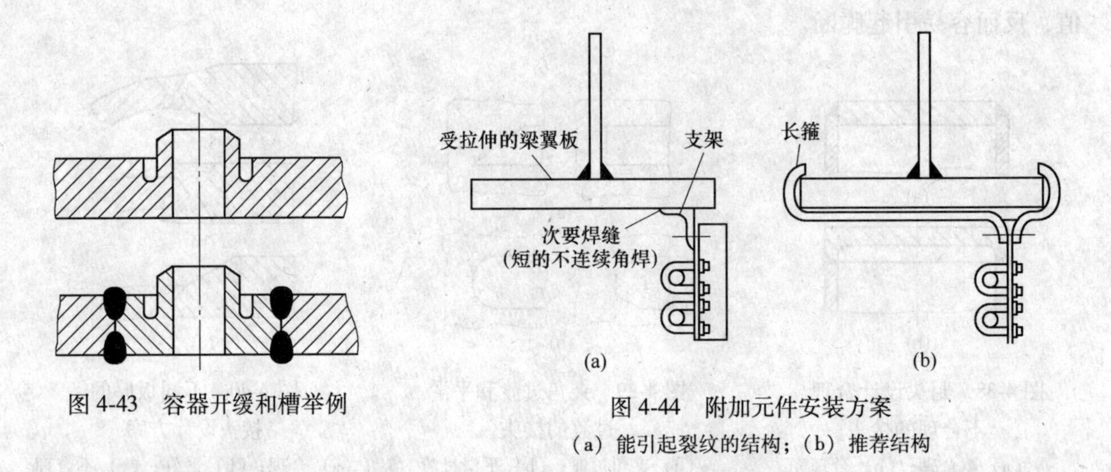

图 4-43　容器开缓和槽举例

图 4-44　附加元件安装方案
(a) 能引起裂纹的结构；(b) 推荐结构

(3) 合理安排结构制造工艺。焊接结构制造应合理选择焊接材料、焊接方法和工艺。试验证明，在承受静载的结构中，保证焊缝金属和母材塑性大致相等，适当提高焊缝的屈服点是有利的。另外，对于一定的钢种和焊接方法来说，热影响区组织状态主要取决于焊接工艺参量，也就是热输入。因此，合理选择焊接热输入是十分必要的，尤其是对高强钢焊接，要尽量避免或减少造成应力集中的焊接缺陷产生，如咬边、夹渣、裂纹等缺陷，特别是裂纹。同时，在制订焊接工艺规程时，应考虑尽量减少焊接残余应力值，必要时可进行焊后消除应力热处理，以减少和消除焊接残余拉伸应力的不利影响。

4.3.2　焊接结构的疲劳断裂

4.3.2.1　疲劳断裂的基本概念

材料或机件在变动的应力（应变）的重复作用下发生的破坏，称为疲劳断裂或疲劳失效。疲劳断裂是金属结构常见的失效方式。

A　疲劳失效的特点

疲劳断裂与静载荷作用下的断裂不同，有其本身的特点。主要表现为：疲劳断裂是低应力下的破坏，疲劳失效在远低于材料的静载极限强度甚至低于屈服点时发生。疲劳破坏宏观上无塑性变形，因此比静载下的破坏具有更大的危险性。疲劳断裂是与时间有关的一种失效方式，具有多阶段性，疲劳失效的过程是累积损伤的过程。与单向静载断裂相比，疲劳失效对材料的微观组织和材料的缺陷更加敏感，几乎总是在材料表面的缺陷处发生。疲劳失效受载荷历程的影响。

疲劳断裂和脆性断裂从性质到形式都不一样，两者相比可以看出：疲劳断裂和脆性断裂虽然断裂时的变形都很小，但疲劳断裂需要多次加载，而脆性断裂一般不需多次加载；结构脆断是瞬时完成的，而疲劳裂纹的扩展则是缓慢的，有时需要长达数年的时间；脆断受温度影响特别显著，随温度降低，脆断危险性迅速增加，但疲劳强度受温度影响却比较小。

疲劳裂纹一般从应力集中处开始，而焊接结构的疲劳裂纹往往是从焊接接头处产生。

图 4-45 和图 4-46 所不是两个典型的焊接结构疲劳破坏的事例。

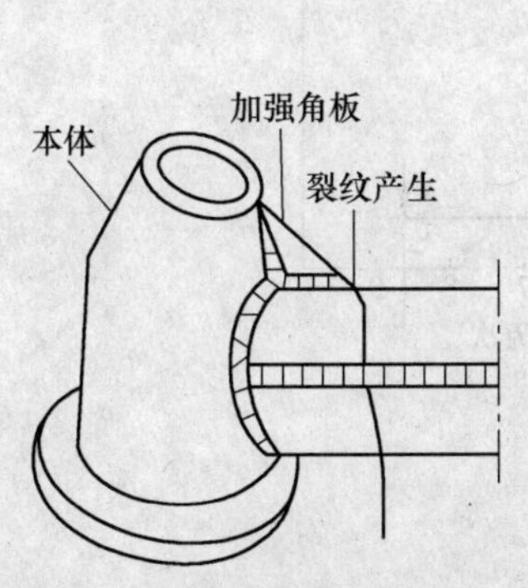

图 4-45　直升机起落架的疲劳裂纹

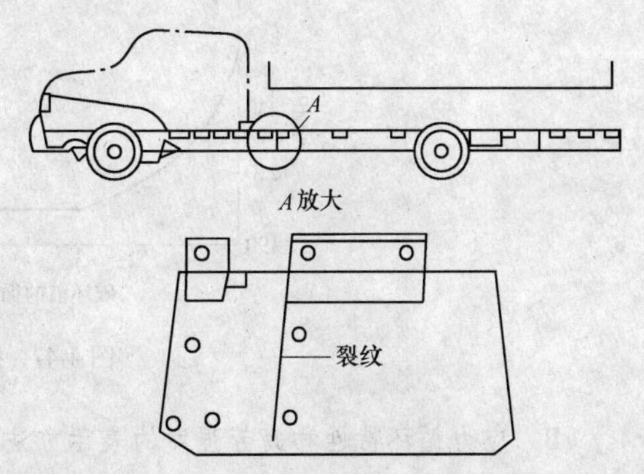

图 4-46　载重汽车纵梁的疲劳裂纹

图 4-45 所示为直升机起落架的疲劳裂纹。裂纹是从应力集中很高的角接板尖端开始，该机飞行着陆 2118 次后，发生破坏，属于低周疲劳。

图 4-46 所示为载重汽车车架纵梁的疲劳裂纹。该梁板厚 5mm，承受反复弯曲应力，在角钢和纵梁的焊接处，因应力集中很高而产生裂纹。该车破坏时已行驶 3000 km。

B　疲劳断裂的过程

任何材料的疲劳断裂过程一般都经历裂纹萌生、稳定扩展和失稳扩展三个阶段，即在循环应力作用下，由疲劳源慢慢形成微裂纹以及随后的裂纹扩展，当裂纹达到临界尺寸，构件剩余断面不足以承受外载荷时，裂纹失稳扩展至断裂。焊接结构中疲劳裂纹大多产生于焊接接头表面几何非连续性引起的应力集中处，少数起源于内部较大的缺陷。在焊接接头中，产生疲劳裂纹一般要比其他连接形式的循环次数少，这是因为在焊接接头中，不仅有应力集中（如角焊缝的焊趾处），而且这些部位易产生焊接接头缺陷，焊接残余应力也比较高。

4.3.2.2　焊接结构疲劳极限的表示方法

A　疲劳强度和疲劳极限

在金属构件的实际应用中，如果载荷的数值或方向变化频繁时，即使载荷的数值比静载强度极限 σ_b 小得多，甚至比材料的屈服点 σ_s 低得多，构件仍然可能破坏，即发生疲劳破坏。人们经常用疲劳强度和疲劳极限表示材料抗疲劳的能力。

对试样用不同载荷进行多次反复加载试验，即可测得在不同载荷下使试件破坏所需要的加载循环次数 N。将破坏应力与循环数 N 绘成如图 4-47 所示的曲线，即为疲劳曲线。疲劳曲线随着循环次数 N 的增大而降低，当 N 很大时，曲线趋于水平。曲线上对应于某一循环次数 N 的破坏应力即为该循环次数下的疲劳强度，曲线的水平渐近线即为疲劳极限。

由疲劳曲线图可以看到，试件和结构中的应力水平越低，则达到疲劳破坏的应力循环次数越高，当试件经受无限次循环而不破坏时的最大应力就是疲劳极限（也称无限寿命疲劳极限或疲劳耐久极限）。实际上，不可能对材料进行无限次试验，对于钢材来说，一般认为试件经过 10^7 次循环（$N=10^7$）还不破坏的最大应力，就可以作为疲劳极限。

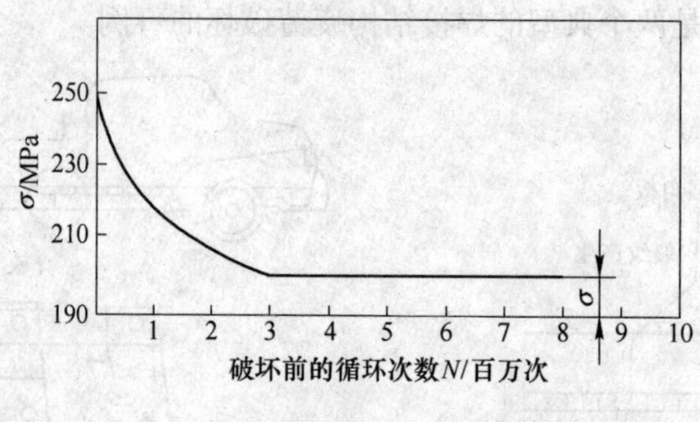

图 4-47　疲劳曲线

B　应力循环特性和疲劳强度的表示方法

疲劳强度的数值与应力循环特性有关。绝大多数实验室内的疲劳试验是拉伸加载或弯曲加载，它们在试样内仅引起拉伸应力或压缩应力。在每次循环加载内，与应力循环特性有关的应力参量如下：

σ_{max}——应力循环内的最大应力，N/cm^2；

σ_{min}——应力循环内的最小应力，N/cm^2；

σ_m——平均应力，N/cm^2；

σ_a——应力振幅，N/cm^2。

$$\sigma_m = (\sigma_{max}+\sigma_{min})/2 \tag{4-29}$$

$$\sigma_a = (\sigma_{max}-\sigma_{min})/2 \tag{4-30}$$

同时，两个特征应力的比值称应力循环特征系数（或应力循环比），常用 r 表示。r 的变化范围为-1～+1。

$$r=\sigma_{max}/\sigma_{min} \tag{4-31}$$

常见的几种具有特殊循环特性的变动载荷，如图 4-48 所示，疲劳强度可表示为：

对称交变载荷 $\sigma_{min}=-\sigma_{ax}$，$r=-1$，其疲劳强度用 σ_{-1} 表示，如图 4-48（a）所示；脉动载荷 $\sigma_{min}=0$，$r=0$，其疲劳强度用 σ_0 表示，如图 4-48（b）所示。拉伸变载荷 σ_{min} 和 σ_{max} 均为拉应力，但大小不等。当 $0<r<1$，其疲劳强度用 σ_r 表示，下标 r 用相应的应力循环特征系数表示，如 $\sigma_{0.3}$、$\sigma_{0.5}$ 等，如图 4-48（c）所示。拉压变载荷 σ_{min} 为压应力，σ_{max} 为拉应力，二者大小不等，其疲劳强度用 σ_{-r} 表示，下标 r 用相应的应力循环特征系数表示，如图 4-48（d）所示。

不难看出 $\sigma_{max}=\sigma_m+\sigma_a$ 和 $\sigma_{min}=\sigma_m-\sigma_a$。因此，可以把任何变动的载荷看做是某个不变的平均应力（恒定应力部分）和应力振幅（交变应力部分）的组合。

4.3.2.3　影响焊接接头疲劳强度的因素

影响焊接接头疲劳强度的因素很多，如应力集中、构件截面尺寸、表面状态、加载情况及介质等。下面着重介绍与焊接结构生产有关的影响因素。

A　应力集中的影响

焊接结构中，在接头部位由于具有不同的应力集中，它们对接头的疲劳强度产生不同程度的不利影响。

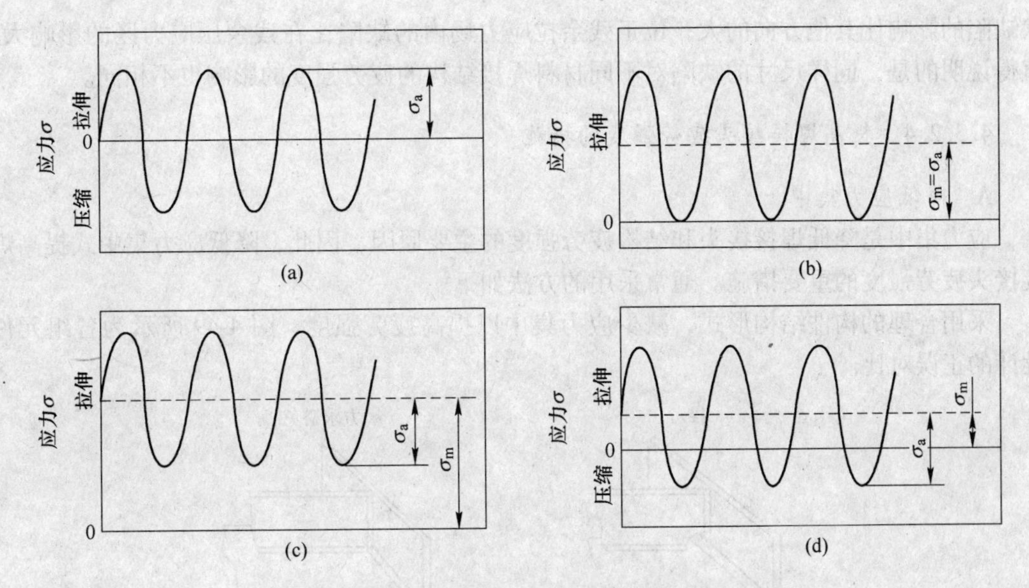

图 4-48 具有不同应力循环特征的变动载荷

对接焊缝由于形状变化不大，因此，它的应力集中比其他形式的接头要小；但是，过大的余高和过大的基本金属与焊缝间的过渡角都会增大应力集中，使接头的疲劳强度下降。

T 形接头在许多焊接结构中得到了广泛的应用。在这种接头中，由于在焊缝向母材过渡处有明显的截面变化，其应力集中系数要比对接接头的应力集中系数高，因此，T 型疲劳强度远远低于对接接头。

在搭接接头中，由于其应力集中很严重，其疲劳强度也是很低的。

B 近缝区金属性能变化的影响

对于低碳钢焊接接头，在常用的热输入下焊接，热影响区和基本金属的疲劳强度相当接近。只有在非常高的热输入下焊接（在生产实际中很少采用），才能使热影响区对应力集中的敏感性下降，其疲劳强度比基本金属高得多。所以，低碳钢的近缝区金属力学性能的变化对接头的疲劳强度影响较小。

对于低合金钢而言，虽然在热循环作用下，热影响区的力学性能变化比低碳钢大，但是其对接头疲劳强度的影响却不大。

C 残余应力的影响

残余应力对结构疲劳强度的影响，取决于残余应力的分布状态。在工作应力较高的区域，如应力集中处、受弯曲物件的外缘，残余应力是拉伸的，则它降低疲劳强度；反之，若该处存在压缩残余应力，则提高疲劳强度。另外，残余应力对疲劳强度的影响，还与应力集中程度、应力循环特征以及循环次数等因素有关，特别是应力集中系数越高，残余应力影响越显著。

D 缺陷的影响

焊接缺陷对疲劳强度的影响大小与缺陷的种类、尺寸、方向和位置有关。片状缺陷（如裂纹、未熔合、未焊透）比带圆角的缺陷（如气孔）影响大；表面缺陷比内部影响大；位于应力集中区的缺陷比在均匀应力场中的同样缺陷影响大；与作用力方向垂直的片状缺陷的影响比其他方向的大；位于残余拉应力场内的缺陷比在残余压应力区的影响大。值得说明的是，同样尺寸的缺陷对不同材料焊接结构的疲劳强度的影响也不相同。

4.3.2.4　提高焊接接头疲劳强度的措施

A　降低应力集中

应力集中是降低焊接接头和结构疲劳强度的主要原因，因此，降低应力集中式提高焊接接头疲劳强度的重要措施。通常采用的方法如下。

采用合理的构件结构形式，减少应力集中以提高疲劳强度。图 4-49 所示为各组元件设计的正误对比。

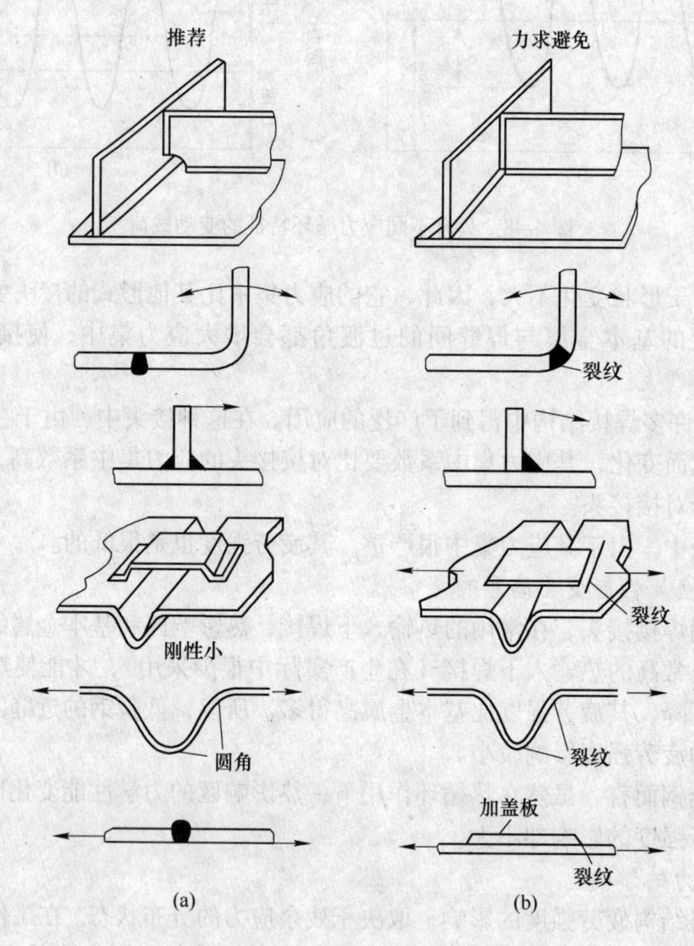

图 4-49　几种设计方案正误比较图
（a）正确；（b）错误

尽量采用应力集中系数小的焊接接头，如对接接头。采用复合结构将角焊缝改为对接焊缝的实例如图 4-50 所示。在对接焊接中，应保证基本金属与焊缝之间平缓过渡，机械打磨过渡区是可采用的方法，但要注意打磨方向应是顺着力线传递方向，而垂直于力线的方向打磨则往往取得相反效果。还应指出，对接焊缝只有保证连接件的截面没有突变的情况下，传力才是合理的。图 4-51 所示是一些不合理对接焊缝的实例。另外，对接焊缝虽然有较高的疲劳强度，但如果焊缝质量不高，其中存在严重的缺陷，则疲劳强度也会下降，甚至低于搭接焊缝，这应引起注意。

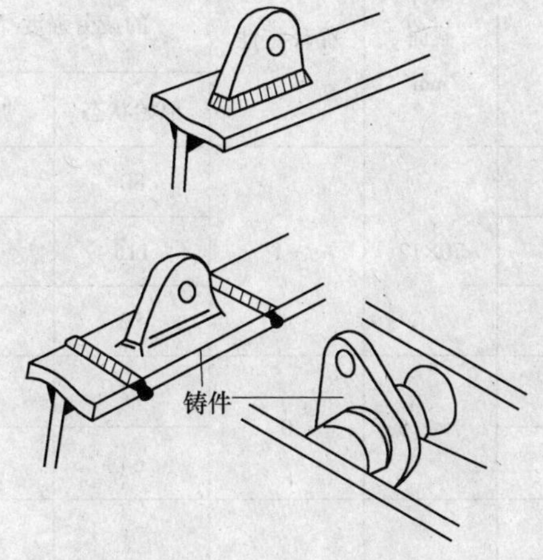

图 4-50 铲土机零件

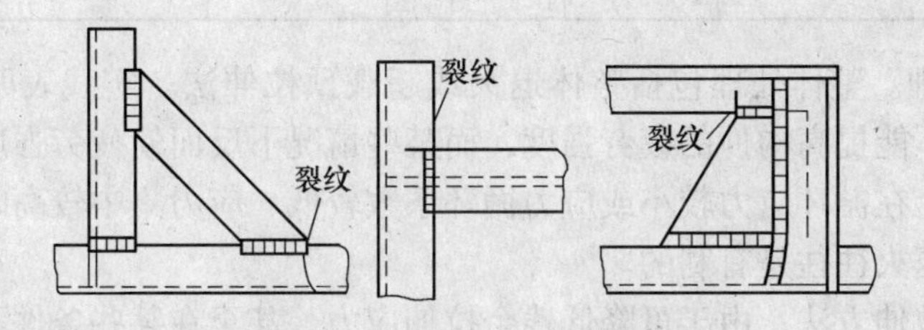

图 4-51 不合理的对接焊缝

当采用角焊缝时（有时不可避免）则需采用综合措施，如机械加工焊缝端部、合理选择角接板形状、焊缝根部保证焊透等来提高接头的疲劳强度。这些措施可以降低应力集中并能消除残余应力的不利影响。实验证明，采用综合处理后，低碳钢接头处的疲劳强度提高 3~13 倍，对低碳合金钢的效果则更显著。

有些实验证明，开缓和槽使力线绕开焊缝的应力集中处，也可以提高接头的疲劳强度。

用表面加工的方法消除焊缝及其附近的各种刻槽，可以降低构件中的应力集中程度，提高接头的疲劳强度。但这种方法成本高，因此只有在真正有益和确定能加工到的地方才适。

采用电弧整形的方法代替机械加工，使焊缝与基本金属之间平滑过渡。该方法是用钨极氩弧焊在焊接接头的过渡区重熔一次，使焊缝与基本金属之间平滑过渡，同时减少该部位的微小非金属夹渣物，因而使接头部位疲劳强度提高。采用氩弧焊整形提高疲劳强度的效果，见表 4-9。

B 调整残余应力场

清除焊接接头处的残余拉应力或使该处产生残余压应力，都可以提高接头的疲劳强度。这种方法可分两种：一种是结构或元件整体处理，另一种是对接头部分局部处理。

表 4-9　氩弧焊整形后焊接接头疲劳强度提高的效果

接头形式	钢　种	试件截面 /mm²	循环特性	2×10^6次循环下的疲劳强度/MPa		疲劳强度提高 /%	与基本材料相比
				原始状态	加工后		
对接	$\sigma_s=340$MPa	70×12	−1	80	120	50	—
	$\sigma_s=450$MPa			115	158	35	—
	$\sigma_s=674$MPa			80	150	90	—
	低碳钢	7×2.5	0	52	116	120	0.96
	低合金钢			64	181	280	0.86
	HT60 $\sigma_s=534$MPa	25×25	—	185	250	35	0.67

（1）整体处理。整体处理包括整体退火或超载预拉伸法。实践表明，退火后的焊接构件在某些情况下能提高构件的疲劳强度，而某些情况下反而使疲劳强度有所降低。

一般情况下，在循环应力较小或应力循环系数较低、应力集中较高时，残余拉应力的不利影响增大，退火往往是有利的。

采用超载预拉伸方法，由于可降低残余拉伸应力，甚至在某些条件下会在缺口尖端处产生残余压应力，因此，它往往可提高接头的疲劳强度。

（2）局部处理。采用局部加热或挤压可以调节焊接残余应力场，在应力集中处产生残余压应力。

（3）改善材料力学性能。表面强化处理，用小轮挤压或用锤子轻打焊缝表面及过渡区，或用弹丸处理焊缝区，不但能形成有利的表面压应力，而且能使材料局部加工硬化，可以提高接头的疲劳强度，但对锻打程度要严格规定。表 4-10 所示为表面加工硬化的圆形碳钢试件疲劳强度提高的情况。

表 4-10　圆形碳钢试件表面处理试验结果

试件号	试件加工部分简图	焊后加工情况	疲劳强度/MPa
1		未加工	237
2		风锤锻打	270
3		未加工	107
4		加热至 600℃，回火 2h	107
5		表面弹丸	224
6		风锤锻打	227

C　特殊保护措施

介质往往对材料的疲劳强度有影响，因此，采用一定的保护涂层是有利的。例如在应力集中处涂上加填料的塑料层。

5 焊接结构生产

5.1 概　　述

焊接结构随着焊接技术的发展而产生，从20世纪20年代起，就得到越来越广泛的应用。第一艘全焊远洋船是1921年建造的，但焊接结构开始大量制造是20世纪30年代以后。国际经济和军事工业发展的需要，大大推动了焊接结构及焊接生产的应用，使焊接技术和理论获得了迅猛的发展。下面简单介绍焊接结构的特点和分类。

5.1.1　焊接结构的特点

焊接结构与铸造结构和铆接结构相比，有自己的优缺点。

5.1.1.1　焊接结构的优点

（1）采用焊接结构可以减轻结构的重量，提高产品的质量，特别是大型毛坯件的质量（相对铸造毛坯）。

（2）焊接结构理论上其连接厚度是没有限制的（与铆接相比），这就为制造大厚度巨型结构创造了条件。焊接结构有很好的气密性和水密性，这是贮罐、压力容器、船壳等结构必备的性能。

（3）焊接结构多用轧材制造，它的过载能力，承受冲击载荷能力较强（和铸造结构相比）。对于复杂的连接，用焊接接头来实现要比用铆接简单得多，训练有素的焊接结构设计人员可以灵活地进行结构设计，并有多种满足使用要求的结构可供选择，简单的对接和角接就能构成各种焊接结构。

（4）节省制造工时，同时也就节约了设备工作场地的占用时间，也可以获得节约资金的效果。

5.1.1.2　焊接结构存在的问题

（1）焊接结构中存在焊接残余应力和变形。

（2）焊接过程会局部改变材料的性能，使结构的性能不均匀。

（3）焊接结构是一个整体，刚度大，在焊接结构中易产生裂纹等缺陷，导致焊接结构对塑性破坏、脆断和疲劳等破坏特别敏感。

（4）科学技术的进步，使无损检测手段获得了重大发展，但到目前为止，能百分之百检出焊缝缺陷的检测手段仍然缺乏。

5.1.2　焊接结构的分类

按焊接结构工作的特征，并与其设计和制造紧密相连，结构的分类简述如下。

（1）梁、柱和桁架结构。分别工作在横向弯曲载荷下和纵向弯曲或压力下的结构可称为梁和柱。由多种杆件被节点联成承担梁或柱的载荷，而各杆都是主要工作在拉伸或压缩载荷下的结构称为桁架。实际上，输变电钢塔、电视塔、钢球-杆网架等也是桁架。

（2）壳体结构。它包括各种焊接容器，立式和卧式贮罐（圆筒形）、球形容器，各种工业锅炉、废热锅炉、电站锅炉的汽包、各种压力容器，以及冶金设备（高炉炉壳、热用炉、除尘器、洗涤塔等），水泥窑炉壳、水轮发电机的蜗壳等。这类结构要求焊缝致密，应按国家法规设计和制造。

（3）运输装备的结构。运输装备大多承受动载，有很高的强度、刚度、安全性要求，并希望重量最小，如汽车结构（轿车车体、载货车的驾驶室等），铁路敞车、客车车体和船体结构等。而汽车结构全部、客车车体大部分又是冷冲压后，经电阻焊或熔焊组成的结构。

（4）复合结构及焊接机器零件。常见的有铸压-焊结构、铸-焊结构和锻、焊结构等。这类构件往往承受冲击或交变载荷，还要求耐磨、耐蚀、耐高温等。

5.1.3　焊接结构的破坏形式

日常生活中焊接结构的破坏主要包括塑性破坏、脆性破坏和疲劳断裂。其中脆性破坏是焊接结构中最常见的，也是较严重的破坏方式。

5.2　焊接生产工艺过程的设计

焊接产品设计包括其中的焊接生产工艺过程设计。焊接生产工艺过程设计就是根据产品的生产性质、图样和技术要求，结合现有条件，运用焊接技术知识和先进生产经验，确定产品的加工方法和程序的过程。焊接生产工艺过程设计的好坏将直接影响产品的制造质量、劳动生产率和制造成本，同时它还是生产管理、设计焊接工装和焊接车间的主要依据。

5.2.1　焊接生产工艺过程设计的内容和程序

5.2.1.1　设计内容

焊接生产工艺过程设计的主要内容有以下几点：

（1）确定产品各零部件的加工方法、相应的工艺参数及工艺措施。

（2）确定产品的合理生产过程，包括各工序的工步顺序。

（3）决定每一加工工序的工步所需用的设备、工艺装备及其型号规格，对非标准设备提出设计要求。

（4）拟定生产工艺流程、流向的运输和起重方法，选定起重运输设备。

（5）计算产品的工艺定额，包括材料消耗定额（基本金属材料、辅助材料、填充金属等）和工时消耗定额。进而决定各工序所需的工人数量以及设备和动力消耗等，为后续的设计工作及组织生产准备工作提供依据和条件。

5.2.1.2 设计程序

焊接结构生产工艺过程设计程序大概有以下几个方面的内容。

(1) 设计准备。汇集设计所需的原始资料，包括产品设计图样及技术条件、产品的生产计划以及对工厂车间生产能力的调查等。

(2) 产品工艺过程分析。通过对产品结构技术要求的分析，寻求产品从原材料到成品，整个制造过程的工艺方法，研究并解决制造中可能出现的技术问题。

(3) 拟定工艺方案。综合工艺过程分析的结果，提出制造产品的工艺原则和主要技术措施，对重大问题作出明确规定。

工艺过程分析与拟定工艺方案往往是平行而又交叉进行，方案可能有多个，通过论证比较后筛选出最佳方案。

(4) 编制工艺文件。把经审批的工艺方案进行具体化，编写出用于管理和指导生产的工艺文件。其中最主要的是工艺规程。

5.2.2 焊接工艺过程分析

焊接工艺过程分析的目的就是寻找一种既能保证产品质量，又能取得最好经济效果的制造程序和方法。

5.2.2.1 产品技术要求的分析

焊接产品的技术要求一般在图样上或技术文件中提出，可以归纳为两方面的内容。一是焊接接头方面的质量要求，它与金属材料的焊接性能密切相关；二是产品结构几何形状和尺寸方面的质量要求，它与备料、装配、焊接、热处理等工艺环节都有关系，其中焊接应力与变形是影响这方面要求的主要因素。

上述两方面内容必须综合运用焊接技术知识和生产经验对其分析研究，为制定工艺方案提供科学依据。

A 分析焊接接头质量

从母材的焊接性能分析开始，首先分析工艺焊接性，从冶金角度和热规范角度，根据该产品结构特点和材料的化学成分，分析采用何种焊接方法才能获得最好的焊接接头（包括焊缝和热影响区）性能，且产生的质量问题（包括焊接缺陷，使用性能问题）最小。接着根据所选定焊接方法的工艺特点，寻求合适的焊接参数，或采取一些特殊措施，解决可能产生的问题。最后综合评价分析所选用的焊接方法焊接成的接头性能（强度、韧性、耐蚀、耐磨等）是否符合设计要求。若不符合，则找出原因，提出解决问题的方法。在分析过程中，若遇到没有把握的问题，如首次接触到焊接性能不清楚的新钢种，这时应进行工艺试验，主要是焊接性试验。这样以确保分析的科学性和有效性。

B 分析焊接结构形状和尺寸

在焊接产品图样及技术文件中，常以公差等形式规定了产品几何形状与位置精度和尺寸精度方面的要求。如果生产过程中备料质量和装配质量都能得到保证，则焊后产生结构形状尺寸超差的原因，主要是焊接产生的应力与变形。因此，要从以下两个主要因素来分析焊接变形的原因。

（1）结构因素。接头的坡口形状，焊缝在焊件上的分布位置对焊接变性的影响；对于薄板结构，垂直板平面方向刚性弱，焊后则易产生波浪变形；细长杆件结构，易产生弯曲或扭曲变形；单面 V 形坡口对接接头由于焊缝形状沿板厚不对称，它比双 V 形坡口产生的角变形大；T 形截面的焊接梁，因焊缝在截面上集中于一侧焊后产生弯曲变形等。所有这些因素都是导致产生焊接变形的重要原因，针对这些原因，更多地采用改变结构设计来减少和避免焊接变形。否则，当超出设计所允许的范围时，只能采取工艺措施来克服和消除。

（2）工艺因素。焊接方法、焊接参数、装配-焊接顺序、单道焊或多道焊、直通焊或逆向分段焊、刚性固定焊或采用反变形措施等，都是影响焊接变形的参数。正确选择，合理地利用与控制这些因素，一般都能取得一定的效果。

如果从结构和工艺两个方面都难以解决焊接变形问题，可以采取焊后进行矫正的消极办法。只要不影响结构的安全使用，又能减少制造成本，焊后进行矫正也是一种合理的选择。

5.2.2.2 先进工艺技术的分析应用

在焊接工艺过程分析中解决每一个技术问题时，首先应考虑采用更为先进的技术的可能性，如采用新材料、先进的焊接方法与设备以及检测手段等，尽量减少手工操作，提高机械化和自动化水平。在制造程序上，应用最小的工序或最短的流程完成整个制造过程，这样可大大提高效率，缩短生产周期。例如厚钢板下料工艺，原来是用手工气割，可以改用半自动或全自动气割，或者用更为先进的数控精密切割。又如电站锅炉膜式水冷壁嗜片的焊接，原来用焊条电弧焊，可以改用多头单面埋弧焊，或者采用更为先进的多头双面CO_2气体保护焊，后者不仅质量好，效益也高。

在不改变产品功能前提下，通过改变结构设计，以便采用更为先进的焊接工艺。例如大型输油管道，原来设计（图 5-1（a））是用平钢板卷圆，焊纵缝形成圆筒节，然后圆筒节再对接，焊环缝形成管道。这样制造工序多，使用工装多而且复杂，效率低。现改设计成螺旋管（图 5-1（b）），用卷钢在生产流水线上一边卷成螺旋管的形状，一边用 CO_2气体保护焊焊接内外螺旋状焊缝，然后按需要切成不同长度的管道。这种生产方式效率很高。

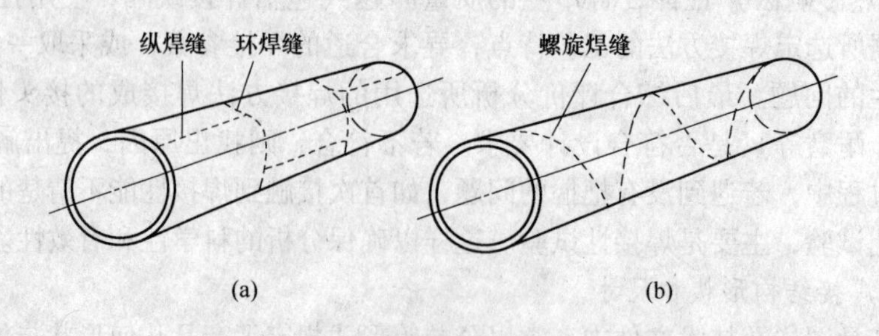

图 5-1 大型输油管道的两种设计

（a）原来的常规设计；（b）改进后的设计

制约先进工艺技术应用的原因主要是经济（即产品成本）和环境保护等因素，对此必须作综合分析与充分论证，最后应由反映社会效益和技术经济指标来决定。总之，一方面不能因循守旧，要大胆地采用先进工艺技术，同时还要实事求是地分析与论证，保证既有高的工艺水平，又有好的经济效益。

5.2.3 工艺方案的确定

工艺方案是根据产品设计要求、生产类型和企业的生产能力，提出工艺技术准备工作的具体任务和措施的指导性文件。它是经过工艺过程分析，对生产中的重大技术问题有了解决的办法和设想后，进行综合归纳和整理，形成能指导产品生产的方案。其主要内容有：

（1）规定关键质量问题的解决原则和方法，包括零部件的加工方法。

（2）提出工艺试验研究课题和工艺装备的配置，提出专用工装的设计原则和设计要求。

（3）规定生产组织形式和工艺路线的安排原则和意见。

（4）决定工艺规程制订原则、形式和繁简程度。

总之，对制造产品的重大技术问题在方案中应作出明确的规定与说明，这是工艺过程设计的重要内容。工艺方案一经审批，即成为编制各种工艺文件的依据。

5.2.4 工艺规程的编制

工艺方案确定后，需要编制成能指导工人操作和用于生产管理的各种技术文件，通常称为工艺文件。如工艺流程图、装配工艺卡、焊接工艺卡和工艺规程等。工艺规程是规定产品或零部件制造工艺过程和操作方法等的重要工艺文件。它反映了工艺设计的基本内容，是用以指导产品加工的技术规范，是企业安排生产计划进行生产调度、技术检验、劳动组织和材料供应等工作的主要技术依据，工艺规程有多种文件形式，一般包括的内容有：规定产品或零部件制造工艺的具体过程、质量要求和操作方法；指定加工用的设备；给出产品的材料、劳动和动力消耗定额；确定工人的数量及其技术等级等。

5.2.4.1 工艺规程的文件形式和格式

为便于生产和管理，工艺规程有多种文件形式，见表5-1。

表5-1 工艺规程常用的文件形式

文件形式	特　点	适用范围
工艺过程卡片	以工序为单位，简要说明产品或零部件的加工或装配过程	单件、小批生产的产品
工艺卡片	按产品或零部件的某一工艺阶段编制，以工序为单元详细说明各工序、内容、工艺参数、操作要求及所用设备与工装	适用于各种批量生产的产品
工序卡片	在工艺卡片基础上，针对某一工序而编制，比工艺卡片更详尽，规定了操作步骤、每一工序内容、设备、工艺参数、工艺定额等，常用工序简图	大批量生产的产品和单件小批生产中的关键工序
工艺守则	按某一专业工种而编制的基本操作规程，具有通用性	单件、小批、多品种生产

至于文件的格式，为了标准化，同时又方便于使用和管理，在《工艺规程格式》JB/T 9165.2—1998 标准中规定了 30 多种。在生产中无特殊要求时，都应采用。其中与焊接有关的几种表格有：工艺规程幅面和表头及附加栏、焊接工艺卡、装配工艺过程卡片、装配工序卡片、工艺守则。

对某些行业因产品制造工艺复杂或者有特殊要求，统一格式难以表述，可以在行业范围或企业内部建立统一格式，限在本范围内使用。

5.2.4.2　工艺规程编制的基本要求

编制工艺规程就是把工艺方案的原则具体化。这并不是简单地填写表格，而是一种创造性的设计过程。目前，许多企业已用微机来编制和管理。编制时，除必须考虑前面所提及的设计原则外，还应达到下列要求：

（1）工艺规程应做到正确、完整、统一和清晰。

（2）规程的格式、填写方法、使用的名词术语和符号均应按有关标准规定，计量单位采用法定计量单位。

（3）同一产品的各种工艺规程应协调一致，不得互相矛盾。结构特征和工艺特征相似的零部件，尽量设计具有通用性的典型工艺规程。

（4）每一栏中填写的内容应简要、明确、文字规范。对于难以用文字说明的工序或工序内容，应绘制示意图，并标明加工要求。

5.2.4.3　工艺规程的编制

应根据产品的生产性质、类型和产品的复杂程度确定该产品的工艺文件种类。在《工艺文件的完整性》（JB/Z 187.2—1988）标准中，对必备的和酌情自定的文件作了规定。如单件和小批量生产的简单产品，有工艺过程卡片和关键工艺的工艺卡片即可。对复杂产品则需要有工艺方案、工艺路线表、工艺过程卡片、工艺卡和关键工序的工序卡片等。对于大批量生产则要求文件齐全完整，内容要详尽而具体。

在编制过程中，一方面要依据图样设计要求和工艺方案，另一方面要掌握编写工艺规程的有关标准及其相关工艺资料。此外，在编制中还要提出工序的技术要求或验收质量标准，保证产品质量在生产过程中得到有效控制。

5.2.5　工艺过程设计中的工艺选择

在工艺过程分析时，需对产品制造各阶段的加工方法作出正确的选择。在编制工艺文件时，需提出明确的工序技术要求，选定加工件所用的设备及其相应的加工工艺参数等。这项工作就是工艺选择。

5.2.5.1　备料

在焊接生产过程中，将结构的基本金属材料在装配焊接前的准备工作如矫正（直）、画线（号料）、切割（下料）、边缘加工、成形（包括弯曲）及焊前的坡口准备等工作统称为备料。根据产品的不同，备料工作量约占全部工作量的 25%~60%，同时备料工作的质量对焊接质量也有直接的影响。因此，必须选择合适的备料加工工艺。表 5-2 列出各种备料工艺的内容及特点。

表 5-2 焊接生产中的备料工艺

工艺过程				说明
验收				入库前对母材和焊材等的质量证件进行检查，应符合有关标准或产品设计的要求，必要时进行复验
贮存				入库的材料分类标记、合理存放和保管，防止混杂、受潮、生锈或损伤
发放				根据产品实际需要，发放材料，要求做好标记移植，严格发放制度，防止发错或用错材料
手工矫正				原材料因吊运、存放等产生不允许的变形，靠人力用手锤等简单工具进行矫正。适用于数量不大的薄小的材料矫正
机械矫正				利用机械矫正原材料的各种变形。型材调直可使用通用的千斤顶、顶床、压力机等，或专用的多辊角钢（或管材）矫正机。钢板调平使用多辊的矫平机
火焰矫正				利用气体火焰加热局部金属，使冷后产生收缩来矫正金属材料的变形。可矫正型材、板材，如弯曲、凹凸等变形
机械清理				用钢丝刷、手动砂轮、喷砂或抛丸等方法，清除金属表面的污、锈和氧化物。大批量生产或大面积清理宜用喷砂抛丸方法
化学清理				利用酸洗或其他化学药品浸洗方法去除金属表面的污、锈和氧化物
画线				在毛坯或工件上用画线工具画出待加工部位的轮廓线或作出基准点、线的过程
放样				根据构件图样，用 1:1 比例在放样台（或平板）上画出所需图形的过程。可以检验产品设计的合理性、确定构件下料尺寸或制作样板等。有实尺放样、光学放样和数控放样等方法，复合构件要作展开放样
号料				是根据图样或利用样板、样杆等直接在原材料上画出构件的形状加工界线的过程。合理排料可提高材料的利用率
切割下料	冷切割	剪切		通过两剪刃的相对运动切断材料的加工方法。有剪扳机、圆盘剪切机、联合冲剪机等设备。可根据材料性质、厚度和形状选用
		锯切	有齿锯	利用锯齿切削的方法切断材料口有弓锯、带锯和圆盘锯等
			无齿锯	利用高速旋转的圆锯片与被切工件之间的摩擦热去切断材料
	热切割	气割		根据产品实际需要，发放材料，要求做好标记移植，严格发放制度，防止发错或用错材料
		等离子切割弧		利用等离子弧的高温使金属局部熔化，借助高速等离子焰流的动量排除熔化金属而完成切割。可切割所有金属和部分非金属材料。有手工切割和机器切割两类
		激光切割		利用高能量密度（107~108W/cm^2）的激光束照射到工件切割区，使工件局部熔化或气化并被吹走而完成切割。可切割金属和非金属，其切割厚度与激光器输出功率有关，适宜微薄件的精密切割
坡口与边缘加工				加工的内容有：（1）厚板待焊的边缘为了焊透等原因需具有一定形状的坡口；（2）对非焊边缘为了去除冷作硬化层或热切割时变坏的热影响区层；（3）获得具有精确尺寸的零件。直线边缘多用刨削，如刨边机等曲线边缘可用车削或铣削

续表 5-2

工艺过程	说　明
弯曲成形	利用机械方法使材料获得弯曲形状的过程。有冷弯和热弯，大厚度和变形量大时要用热弯。对钢板多用三辊的或四辊的卷扳机；对钢管有专用的弯管机
冲压成形	具有空间曲面形状的零件，借助冲模和压力机等设备对板料冲压而成，如容器的封头、轿车的车体、油箱等
其他加工	制孔、折边、翻边、胀口等

在选择加工方法时，必须掌握每一种方法的工作原理、加工特点、加工精度及适用范围等。选择工序技术要求时，必须掌握每一种工艺所遵循的标准、规程和技术要求，包括一些经验数据等。

这些都作为制订工艺时的主要依据。相关标准和技术文件有 JB/Z 307.11—1988《切削加工通用工艺守则下料》，JB 4381—1987《冲压剪切下料件公差》等。最后在选择加工设备时，必须掌握所用设备的型号、规格和技术性能，为此需查阅有关产品目录或样本。如在《锻压机械产品样本》（机械工业出版社，1990 年）中对压力机、剪切板、卷板机、平板机等焊前备料常用的设备均有详细介绍，可以根据需要从中选择。

5.2.5.2　装配工艺选择

焊接结构生产的装配工艺是将组成结构的零件、毛坯按图样的技术要求加以固定，组成组件、部件或结构的过程。它是焊前很重要的一道工序，也是一道繁重的工序，约占结构全部工作量的 25%~35%。装配工艺的质量也直接影响到焊接质量、劳动生产率等因素。焊接工艺的机械化和自动化程度越高，对装配质量要求也越高。因此，在装配工作中必须对产品的装配方法和装配的顺序作出选择。表 5-3 列出了焊接生产中的装配方式和方法。

选择装配工艺时，要做到有利于施焊质量和检查，避免强力装配。有利于控制焊接应力与变形，同时还要有利生产组织与管理，提高生产率。

表 5-3　焊接生产中的装配方式与方法

<table>
<tr><th colspan="3">方式与方法</th><th>特　点</th><th>适用范围</th></tr>
<tr><td colspan="2" rowspan="2">定位尺寸</td><td>划线定位装配法</td><td>按事先划好的装配线确定零部件的相互位置，使用普通量具和通用工夹具在工作平台上实现对准定位与紧固。效率低，质量不稳定</td><td>大型的单件生产的焊接结构</td></tr>
<tr><td>工装定位装配法</td><td>按产品结构设计专用装配夹具，零件靠事先安排好的定位元件定位和夹紧器夹紧而完成装配。效率高，质量稳定，有互换性，成本较高</td><td>批量生产的焊接结构</td></tr>
<tr><td rowspan="3">焊接装备顺序</td><td rowspan="2">零件组装法</td><td>随装随焊（边装边焊）</td><td>先装若干件后接着正式施焊。再装若干件后再施焊，直至全部零件装焊完毕。在一个工作位置上，装配工和焊工交叉作业</td><td>单件小批生产或复杂结构</td></tr>
<tr><td>整装整焊（先装后焊）</td><td>将全部零件按图样要求装配成整体，然后转入正式焊接工序，焊完全部焊缝。装配和焊接可以在不同的工作位置进行</td><td>结构简单，零件数量少的焊件</td></tr>
<tr><td colspan="2">部件组装法</td><td>将整个结构划分成若干个部件，每个部件单独装焊好后，再将它们总装，焊成整个结构</td><td>大型的复杂焊接结构</td></tr>
</table>

续表 5-3

方式与方法		特　点	适用范围
装配地点	工件固定装配法	在固定工作位置上装配完全部零部件	大型的或重型的焊接结构
	工件移动装配法	按工艺流程工件顺着既定的工作地点移动，在每个工位上只完成部分零件的装配	流水线生产的产品

5.2.5.3 焊接工艺的选择

制定焊接工艺时，其内容包括选择和确定焊接方法及焊接材料；焊接参数以及焊后热处理参数；焊接用的设备和工艺装备；其他如焊接顺序、保护气体种类、流量等。制定焊接工艺应遵循的原则首先是保证质量，即焊接接头无论外形尺寸或内部质量都要满足技术条件的要求；其次是考虑生产效率，即便于施焊，如尽可能地用机械化辅助装置使工件在最方便的位置施焊，或实现机械化、自动化焊接，这样保证有较高的生产效益。表 5-4 为常用电弧焊特点的比较。

当焊接结构制造工艺拟定好，当然包括其中的焊接工艺制定完成后，根据需要进行焊接工艺评定。即在产品施焊前，产品焊缝的焊接工艺规程应该经过评定合格，即使焊制出来的接头满足所要求的性能。这是保证产品焊接质量，保证结构质量的重要手段。有焊接工艺评定支持的焊接工艺规程或焊接工艺指导书才是有效的焊接工艺文件。

表 5-4　常用电弧焊方法特点的比较

焊接方法	焊条电弧焊	CO_2气体保护电弧焊	TIG 焊	MIG 焊	埋弧焊	等离子弧焊
焊接设备	交、直流电弧焊机	CO_2半自动焊机	TIG 焊机	MIG 焊机	埋弧焊机	等离子弧焊机
焊件材质及板厚	低碳钢、高强度钢、不锈钢、特种钢、铜合金；1.6mm 以上	低碳钢、高强度钢、特种钢；1.6mm 以上	低碳钢、不锈钢、特种钢、铝及铝合金、铜、钛及钛合金；0.5mm 以上	高强度钢、特种钢；3.2mm 以上	低碳钢、不锈钢；6mm 以上	低碳钢、高强度钢、不锈钢钛、铜合金；0.2mm 以上

焊接方法	焊条电弧焊			CO_2 气体保护电弧焊			TIG 焊		MIG 焊			埋弧焊		等离子弧焊		
焊接位置	平、立、横、仰			平、立、横、仰			平、立、仰		平、立			平		平、立		
典型焊接实例平焊 板厚/mm	3.2	9	2.5	3.2	9	25	1~6	3.2	3.2	9	25	9	25	1.6	3.2	9
典型焊接实例平焊 坡口形式	I	V	X	I	V	X	I	V	I	V	X	V	X	I	I	I
典型焊接实例平焊 焊接电流/A	100	100	300	120	320	450	80	130	120	350	400	800	800~1200	80	95	200
典型焊接实例平焊 焊接速度/cm·min⁻¹	6	2.5	5.5	3.6	6.5	20	5	6.7	4.7	7.2	22.3	8.6	13.8	2	2.5	4

续表 5-4

操作范围	焊钳和焊机间距 50m 以下	焊炬与送丝装置间距 3m；送丝装置与焊机间距 25m 以下	焊枪与焊机间距 4~8m	焊枪与送丝装置间距 3m；送丝装置与焊机间距 25m 以下	焊接小车与焊机间距 25m 以下	焊枪与焊机间距 5~10m
焊机价格比	交流焊机为 1；直流焊机为 3~4	5~7	4~6	8~10	20~30	10~20
焊接材料	焊条	CO_2 焊用焊丝 CO_2 气体	焊丝 氩气	MIG 焊用焊丝氩气	焊丝 焊剂	氩气 焊丝
焊道外观	良	稍差	良	良	良	良
受风的影响	小	大	大	大	小	大
受焊工操作技术的影响	大	中	大	中	小	小

5.3　焊接结构中的应力与变形

金属结构在焊接过程产生各式各样的焊接变形和大小不同的焊接应力。若焊件在焊接时能自由收缩，则焊后焊件的变形较大，而应力较小，如果由于外力的限制或自身刚性较大，焊件不能自由收缩，则焊后焊件的变形较小而应力较大。在实际生产中，焊后总会产生一定的变形，并存在一定的焊接残余应力，变形和应力两者在焊接时同时产生。

5.3.1　焊接应力及变形产生的原因和影响因素

5.3.1.1　焊接应力与焊接变形的概念

物体受到外力作用时，在其单位截面积上所受的力称为应力。当没有外力存在时，物体内部所出现的应力称为内应力。内应力在物体内部是相互平衡的，如物体内有拉伸内应力，就必然有压缩内应力，这是内应力的重要特征。在焊接过程中，由于不均匀加热和冷却，使焊件内部产生的应力，称为焊接内应力，又名焊接残余应力，过大的焊接应力能引起焊件或焊缝产生裂纹，降低结构承载能力，并使结构在腐蚀介质中产生应力腐蚀。

当物体受到外力作用时，它的形状发生变化，这种形状变化称为变形。当外力消失后，物体形状恢复原样，这种变形称为弹性变形；如果物体所产生变形在外力消失后不能恢复原状，这种变形称为塑性变形。在焊接应力的作用下，结构所产生的形状和尺寸的变化称为焊接变形，它造成下一道工序施工困难，为矫正焊接变形往往要消耗很多人力和物力，严重的焊接变形，会影响结构承受外力的能力和使用性能，甚至因变形严重无法矫正而报废。因此焊工必须了解焊接应力、焊接变形的规律，掌握减少焊接应力和控制焊接变形的措施，以保证结构的焊接质量。

5.3.1.2 焊接应力与焊接变形的形成

产生焊接应力和变形的原因很多，下面分析一下其中的主要原因。

A 焊接时焊件不均匀加热

由于焊接时局部加热到熔化状态，形成焊件上温度不均匀分布。下面来看看由手工电弧焊温度不均匀分布而引起的焊接应力和变形的过程。

设有一块钢板，沿边缘进行堆焊，如图5-2所示。如果钢板是由无数块互相能自由滑动的板条组成，板条受热而伸长，伸长的多少与温度的高低成正比。

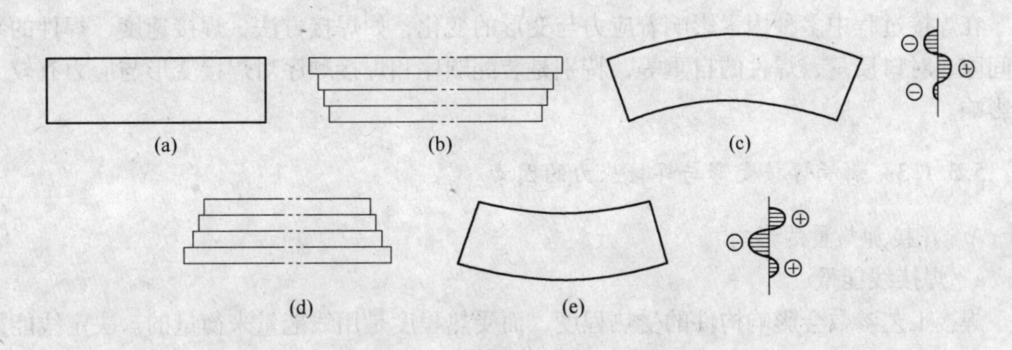

图5-2 钢板边缘堆焊时的应力与变形

(a) 钢板；(b)，(c) 钢板受热过程变形；(d)，(e) 钢板冷却过程变形

实际上钢板是一整体，受热部分金属要受到下面未受热部分金属的约束，不能自由伸长。因此，堆焊部分金属伸长时，带着整块钢板绕中性面向上弯曲变形，受到压缩应力。当温度继续升高时，压缩应力继续增加。钢板随温度升高，屈服极限不断降低，在600℃左右屈服极限几乎接近于零。因此，堆焊部分的金属在压缩应力作用下产生塑性变形。

冷却时，堆焊金属逐渐收缩而使内部的压缩应力逐渐消失，同时，在高温产生的压缩变形保留下来，即堆焊金属冷却下来后比原始长度要缩短。同样道理，缩短时也受到原来未加热部分金属的约束，其结果使整块钢板产生向下弯曲变形；同时，堆焊处金属受到拉伸应力。

由上面分析可以看到，焊件局部不均匀受热是产生变形和应力的主要原因。焊接后，在焊缝以及焊缝附近金属受拉应力，离焊缝较远处的金属受压应力。

B 熔敷金属的收缩

焊缝金属在凝固和冷却过程中，体积要发生收缩，这种收缩使焊件产生变形和内应力，焊缝金属的收缩量决定于熔化金属的数量。例如焊接V型坡口对接接头时，焊缝上部宽，熔化金属多，收缩量大。上下收缩量不一致，故发生角变形。

C 金属组织的变化

金属加热到很高温度并随后冷却下来，金属内部组织要发生变化。由于各种组织的比容不同，钢中常见组织的比容见表5-5。所以，金属冷却下来时要发生体积的变化。

表 5-5 钢中常见组织的比容

钢中常见组织	奥氏体	铁素体	珠光体	渗碳体	马氏体
比容/$cm^3 \cdot g^{-1}$	0.123~0.125	0.127	0.129	0.130	0.127~0.131

D 焊件的刚性

焊件的刚性本身就限制了焊件在焊接过程中的变形，所以刚性不同的焊接结构，焊后变形的大小不同。焊件夹持在卡具中进行焊接，由于夹具夹紧力的限制，焊件不能随温度的变化自由膨胀和收缩，这样也就有效地减少了焊件的变形，但焊件中产生了较大的内应力。

在焊接过程中多种因素影响着应力与变形的变化，如焊接方法、焊接速度、焊件的装配间隙、对口质量、焊件的自重等，特别是装配顺序和焊接顺序对焊接变形与应力有较大的影响。

5.3.1.3 影响焊接变形与焊接应力的因素

A 焊接加热量的影响

a 焊接线能量

焊接工艺参数会影响构件的受热程度，而受热程度是用线能量来衡量的。决定线能量的主要参数是焊接电流 I、电弧电压 U 和焊接速度 v 等三个方面。输入的热量越大，则焊接变形与应力也就越大。

b 焊接方法

不同的焊接方法（气焊、焊条电弧焊、埋弧焊、CO_2气体保护焊）加热区的大小不同，因而对焊接变形与应力的影响也完全不同。焊接相同厚度的钢板时，埋弧焊比焊条电弧焊变形小，因为前者焊接速度快，电流密度大，加热集中，熔深大。

焊接薄板结构时，气焊的变形最大，焊条电弧焊次之，CO_2气体保护焊最小。因为CO_2气体保护焊用细焊丝，电流密度大，加热集中，而气焊火焰加热区域宽，热量不集中。

c 焊缝尺寸与焊缝热量

焊缝尺寸大，数量多，则焊接变形与应力就增大。因此应按规定的焊缝尺寸施焊，不要任意加大焊缝尺寸。因为这样熔化金属量多，即输入的热量大，焊接变形也就明显增大。

d 焊缝的位置

焊缝的位置是影响结构的弯曲变形的主要因素。在焊接结构设计中，应使焊缝尽量对称布置，如果实际情况不可能对称布置，在焊接时设法采用合理的焊接顺序或反变形措施。

B 结构刚度的影响

a 构件的尺寸和形状

结构的刚度是结构抵抗变形的能力，与构件的变形及其尺寸大小有关。结构刚度越大，抵抗变形的能力就越大，构件内残余应力也就越大，则焊接变形越小。但结构刚度过大，有时在焊接时会导致焊缝开裂，在焊接厚板或嵌补板时，尤其容易出现。因此，焊接具有较大刚度的钢结构时，应采取相应的工艺措施。

b 胎卡具的影响

为了提高生产效率，保证产品装焊质量，在生产上常常采用胎卡具固定被焊构件，以提高结构刚度，防止和减少焊接变形。但胎卡具固定作用可能增大构件的焊接残余应力，消耗一部分材料的塑性。因此，对塑性比较差的钢材，不能用胎卡具固定得太牢，以免引起过大的焊接残余应力。

c 装配、焊接顺序

装配、焊接顺序对焊接变形与焊接应力有很大的影响，不同的装配次序，不仅使结构具有不同的刚度，而且使焊缝和结构中性轴的相对位置也发生变化，对焊接变形将产生很大的影响。现举例如下。

例一：图 5-3 为长度 $L=12$m 的一根焊接工字梁，由零件 1、2、3 三部分组成。由于上下翼板宽度不同，可以有三种不同的装配焊接方案。

方案 a：先将零件 1、2 装配焊接之后，再与零件 3 装配焊接在一起，焊后测得纵向弯曲变形挠度为 21. 1mm。

方案 b：先将零件 2、3 装配焊接之后，再与零件 1 装配焊接在一起。焊后测得纵向弯曲变形挠度为 6. 8mm。

方案 c：将零件 1、2、3 全装配在一起，最后焊接。焊后测得纵向弯曲变形挠度为 4. 7mm。

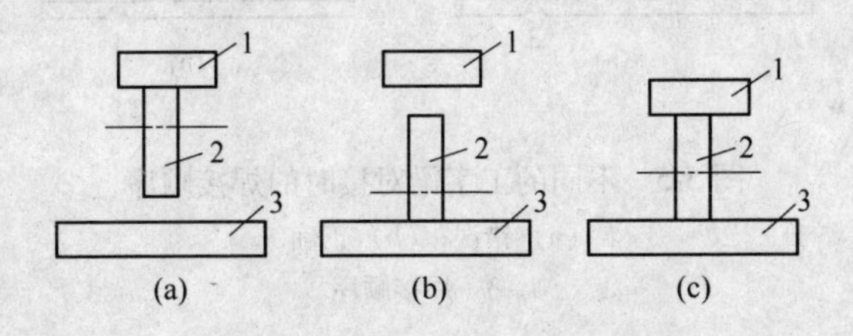

图 5-3 不对称工字梁装焊顺序对焊接变形的影响

1，3—上下翼板；2—腹板

例二：图 5-4 为两种不同的拼板焊接顺序。

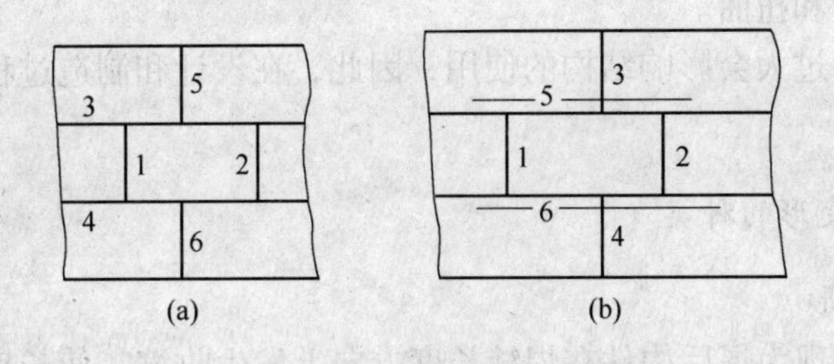

图 5-4 平板拼焊时的焊接顺序

（a）错误；（b）正确

1~6—焊接顺序

方案 a：若先焊接 3、4 两条焊缝，再焊接焊接 5、6 两条焊缝，则由于 5、6 两条焊缝的横向收缩受到限制，平焊缝中将产生很大的焊接拉应力，在焊缝附近的钢板上，有时还会产生皱折。这是一种错误的焊接顺序，如图 5-4（a）所示。

方案 b：在确定拼板焊接顺序时，即要考虑焊接变形，也要考虑焊接应力，在保证焊接变形较小的情况下，尽量保证每条焊缝能自由收缩，以减少焊接残余应力，如图 5-4（b）所示。

例三：图 5-5 所示为两种不同的工字梁对接焊接顺序。

方案 a：按图上所示的焊接顺序，则在上下两翼板中产生很大的拉应力。工字梁承受载荷时，其下翼板受拉伸，腹板的上部受压缩，因此工作应力与焊接残余应力是相互叠加的，这对工字梁的工作状况是很不利的，是一种错误的焊接顺序。

方案 b：先焊翼板，后焊腹板，则在翼板中出现压应力，而在腹板中出现拉应力。当工字梁承受载荷时，下翼板受拉伸，可以与原来的压应力抵消一部分。而腹板上半部的压应力又可与原来的拉应力抵消一部分，从而减少腹板发生皱折（失稳）的可能性。此方案是比较好的。

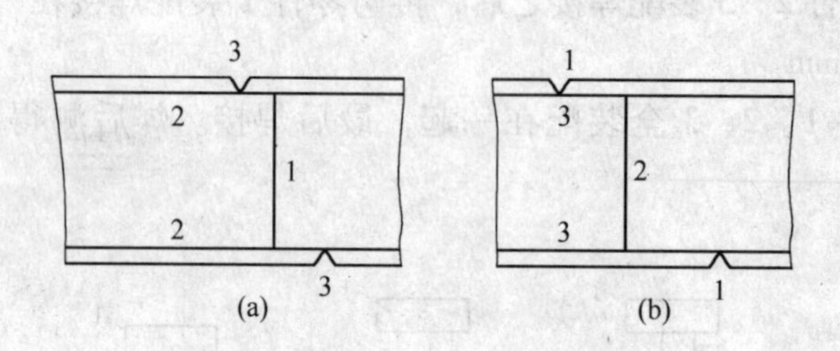

图 5-5 不同的工字梁对接时的焊接顺序

（a）错误；（b）正确

1~3—焊接顺序

5.3.2 焊接变形的种类和应力分布

焊接时所产生的变形分为两大类，有局部变形和整体变形。局部变形是指这种变形仅发生在焊接结构的某一局部，例如角变形、波浪形；整体变形是指焊接时产生遍及整个结构的变形，例如挠度和扭曲。

焊接结构的变形过大会影响结构的使用，因此，在设计和制造过程中，必须设法使结构变形最小。

5.3.2.1 焊接变形的种类

A 纵向收缩变形

纵向收缩变形表现为焊后构件在焊缝长度方向上发生收缩，使长度缩短，如图 5-6 中的 ΔL 所示。纵向收缩是一种面内变形。

B 横向收缩变形

横向收缩变形表现为焊后构件在垂直焊缝长度方向上发生收缩，如图 5-6 中的 ΔB 所示。横向收缩也是一种面内变形。

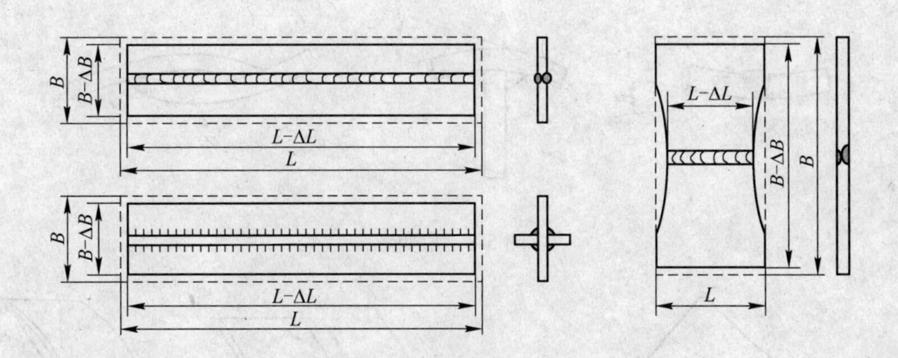

图 5-6　纵向和横向收缩变形

C　挠曲变形

挠曲变形是指构件焊后发生挠曲。挠曲可以由纵向收缩引起，也可以由横向收缩引起，如图 5-7 所示。挠曲变形是一种面内变形。

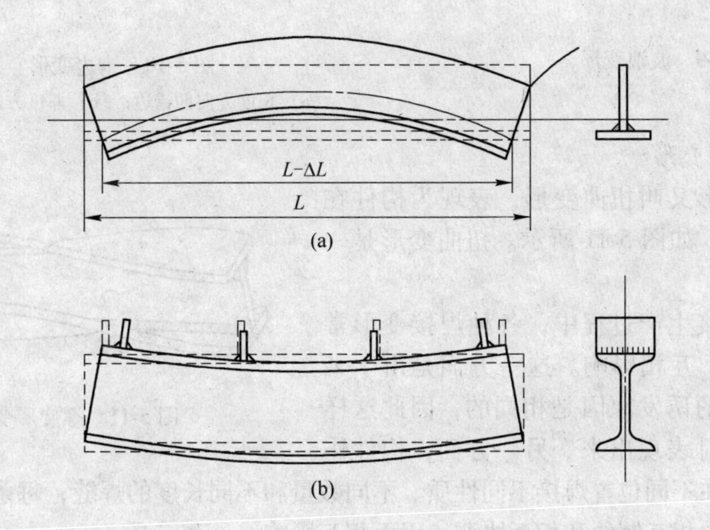

图 5-7　挠曲变形

（a）由纵向收缩引起的挠曲变形；（b）由横向收缩引起的挠曲变形

D　角变形

角变形表现为焊后构件的平面围绕焊缝产生角位移，是由于焊缝截面形状上下不对称使焊缝的横向缩短上下不均匀所引起。图 5-8 给出了角变形的常见形式。角变形是一种面外变形。

E　波浪变形

波浪变形指构件的平面焊后呈现出高低不平的波浪形式，这是一种在薄板焊接时易于发生的变形形式，如图 5-9 所示。波浪变形也是一种面外变形。

F　错边变形

指由焊接所导致的构件在长度方向或厚度方向上出现错位，如图 5-10 所示。长度方向的错边变形是面内变形，厚度方向上的错边变形为面外变形。

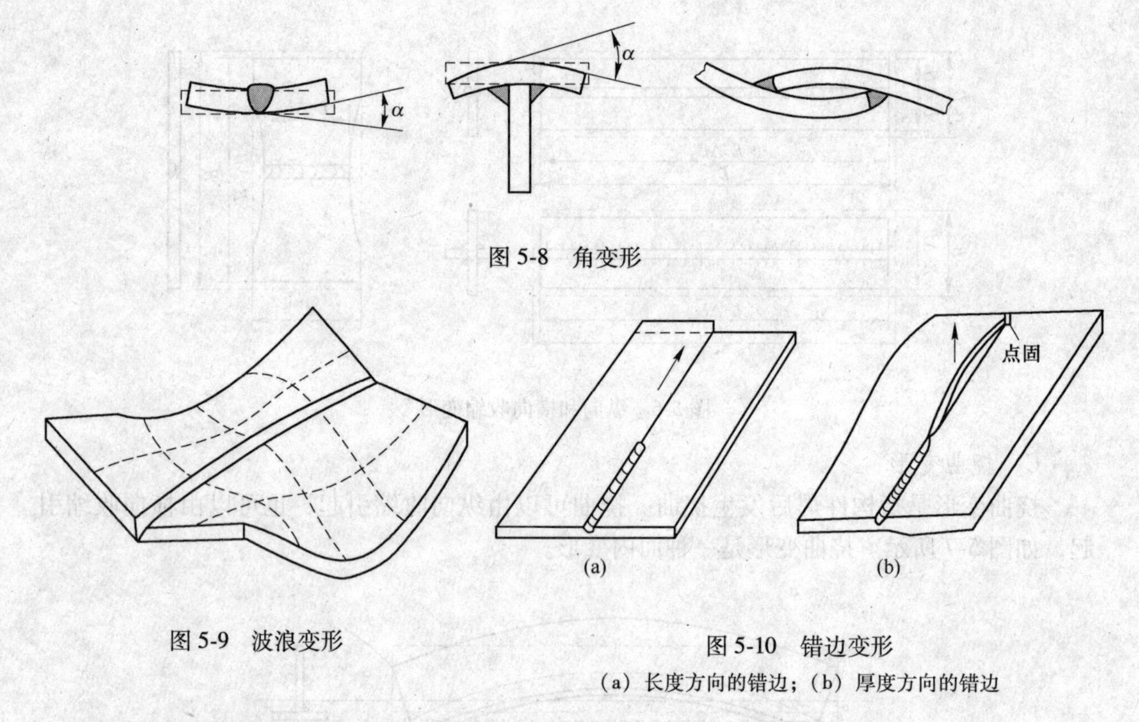

图 5-8　角变形

图 5-9　波浪变形

图 5-10　错边变形

(a) 长度方向的错边；(b) 厚度方向的错边

G　螺旋形变形

螺旋形变形又叫扭曲变形，表现为构件在焊后出现扭曲，如图 5-11 所示。扭曲变形是一种面外变形。

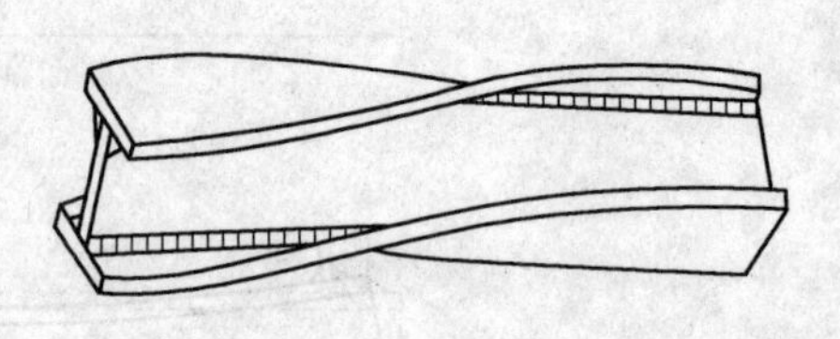

图 5-11　螺旋形变形

在实际焊接生产过程中，各种焊接变形常常会同时出现，互相影响。这一方面是由于某些种类的变形的诱发原因是相同的，因此这样的变形就会同时表现出来。另一方面，构件作为一个整体，在不同位置焊接不同性质、不同数量和不同长度的焊缝，每条焊缝所产生的变形要在构件内相互制约和相互协调，因而相互影响。

5.3.2.2　焊接残余应力分布

构件焊接后存在残余应力，根据产生的原因来分有温度残余应力、相交残余应力和装配残余应力。

一般焊接结构制造所用材料的厚度相对于长和宽都很小，在板厚小于 20mm 的薄板和中厚板制造的焊接结构中，厚度方向上的焊接应力很小，残余应力基本上是双轴的，即为平面应力状态。只有在大型结构厚截面焊缝中，在厚度方向上才有较大的残余应力。通常，将沿焊缝方向上的残余应力称为纵向应力，以 σ_x 表示；将垂直于焊缝方向上的残余应力称为横向应力，以 σ_y 表示；对厚度方向上的残余应力以 σ_z 表示。

A　纵向残余应力的分布

平板对接焊件中的焊缝及近缝区等经历过高温的区域中存在纵向残余拉应力，其纵向残余应力沿焊缝长度方向的分布如图 5-12 所示。当焊缝比较长时，在焊缝中段会出现一个稳定区，对于低碳钢材料来说，稳定区中的纵向残余应力 σ_x 将达到材料的屈服极限 σ_s。在焊缝的端部存在应力过渡区，纵向应力 σ_x 逐渐减小，在板边处 $\sigma_x=0$。这是因为板的端面 0-0 截面处是自由边界，端面之外没有材料，其内应力值自然为零，因此端面处的纵向应力 $\sigma_x=0$。一般来说，当内应力的方向垂直于材料边界时，则在该边界处的与边界垂直的应力值必然等于零。如果应力的方向与边界不垂直，则在边界上就会存在一个切应力分量，因而不等于零。当焊缝长度比较短时，应力稳定区将消失，仅存在过渡区。并且焊缝越短纵向应力 σ_x 的数值就越小。

纵向应力沿板材横截面上的分布表现为中心区域是拉应力，两边为压应力，拉应力和压应力在截面内平衡。

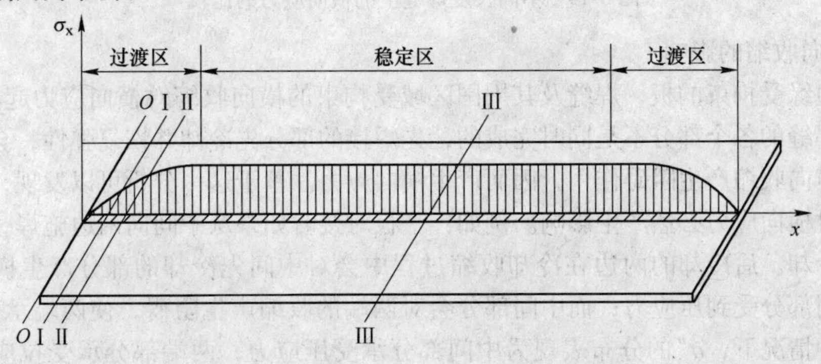

图 5-12 平板对接时焊缝上纵向应力沿焊缝长度方向上的分布

B 横向残余应力的分布

横向残余应力产生的直接原因是来自焊缝冷却时的横向收缩，间接原因是来自焊缝的纵向收缩。另外，表面和内部不同的冷却过程以及可能叠加的镶边过程也会影响横向应力的分布。

a 纵向收缩的影响

考虑边缘无拘束（横向可以自由收缩）时平板对接焊的情况。如果将焊件自焊缝中心线一分为二，就相当于两块板同时受到板边加热的情形。由前述分析可知，两块板将产生相对的弯曲，如图 5-13 所示，由于两块板实际上已经连接在一起，因而必将在焊缝的

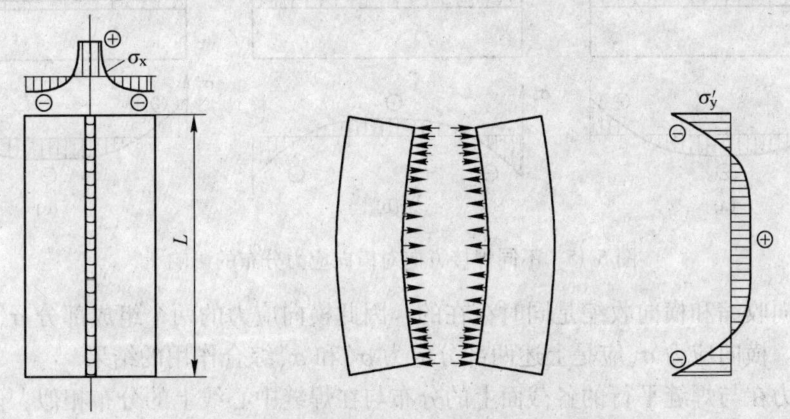

图 5-13 由纵向收缩所引起的横向应力的分布

两端部分产生压应力而中心部分产生拉应力，这样才能保证板不弯曲。所以焊缝上的横向应力 σ'_y 应表现为两端受压、中间受拉的形式，压应力的值要比拉应力大得多。当焊缝较长时，中心部分的拉应力值将有所下降，并逐渐趋近于零，如图 5-14 所示。

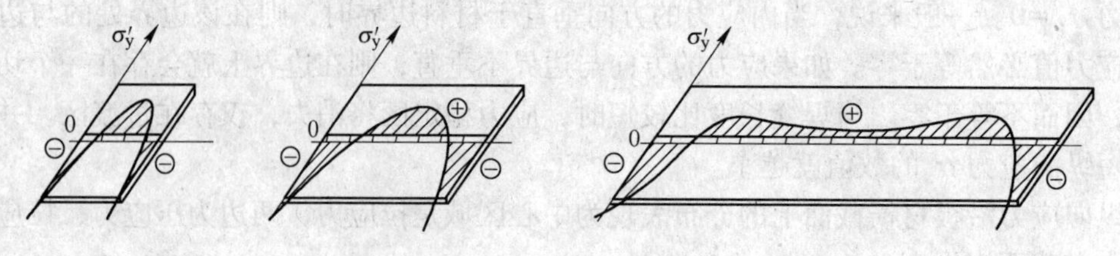

图 5-14　不同长度焊缝上的横向应力的比较

b　横向收缩的影响

对于边缘受拘束的板，焊缝及其周围区域受拘束的横向收缩对横向应力起主要作用。由于一条焊缝的各个部分不是同时完成的，先焊接的部分先冷却并恢复弹性，会对后冷却的部分的横向收缩产生阻碍作用，因而产生横向应力。基于这一分析可以发现，焊接的方向和顺序对横向应力必然产生影响。例如：平板对接时如果从中间向两边施焊，中间部分先于两边冷却。后冷却的两边在冷却收缩过程中会对中间先冷却的部分产生横向挤压作用，使中间部分受到压应力；而中间部分会对两端的收缩产生阻碍，使两端承受拉应力。所以在这种情况下，σ''_y 的分布表现为中间部分承受压应力，两端部分承受拉应力，如图 5-15（a）所示。如果将焊接方向改为从两端向中心施焊，造成两端先冷却并阻碍中心部分冷却时的横向收缩，就会对中间部分施加拉应力并同时承受中间部分收缩所带来的压应力。因此，在这种情况下 $\sigma_{y''}$ 的分布表现为中间部分承受拉应力，两端部分承受压应力，如图 5-15（b）所示，与前一种情况正好相反。

对于直通焊缝来说，焊缝尾部最后冷却，因而其横向收缩受到已经冷却的先焊部分的阻碍，故表现为拉应力，焊缝中段则为压应力。而焊缝初始段由于要保持截面内应力的平衡，也表现为拉应力，其横向应力的分布规律如图 5-15（c）所示。采用分段退焊和分段跳焊，σ''_y 的分布将出现多次交替的拉应力和压应力区。

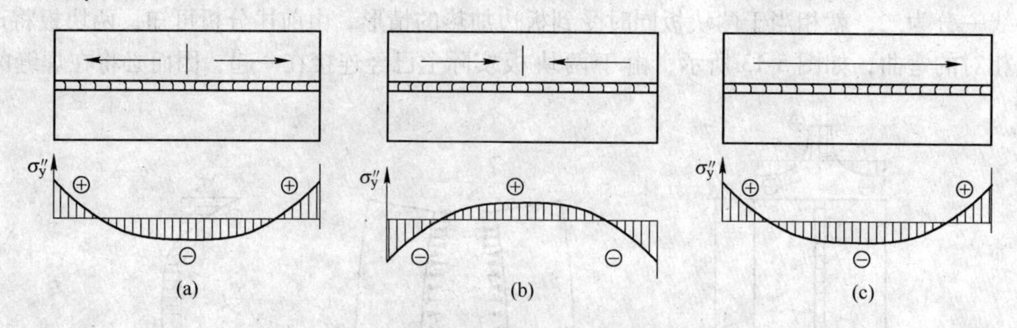

图 5-15　不同焊接方向对横向应力分布的影响

焊缝纵向收缩和横向收缩是同时存在的，因此横向应力的两个组成部分 σ'_y 和 σ''_y 也是同时存在的。横向应力 σ_y 应是上述两部分应力 σ'_y 和 σ''_y 综合作用的结果。

横向应力在与焊缝平行的各截面上的分布与在焊缝中心线上的分布相似，但随着离开焊缝中心线距离的增加，应力值降低，在板的边缘处 $\sigma_y=0$（见图 5-16）。由此可以看出，横向应力沿板材横截面的分布表现为，焊缝中心应力幅值大，两侧应力幅值小，边缘处应力值为零。

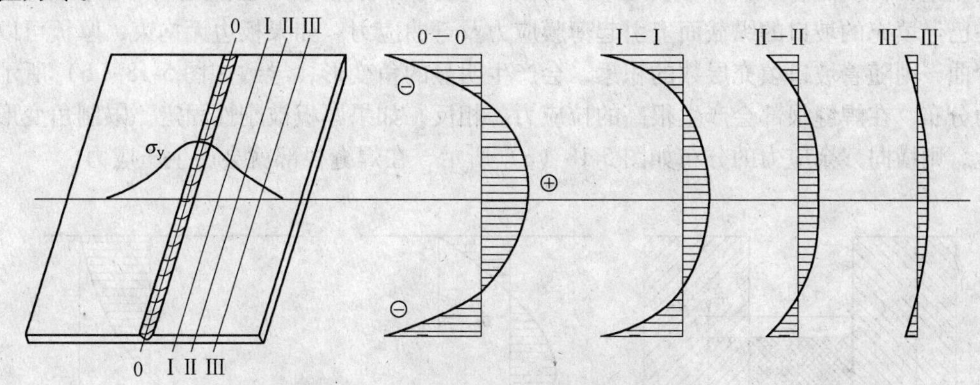

图 5-16 横向应力沿板宽方向的分布

c 厚板中的残余应力

厚板焊接接头中除存在纵向应力和横向应力外还存在较大的厚度方向的应力 σ_z。另外，板厚增加后，纵向应力和横向应力在厚度方向上的分布也会发生很大的变化，此时的应力状态不再满足平面应力模型，而应该用平面应变模型来分析。

厚板焊接多为开坡口多层多道焊接，后续焊道在（板平面内）纵向和横向都遇到了较高的收缩抗力，其结果是在纵向和横向均产生了较高的残余应力。而先焊的焊道对后续焊道具有预热作用，因此对残余应力的增加稍有抑制作用。由于强烈弯曲效应的叠加，使先焊焊道承受拉伸，而后焊焊道承受压缩。横向拉伸发生在单边多道对接焊缝的根部焊道，这是由于在焊缝根部的角收缩倾向较大，如果角收缩受到约束则表现为横向压缩。板厚方向的残余应力比较小，因而多道焊明显避免了三轴拉伸残余应力状态。图 5-17 给出了 V 形坡口对接焊缝厚板的三个方向应力的分布。

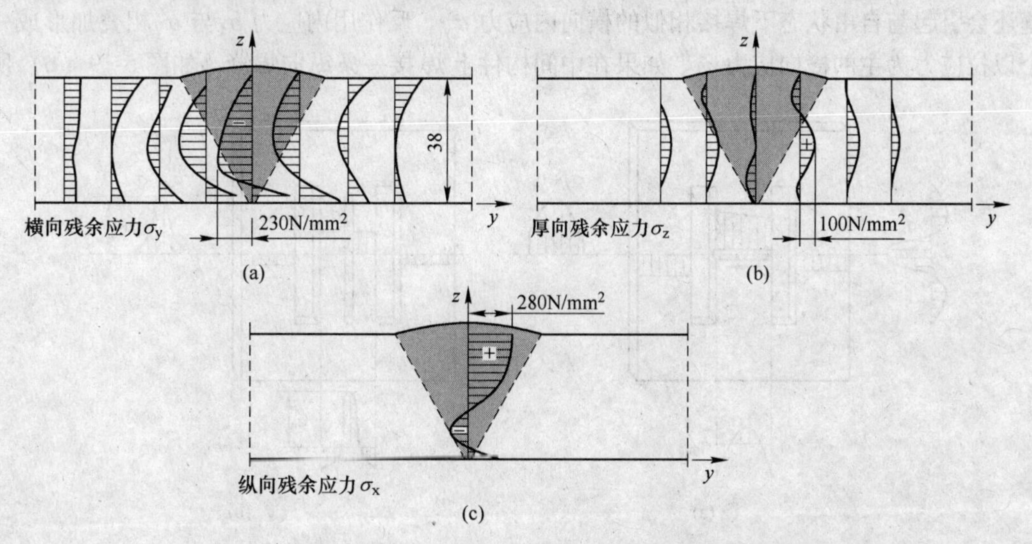

图 5-17 厚板 V 形坡口对接焊缝的三个方向残余应力的分布

（a）横向残余应力 σ_y；（b）厚向残余应力 σ_z；（c）纵向残余应力 σ_x

对于厚板对接单侧多层焊缝中的横向残余应力的分布规律，可利用图 5-18（a）所示的模型来分析。随着坡口中填充层数的增加，横向收缩应力 σ_y 也随之沿 z 轴向上移动，并在已经填充的坡口的纵截面上引起薄膜应力及弯曲应力。如果板边无拘束，厚板可以自由弯曲，则随着坡口填充层数的积累，会产生明显的角变形，导致如图 5-18（b）所示的应力分布，在焊缝根部会产生很高的拉应力。相反，如果厚板被刚性固定，限制角变形的发生，则横向残余应力的分布如图 5-18（c）所示，在焊缝根部就会产生压应力。

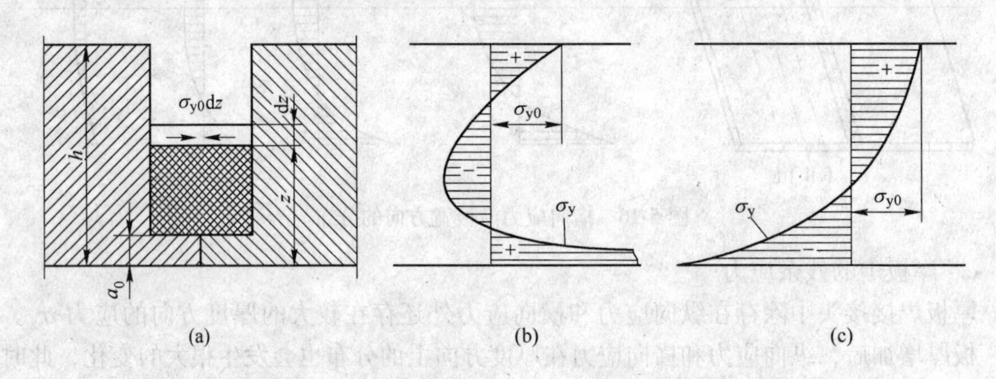

图 5-18　厚板对层焊时横向残余应力分布的分析模型

d　拘束状态下焊接的内应力

实际构件多数情况下都是在受拘束的状态下进行焊接的，这与在自由状态下进行焊接有很大不同。构件内应力的分布与拘束条件有密切关系。这里举一个简单的例子加以说明。图 5-19 为一金属框架，如果在中心构件上焊一条对接焊缝，如图 5-19（a）所示，则焊缝的横向收缩受到框架的限制，在框架的中心部分引起拉应力 σ_f，这部分应力并不在中间杆件内平衡，而是在整个框架上平衡，这种应力称之为反作用内应力。此外，这条焊缝还会引起与自由状态下焊接相似的横向内应力 σ_y。反作用内应力 σ_f 与 σ_y 相叠加形成一个以拉应力为主的横向应力场。如果在中间构件上焊接一条纵向焊缝，如图 5-19（b）所

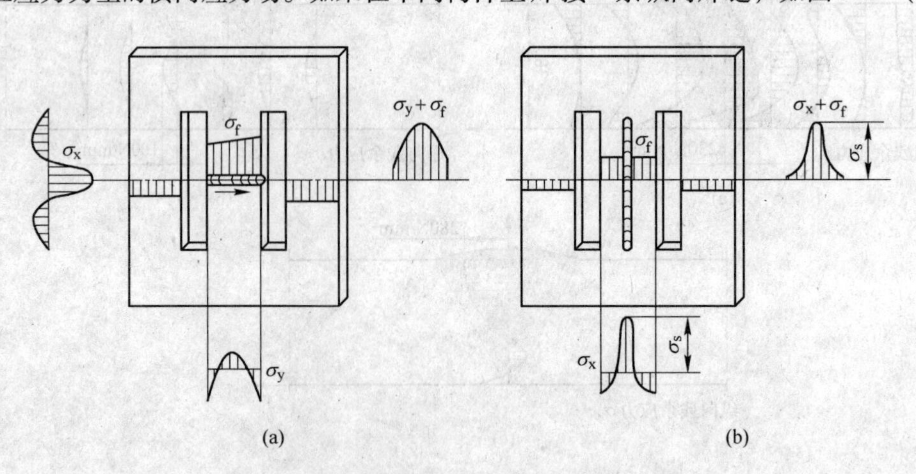

图 5-19　拘束条件下焊接的内应力

（a）对接焊缝中的横向应力；（b）纵向焊缝中的纵向应力

示，则由于焊缝的纵向收缩受到限制，将产生纵向反作用内应力 σ_f。与此同时，焊缝还引起纵向内应力 σ_x，最终的纵向内应力将是两者的叠加。当然叠加后的最大值应该小于材料的屈服极限，否则，应力场将自行调整。

e　封闭焊缝引起的内应力

封闭焊缝是指焊道构成封闭回路的焊缝。在容器、船舶等板壳结构中经常会遇到这类焊缝，如接管、法兰、人孔、镶块等焊缝。图 5-20 给出了几种典型的容器接管焊缝示意图。

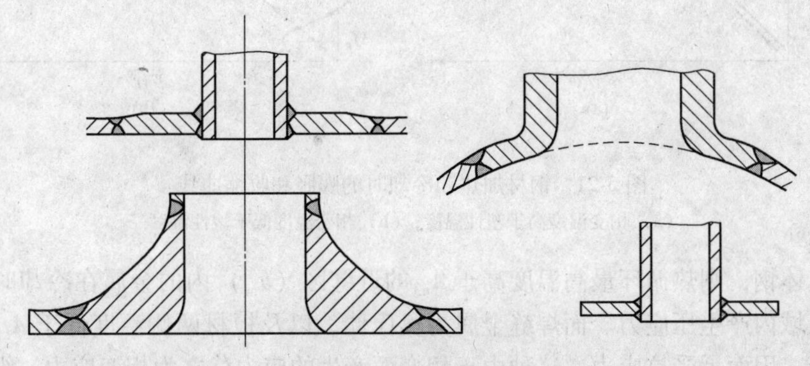

图 5-20　容器接管焊缝

分析封闭焊缝（特别是环形焊缝）的内应力时，一般使用径向应力 σ_r 和周向应力 σ_θ。径向应力 σ_r 是垂直于焊接方向的应力，所以其情况在一定程度上与 σ_y 类似；周向应力（或叫切向应力）σ_θ 是沿焊缝方向的应力，因此其情况在一定程度上可类比 σ_x。但是由于封闭焊缝与直焊缝的形式和拘束情况不同，因此其分布与 σ_x 和 σ_y 仍有差异。

f　相变应力

当金属发生相变时，其比容将发生突变。这是由于不同的组织具有不同的密度和不同的晶格类型，因而具有不同的比容。例如对于碳钢来说，当奥氏体转变为铁素体或马氏体时，其比容将由 0.123～0.125 增加到 0.127～0.131。发生反方向相变时，比容将减小相应的数值。如果相变温度高于金属的塑性温度 T_p（材料屈服极限为零时的温度），则由于材料处于完全塑性状态，比容的变化完全转化为材料的塑性变形，因此，不会影响焊后的残余应力分布。

对于低碳钢来说，受热升温过程中，发生铁素体向奥氏体的转变，相变的初始温度为 A_{c1}，终了温度为 A_{c3}。冷却时反向转变的温度稍低，分别为 A_{r1} 和 A_{r3}，如图 5-21（a）所示。在一般的焊接冷却速度下，其正反向相变温度均高于 600℃（低碳钢的塑性温度 T_p），因而其相变对低碳钢的焊接残余应力没有影响。

对于一些碳含量或合金元素含量较高的高强钢，加热时，其相变温度 A_{c1} 和 A_{c3} 仍高于 T_p；但冷却时其奥氏体转变温度降低，并可能转变为马氏体，而马氏体转变温度 M_s 远低于 T_p，如图 5-21（b）所示。在这种情况下，由于奥氏体向马氏体转变使比容增大，不但可以抵消部分焊接时的压缩塑性变形，减小残余拉应力，而且可能出现较大的焊接残余压应力。

当焊接奥氏体转变温度低于 T_p 的板材时，在塑性变形区（b_s）内的金属产生压缩塑性变形，造成焊缝中心受拉伸，板边受压缩的纵向残余应力 σ_x。如果焊缝金属为不产生

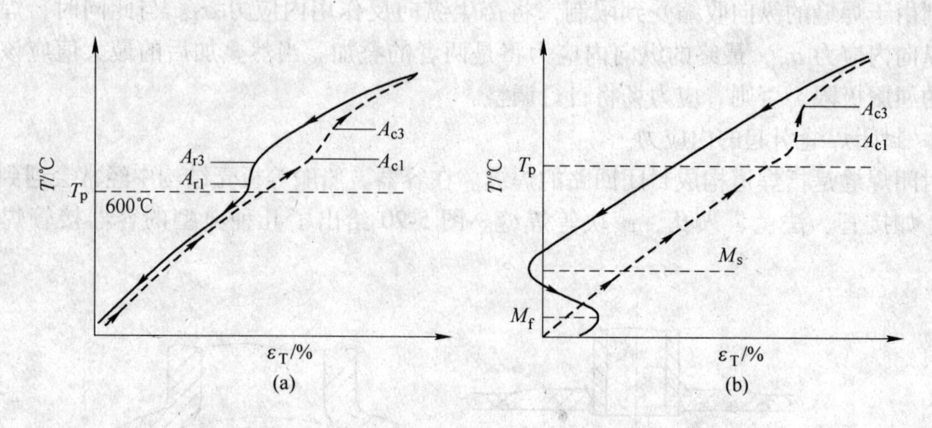

图 5-21　钢材加热和冷却时的膨胀和收缩曲线

（a）相变温度高于塑性温度；（b）相变温度低于塑性温度

相变的奥氏体钢，则热循环最高温度高于A_{c3}的近缝区（b_m）内的金属在冷却时，体积膨胀，在该区域内产生压应力。而焊缝金属为奥氏体，以及板材两侧温度低于A_{c1}的部分均未发生相变，因而承受拉应力。这种由于相变而产生的应力称之为相变应力。纵向相变应力σ_{mx}的分布如图 5-22（a）所示。而焊缝最终的纵向残余应力分布应为σ_x与σ_{mx}之和。

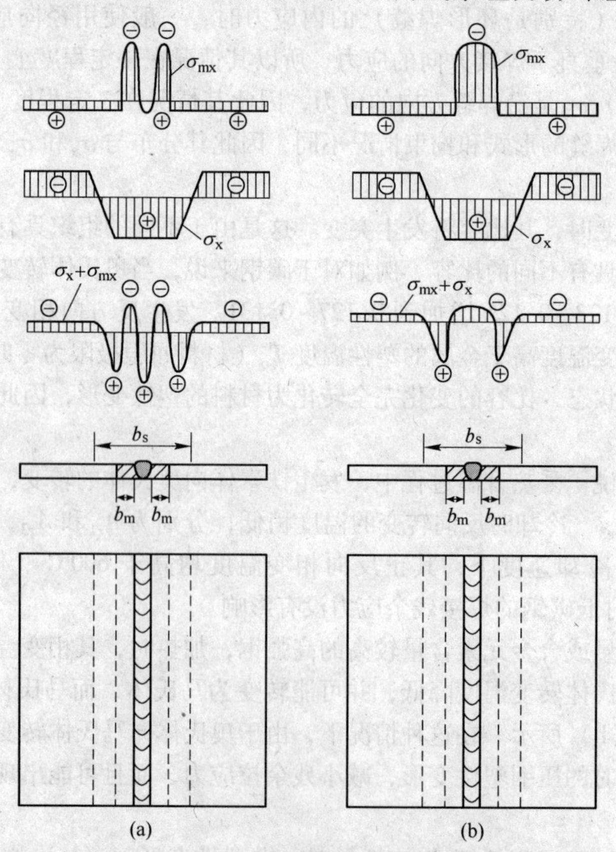

图 5-22　高强钢焊接相变应力对纵向残余应力分布的影响

（a）焊缝金属为奥氏体钢；（b）焊缝成分与母材相近

如果焊接材料为与母材同材质的材料，冷却时焊缝金属和近缝区 b_m 一样发生相变，则其纵向相变应力 σ_{mx} 和最终的纵向残余应力 $\sigma_x+\sigma_{mx}$ 如图 5-22（b）所示。

在 b_m 区内，相变所产生的局部纵向膨胀，不但会引起纵向相变应力 σ_{mx}，而且也可以引起横向相变应力 σ_{my}，如果沿相变区 b_m 的中心线将板截开，则相变区的纵向膨胀将使截下部分向内弯曲，为了保持平直，两个端部将出现拉应力，中部将出现压应力，如图 5-23（a）所示。同样相变区 b_m 在厚度方向的膨胀也将产生厚度方向的相变应力 σ_{mz}。σ_{mz} 也将引起横向相变应力 σ_{my}，其在平板表面为拉应力，在板厚中间为压应力，如图 5-23（b）所示。

从上述分析可以看出，相变不但在 b_m 区产生拉应力 σ_{mx} 和 σ_{mz}，而且可以引起拉应力 σ_{my}。相变应力的数值可以相当大，这种拉伸应力是产生冷裂纹的原因之一。

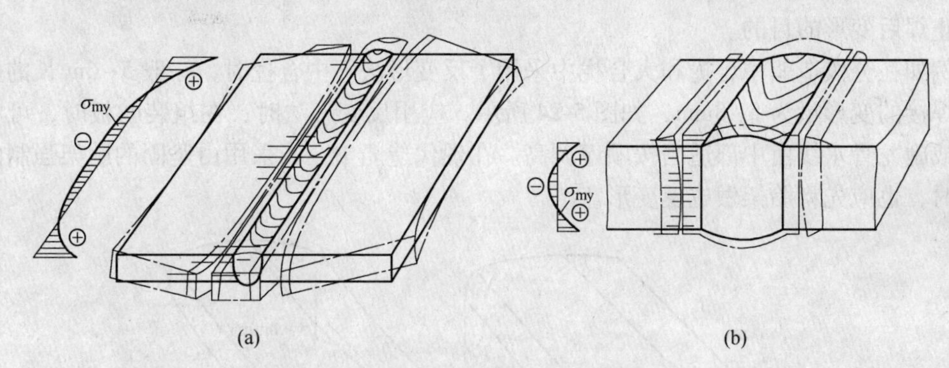

图 5-23　横向相变应力 σ_{my} 的分布

（a）由 σ_{mx} 引起的 σ_{my} 沿纵向的分布；（b）由 σ_{mz} 引起的 σ_{my} 在厚度上的分布

5.3.3　焊接变形的控制与矫正

为了减少和防止变形，首先要设计合理的焊接结构，在焊接施工时也应采取适当的工艺措施。

5.3.3.1　焊接变形的危害

为了提高焊接结构的制造质量，必须对焊接变形加以控制。焊接变形对制造和使用的不利影响主要有如下几方面。

A　降低装配质量

部件的焊接变形将使组装的装配质量下降，并造成焊接错边，例如：

（1）筒体纵缝横向收缩变形，使筒径变小，与封头装配时产生焊接错边。而存在较大错边量的焊件在外载作用下将会产生应力集中和附加应力。

（2）球形容器环缝组装时，每个环带的所有纵缝横向收缩的总和，使环带直径变小。若环带直径超出公差范围，组装时将产生较大焊接错边。

B　增加制造成本

部件的焊接变形使组装变得困难，需矫形后方可装配，从而使生产率下降，制造成本增加，并使矫形部位的性能降低。例如，筒体的纵缝角变形超出一定范围后，需矫正方可与封头装配。而矫形既消耗了生产时间，又增加了制造成本。

C　降低结构的承载能力

锅炉及压力容器中的焊接变形，如角变形、弯曲变形和波浪变形，不仅影响尺寸的精度和外观质量，而且在外载作用下会引起应力集中和附加应力，使结构承载能力下降。尤其应当引起重视的是，容器中的角变形过大而引起的附加应力还可能导致脆断事故。另一方面由于冷矫使焊接接头区域经受拉伸塑性变形，从而消耗材料一部分塑性，使材料性能有所下降。

5.3.3.2　焊接变形的控制

A　反变形法

该法是使焊件在焊前预先变形，变形的方位应与焊接时所产生的变形方向相反，而达到防止焊后变形的目的。

例如在分段造船中合拢和大合拢中采用了反变形法。中合拢时，一般 5~6m 长的船底分段焊接的变形量为 5~8mm，如图 5-24 所示。应用反变形法时，在组装肋板时，可将中龙骨或副龙骨水线由中部适当按顺序调高。在现代造船中，当采用由坚固的胎架强制的正造法时，也应先将胎架做成反变形。

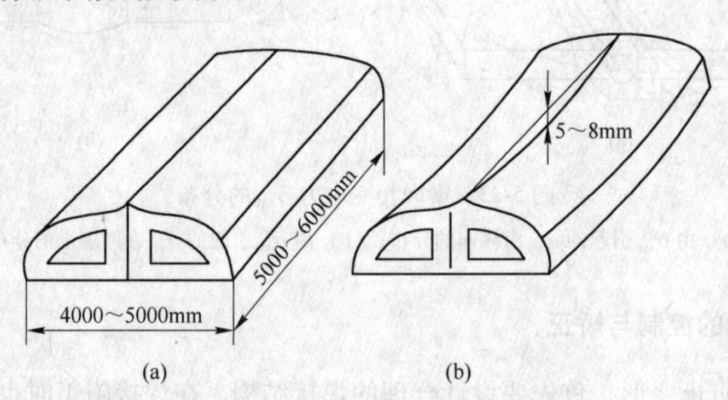

图 5-24　船体底部分段反变形法焊后的变形
（a）焊前；（b）焊后

B　利用装配和焊接顺序来控制变形

采用合理的装配焊接顺序来减小变形具有重大意义。同样一个焊接构件采用不同的装配顺序，焊后产生的变形不一样。

图 5-25 是“Ⅱ”形梁两种装配焊接方案。图 5-25（a）是属于边装边焊的装配顺序，先上盖板与大小隔板装配，焊接 1 缝，然后同时装配两块腹板，焊接 2 缝和 3 缝。图 5-25（b）是属于整装后焊的装配顺序，首先把“Ⅱ”形梁全部装配好，然后焊接 1 缝，接着焊接 2 缝和 3 缝。比较结果是图 5-25（a）所示的边装边焊的装配方案焊后产生的弯曲变形最小，因此实际生产中都采用这个装配方案。图 5-25（b）所示的方案产生弯曲变形比较大的原因是焊缝 1 的位置在“Ⅱ”形梁截面上偏心较大。而图 5-25（a）所示的方案，焊缝 1 的位置几乎与上盖板截面重心重合，焊接 1 缝时对“Ⅱ”形梁的弯曲变形没有影响。所以对于焊缝在截面上布置不对称的复杂结构，需要注意选择合理的装配顺序。

C　刚性固定

刚性大的构件焊后变形一般都较小。如果在焊接前加强焊件的刚性，那么焊后的变形

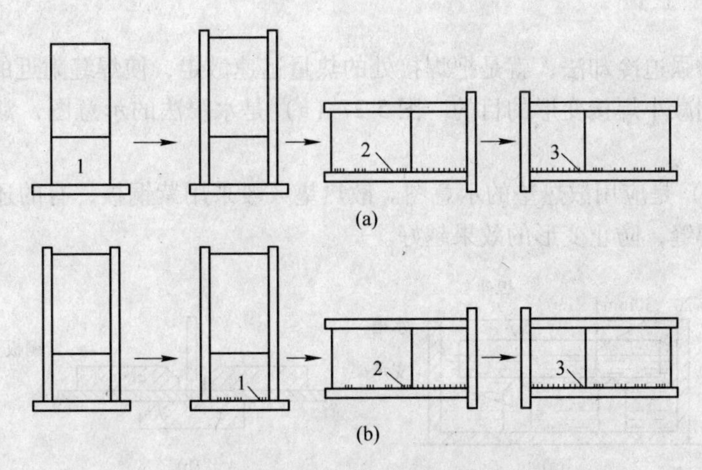

图 5-25 “Ⅱ”形梁的两种装配方案

可以减小。固定的方法很多，有的用简单的夹具或支撑，有的采用专用的胎具，有的是临时点固在刚性工作平台上，有的甚至利用焊件本身去构成刚性较大的组合体。

刚性固定法对减小变形很有效，且焊接时不必过分考虑焊接顺序。缺点是有些大件不易固定且焊后撤除固定后焊件还有少许变形。如果与反变形法配合使用则效果更好。

例如图 5-26（a）所示的丁字梁，其刚性较小，焊后主要产生上拱和角变形，有时也有旁弯。当单件生产时，可以做一个临时操作台，如图 5-26（b）所示，把丁字梁用螺旋卡具夹紧，为了防止角变形，可采用反变形法，在中间垫一小板条，在夹具力的作用下，造成角反变形。焊接顺序可以任意进行。也可以利用丁字梁本身“背靠背”地进行刚性固定，如图 5-26（c）所示，同时采取反变形。

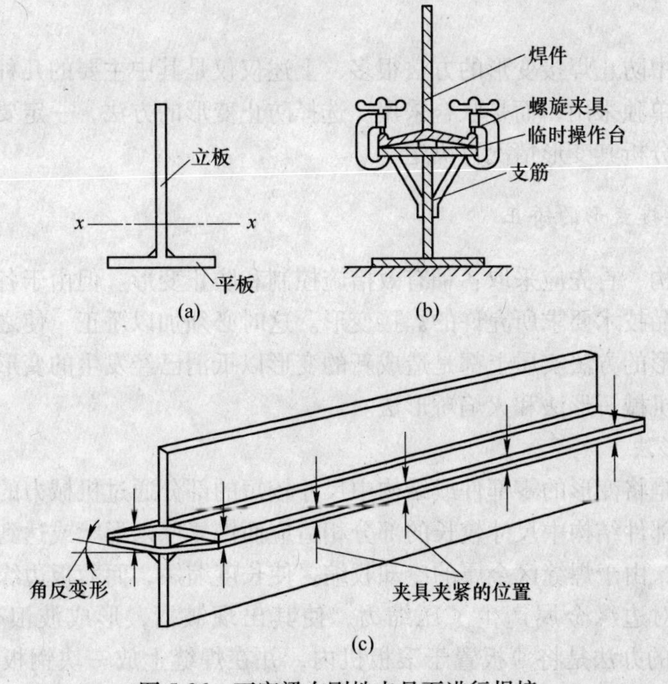

图 5-26 丁字梁在刚性夹具下进行焊接

D　散热法

散热法又称强迫冷却法，就是把焊接处的热量迅速散走，使焊缝附近的金属受热面积大大减小，达到减小焊接变形的目的。图 5-27（a）是水浸法的示意图，常用于表面堆焊和焊补。

图 5-27（b）是应用散热垫的示意图。散热垫一般采用紫铜板，有的还钻孔通水。这些垫板越靠近焊缝，防止变形的效果越好。

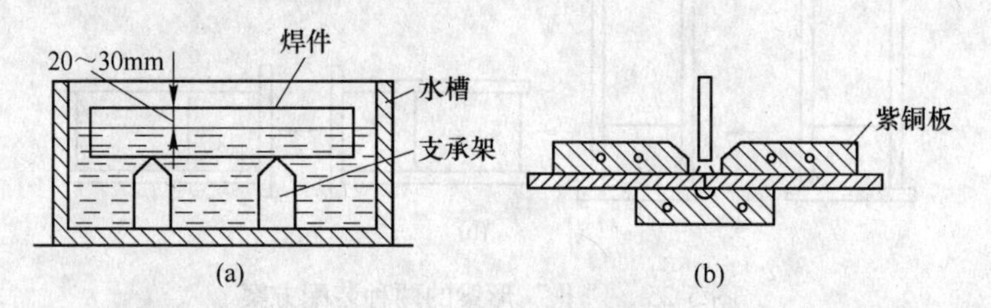

图 5-27　散热法示意图

（a）水浸法；（b）散热垫法

散热法比较麻烦，而且对于具有淬火倾向的钢材不宜采用，否则易裂。

E　锤击焊缝法

用圆头小锤对焊缝敲击的方法可以减小某些接头的焊接变形和应力。因为焊接变形和应力主要是由于焊后焊缝发生缩短所引起，因此，对焊缝适当锻延使其伸长补偿了这个缩短，就能减小变形和残余焊接应力。一般采用 0. 454～0. 680kg 的手锤，锤的端头带有半径为 3～5mm 圆角。底层和表面层焊道一般不锤击，避免金属表面冷却硬化。其余各焊道每焊完一道后，立刻锤击，直至将焊缝表面打出均匀的密密麻麻的点为止。

在冷焊补铸铁件时也经常应用锤击焊缝的方法，但其主要目的是防止产生热应力裂纹。

在实际生产中防止焊接变形的方法很多，上述仅仅是其中主要的几种，而且在实际应用中往往都不是单独采用，而是联合采用。选择防止变形的方法，一定要根据焊件的结构形状和尺寸，并分析其变形情况再决定。

5. 3. 3. 3　焊接变形的矫正

对于焊接结构，首先应采取各种有效措施控制和防止变形。但由于各种原因，焊后往往会产生超出产品技术要求所允许的焊接变形。这时必须加以矫正，使之符合产品质量要求。各种矫正变形的方法实质上都是造成新的变形以抵消已经发生的变形。生产中常用的矫形方法主要有机械矫形法和火焰矫形法。

A　机械矫形法

机械矫形法是将变形的零部件或结构中尺寸较短的部分通过机械力的作用，使之产生塑性延展并于零部件结构中尺寸较长的部分相适应而恢复原来形状或达到所要求的形状。

薄板焊接后，由于焊缝区金属的冷却收缩，使长度缩短，而薄板边缘是冷金属，不会发生缩短，这样对边缘金属产生了压缩力，使其出现皱褶，形成波浪变形，如图 5-28（a）所示。矫正的办法是将薄板置于滚板机内，并在焊缝上放一块钢板条，由辊子来回滚压，由于外力的作用，焊缝金属得到伸长，而对薄板边缘的压缩力相应消失，使薄板平整，如图 5-28（b）所示。

薄板波浪变形也可用锤击焊缝的方法矫正，如图 5-28（c）所示。锤击时，为了不使焊缝表面产生斑痕，需垫一平锤，使锤头的打击力通过平锤传到焊缝上，使其延伸，达到矫正的目的。

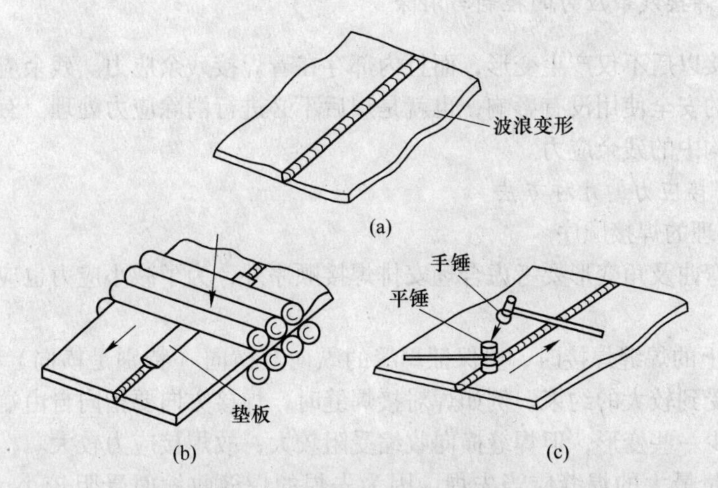

图 5-28　薄板波浪变形的机械矫正

在实际生产中，工字梁焊接时由于焊接顺序不合理或者防止焊接变形的措施不当，焊后会产生弯曲变形，也可以采用机床或压力机矫正工字梁弯曲变形。

机械矫形法是通过冷加工塑性变形来矫形的。因此，发生冷加工塑性变形部位的材料将消耗一部分塑性，并发生一定程度的脆化，降低了结构的安全系数。通常适用于高塑性材料，较脆的高强度材料则不宜采用。当焊接接头存在有表面缺陷（如咬边）时应慎用。

B　火焰矫形法

火焰矫形法是将变形零部件或结构中尺寸较长的部分进行加热，利用加热时发生的压缩塑性变形和冷却时的收缩变形，使之与零部件或结构中尺寸较短的部分相适应而恢复原来的形状或达到所要求的形状。根据加热方式的不同，可分为点状加热矫正焊接变形、线状加热矫正焊接变形和三角形加热矫正焊接变形。

图 5-29 所示是以梅花式点状加热矫正箱形梁腹板变形的实例。箱形梁焊接后，由于

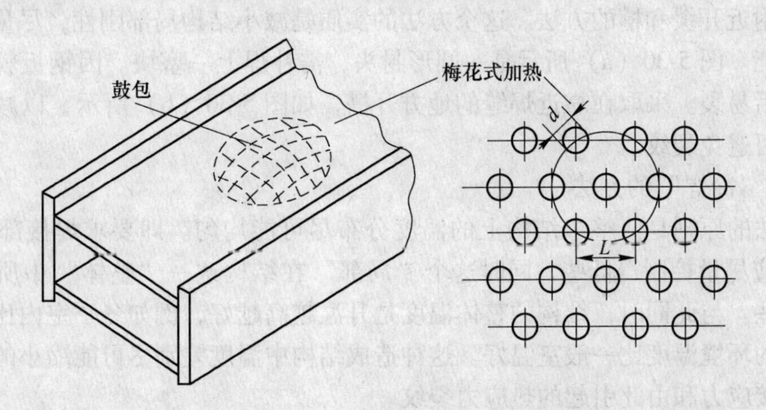

图 5-29　箱形梁腹板变形的矫正

焊缝的冷却收缩，会在腹板的某些部位凸起鼓包。可以梅花式点状加热鼓包，并由中间向四周进行，由于加热膨胀受到周围冷金属的阻碍，使鼓包处的金属纤维在冷却后收缩而变短，鼓包趋向平整。有时在加热一点后用水冷却，可以得到更好的效果。

5.3.3.4　焊接残余应力的控制与消除

结构在焊接以后不仅产生变形，而且内部存在着焊接残余应力。残余应力的存在对大多数焊接结构的安全使用没有影响，也就是焊后不必进行消除应力处理。有些情况下，需要消除焊接结构中的残余应力。

A　减小焊接应力的几种方法

a　采用合理的焊接顺序

除了防止弯曲及角变形要考虑合理安排焊接顺序外，为了减小应力也应选择合理的焊接顺序。

（1）平面上的焊缝焊接时，要保证焊缝的纵向及横向（特别是横向）收缩能够比较自由，而不是受到较大的约束。例如焊对接焊缝时，焊接方向要指向自由端。因此，分段退焊法虽能减少一些变形，但焊缝横向收缩受阻较大，故焊接应力较大。

（2）收缩量最大的焊缝应当先焊，因为先焊的焊缝收缩时受阻较小，故应力较小。例如，一个结构上既有对接缝，也有角接缝时，应先焊对接焊缝，因对接焊缝的收缩量较大。

（3）在对接平面上带有交叉焊缝的接头时，必须采用保证交叉点部位不易产生缺陷的焊接顺序。

b　事先留出保证焊缝自由收缩的余量

船体或容器上，常常要将已有的孔用钢板堵焊起来，这种环焊缝沿着纵向和横向均不能自由缩短，因此产生很大的焊接应力，在焊缝区特别是在焊第一、二层焊缝时，很容易产生被应力撕裂的热应力裂纹。这种裂纹产生在温度下降的过程中，总是沿着薄弱的断面开裂。克服的方法之一，是将补板边缘压出一定的凹鼓形。焊后补板由于焊缝收缩而被拉成平直形，起到减小焊接应力，避免裂纹产生的作用。

c　开缓和槽减小应力法

厚度大的工件刚性大，焊接时容易产生裂纹。在不影响结构强度性能的前提下，可以采用在焊缝附近开缓和槽的方法。这个方法的实质是减小结构局部刚性，尽量使焊缝有自由收缩的可能。图 5-30（a）所示是一圆形封头，需补焊上一塞块。因钢板较厚，又是封闭焊缝，焊后易裂。采取在靠近焊缝的地方开槽，如图 5-30（b）所示，以减小该处的刚性，焊接时可避免裂纹。

d　采用“冷焊”的方法

这种方法的原则是使整个结构上的温度分布尽可能均匀。即要求焊接部位这个“局部”的温度应尽量控制得低些，同时这个“局部”在结构这一“整体”中所占的面积范围应尽量小些。与此同时，结构的整体温度是升温越高越好，例如冬季室内比室外好，升温 30~40℃的环境温度比一般室温好。这种造成结构中温度差别尽可能缩小的方法，能有效地减小焊接应力和由此引起的热应力裂纹。

具体做法如下：

(1) 采用焊条直径较小，焊接电流偏低的焊接规范。

(2) 每次只焊很短的一道焊缝。例如焊铸铁每道只焊 10~40mm。焊刚度大的构件，每次焊半根到一根焊条。等这道焊缝区域的温度降到不烫手时才能焊下一道很短的焊缝。

(3) 同时采用锤击焊缝的办法。在每道焊缝的冷却过程中，用小锤锻打焊缝，使焊缝金属受到锻打减薄而向四周伸长，抵消一些焊缝的收缩，起到减小焊接应力的作用。补板焊接也可以采用这种方法避免裂纹，但比起将补板事先加工成凹鼓形的工艺方法，效果差些。有时可把两种办法结合起来采用。注意在每道只焊半根到一根焊条的前提下，第一层焊缝断面尽量厚大些。焊补铸铁件常从熔合线撕裂，故每一道焊缝的断面应稍薄些。

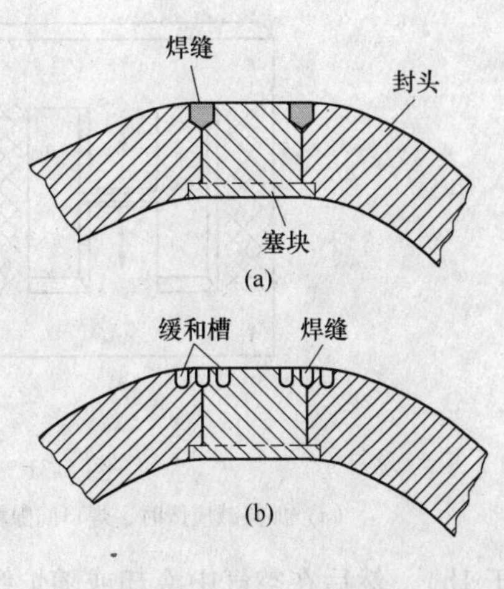

图 5-30 锅炉封头焊补

e 整体预热法

用这种方法减小焊接应力的原理同“冷焊法”本质上是相似的，即同样是使焊接区的温度和结构整体温度之间的差别减小。差别越小，冷却以后焊接应力也越小，产生裂纹的倾向也越小。铸铁件的热焊，许多耐磨合金堆焊时整体预热的目的之一，就是缩小这种温度差别、减小焊接应力，从而起到防止裂纹的作用。预热还可以起到其他作用，对于不同的金属，这些作用也不同。例如，热焊时铸铁焊补还有助于避免白口；对于耐磨堆焊还有助于改善堆焊金属和基本金属的组织和性能等。由于整体加热的用途和具体对象不同，加热温度也各不相同。

f 采用加热“减应区”法

该法是选择结构的适当部位进行低温或高温加热使之伸长。加热这些部位以后再去焊接或焊补原来刚性很大的焊缝时，焊接应力可大大减小。这个加热的部位就叫做“减应区”。这种方法和“冷焊”法及整体预热法的原理相似，只是更加巧妙地解决了如何造成较小的温度差（不同的是，不是焊接部位温度和焊件整体温度之间的温度差，而是焊接部位温度和焊件上那些阻碍焊接区自由收缩的部位温度之间的温度差），从而减小了焊接热应力，有利于避免热应力裂纹。很显然，与整体预热相比较，采用这种方法减小应力的技术难度较大，但加热成本大大降低。用图 5-31 来进一步说明这个方法。图 5-31 中所示的减应区受到加热时，因热膨胀而伸长。由于焊接部位此时还没有受热，因此焊接部位的对缝间隙（或者是将要焊补的裂纹的间隙）增大。增大的数值，取决于减应区伸长的数值。焊接或焊补以后，焊接部位与减应区同样处于较高温度，冷却时一起自由收缩，因此减小了应力。

B 消除焊接残余应力的方法

a 整体高温回火（消除应力退火）

该法是将焊接结构整体放入加热炉中，并缓慢地加热至一定的温度。对低碳钢结构来说大约在 600~650℃左右，并保温一定时间（一般按每毫米厚度保温 4~5min 计算，但不

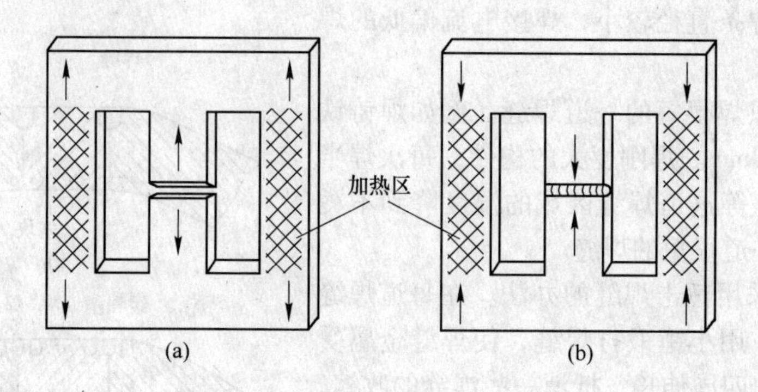

图 5-31　加热“减应区”法示意图

(a) 加热减应区时，焊口间隙增大；(b) 焊后焊接受热区与减应区一起冷却收缩

少于 1h)，然后在空气中冷却或随炉缓冷。考虑到自重可能引起构件的歪曲等变形，在放入炉子时要把构件支垫好。

整体高温回火消除焊接残余应力的效果最好，一般可把 80%~90%以上的残余应力消除掉，是生产中应用广的一种方法。

b　局部高温回火

局部高温回火就是对焊接结构应力大的地方及周围加热到比较高的温度，然后缓慢的冷却。这样做并不能完全消除焊接应力，但可以降低残余内应力的峰值，使应力分布比较平缓。起到部分消除应力的作用。

c　低温处理消除焊接应力

这种方法的基本原理是利用在结构上进行不均匀地加热造成适当的温度差别来使焊缝区产生拉伸变形，从而达到消除焊接应力。如图 5-32 所示，具体做法是在焊缝两侧用一对

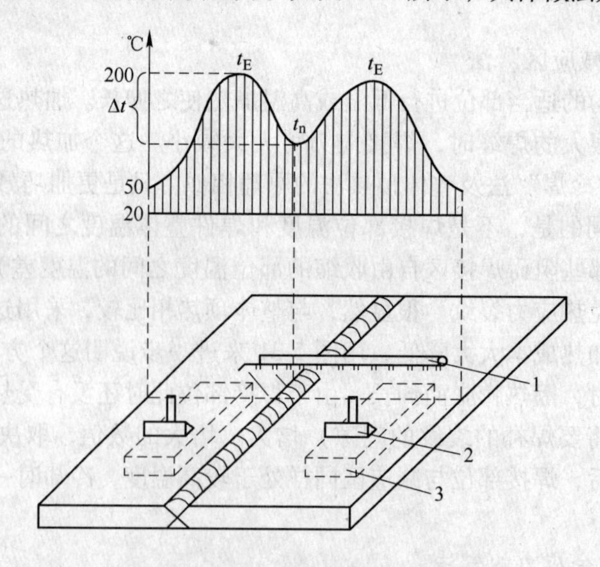

图 5-32　低温消除焊接应力示意图

t_E—加热区温度；t_n—焊缝区温度；Δt—温度差

1—冷却水管；2—火焰喷嘴；3—加热区

宽 100~150mm，中心距为 120~270mm 的氧-乙炔火焰喷嘴加热，使构件表面加热至 200℃左右。在火焰喷嘴后面一定距离，喷水冷却。造成加热区与焊缝区之间一定的温度差。由于两侧温度高于焊缝区，便在焊缝区产生拉应力，于是焊缝区金属被拉长，达到部分消除焊缝拉伸内应力的目的。这种方法消除应力的效果可达 50%~70%。目前生产中已有应用。

d 整体结构加载法

该法是把已经焊好的整体钢结构，根据实际工作情况进行加载荷，使结构内部应力接近屈服强度，然后卸载，以达到部分消除焊接应力的目的。例如容器结构可以在进行水压试验的同时，消除部分残余应力。但应注意，用这方法后，结构会产生一些残余变形。

6 焊接管理

6.1 焊接质量管理

6.1.1 质量要求标准简介

国家技术监督局于1998年8月12日发布了GB/T 12467.1 ~12467.4—1998《焊接质量要求金属材料的熔化焊》系列标准，并于1999年7月1日实施。该系列标准等同采用ISO 3834—1 ~ 3834—4：1994系列国际标准，同时取代了GB/T 12467—1990和GB/T 12468—1990标准。这套标准在我国更具适用性和协调性，对于焊接作为生产中重要环节的企业来说，贯彻GB/T 12467.1 ~12467.4—1998这套标准，建立完善的焊接质量体系，对确保焊接产品的质量，提高效益具有重要意义。

6.1.1.1 《焊接质量要求 金属材料的熔化焊——第1部分：选择及使用指南》(GB/T 12467.1—1998 idt ISO 3834-1：1994)

该标准给出了企业中焊接作为一种生产手段的质量要求，并为企业建立起符合GB/T 12467.2~12467.4—1998系列标准的质量体系提供指南。在GB/T 19000质量体系系列标准中，由于焊缝不能被随后的产品检验及试验所充分验证其质量是否已满足质量标准，因此，焊接被视为“特殊过程”处理。标准中对使用的环境和目的进行了规定和说明。

(1) 引用标准在引用的标准中，要考虑到标准的最新版本的可能，如出最新版本应按最新版本标准执行，引用的标准有：

GB/T 6583—1994《质量管理及质量保证术语》；

GB/T 12467.2—1998《焊接质量要求金属材料的熔化焊——第2部分：完整质量要求》；

GB/T 12467.3—1998《焊接质量要求金属材料的熔化焊——第3部分：一般质量要求》；

GB/T 12467.4—1998《焊接质量要求金属材料的熔化焊——第4部分：基本质量要求》。

(2) 焊接质量要求的选择标准中规定了在合同的焊接要求情况下，当要求质量体系符合GB/T 19001—1994或GB/T 19002—1994时，应使用GB/T 12467.2—1998标准，其质量体系要素可做适当的剪裁，以适用于焊接结构的类型。当要求的质量体系不同于GB/T 19001—1994或GB/T 19002—1994时，在合同的焊接要求为“完整质量要求”情况下，使用GB/T 12467.2—1998；在“一般质量要求”情况下，使用GB/T 12467.3—1998；在“基本质量要求”情况下，使用GB/T 12467.4—1998。图6-1所示为焊接质量要求选择流程图。

这里的“合同”包含两方面的含义：一是由用户指定，并保证双方同意的结构要求；另一个是企业为待售的用户成批生产的产品而做的基本规定。在提示的附录中，标准还对从合同评审到质量记录所列的质量要素将三个标准进行了总体对比（见表6-1）。

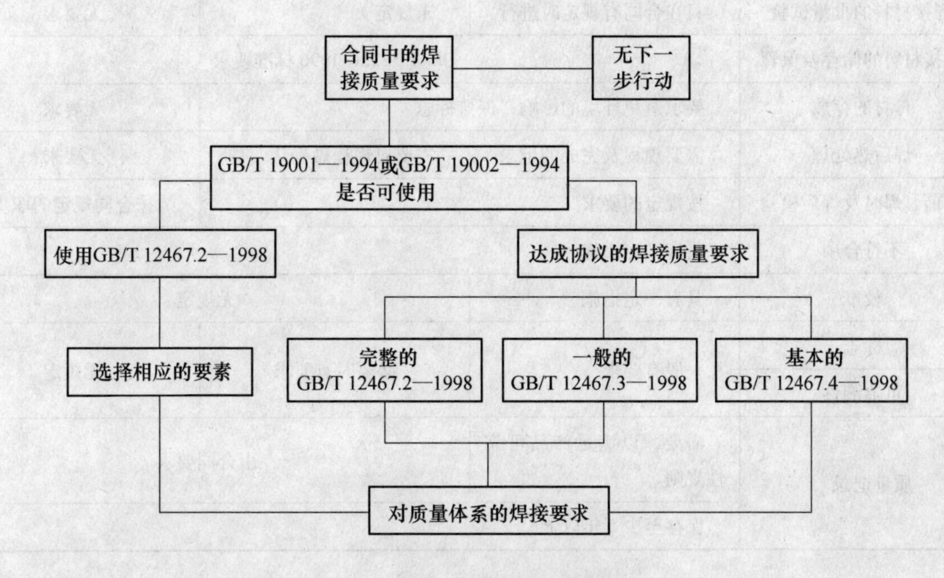

图6-1　焊接质量要求选择流程图

表6-1　GB/T 12467.2~12467.4—1998焊接质量要求的总体对比

要　素	GB/T 12467.2—1998（完整质量要求）	GB/T 12467.3—1998（一般质量要求）	GB/T 12467.4—1998（基本质量要求）
合同评审	所有文件的评审	评审范围稍小	建立这种能力并具备信息手段
设计评审	确认焊接的设计		
分承包商	按主要制造商对待		应符合所有要求
焊工	按 GB/T 15169—2003 或有关标准认可		
焊接协作	具有相应技术知识的焊接协作人员或类似知识的人员		无要求但制造商的人员责任除外
检验人员	具有足够的、能胜任的人员		足够并胜任、必要时从他方获得
生产设备	对制备、切割、焊接、运输、起重及安全设备和防护服均有要求		无特殊要求
设备维修	要进行	无特殊要求，合适即可	无要求
生产计划	必需的	需要有限度的计划	无要求
焊接工艺规程（WPS）	向焊工提供作业指导书		无要求
焊接工艺认可	符合 GB/T 6963—2006 的相应部分，按应用标准或合同要求进行认可		无特殊要求
作业指导书	具有焊接工艺规程或明确的作业指导书		无要求
文件	必需的	未规定	无要求

续表 6-1

要　素	GB/T 12467.2—1998 （完整质量要求）	GB/T 12467.3—1998 （一般质量要求）	GB/T 12467.4—1998 （基本质量要求）
焊接材料的批量试验	只在合同有规定时进行	未规定	无要求
焊接材料的储存及保管	JB/T 3223—1996 标准要求		
母材的存放	要求避免环境的影响；保持标志		无要求
焊后热处理	需要规程及完成的记录	需要对规程做确认	无要求
焊前、焊时及焊后检验	按规定的要求		按合同规定的职责
不符合项	具有一定措施		
校准	具有一定措施	无规定	
标志 可追溯性	一般有要求	必要时有要求	无规定
质量记录	需要，以满足产品可靠性规则	由合同要求	
	保存至少 5 年以上		

6.1.1.2　《焊接质量要求　金属材料的熔化焊——第 2 部分：完整质量要求》（GB/T 12467.2—1998 idt ISO 3834-2：1994）

本标准作为焊接质量要求的最高级模式对企业焊接质量体系的要素作出了具体的规定。各企业根据自己产品的特点并结合实际，可以在合同情况下使用，也可作为企业执行标准以证明其焊接工艺水平的能力等。

（1）引用标准。在引用的标准中要考虑到标准最新版本的情况，如出最新版本应按最新版本标准执行，引用的标准有：

GB/T 9445—1999《无损探伤检验人员技术资格鉴定与认证》；

GB/T 12467.1—1998《焊接质量要求金属材料的熔化焊——第 1 部分：选择及使用指南》；

GB/T 15169—1994《钢熔化焊手焊工资格考核方法》；

GB/T 6963—1993《钢制件熔化焊工艺评定》；

JB/T 3223—1996《焊接材料质量管理规程》；

ISO 13916：1996《焊接焊接时预热温度、道间温度及预热维持温度的测定》。

（2）合同及设计评审。标准中明确对合同及设计因素进行评审。合同评审就是在签订合同前，为确保产品焊接质量要求规定得合理、明确，并形成文件，且企业能够实现，由企业所进行的系统活动。合同评审在签订合同前进行，可以明确合同中的焊接质量要求，确定企业满足和实现这些质量要求的能力。设计评审就是为了评价设计满足焊接质量要求的能力，对设计所作的综合的、系统的、并形成文件的检查。在合同评审中要求企业为保证产品的焊接质量必须考虑的因素有：将使用的有关标准，包括焊接、无损探伤检验及热处理规程等；焊接工艺评定执行方法；人员资质的认可；焊后热处理；试验和检验；

对所用材料、焊工及焊缝作出的记录要求正确并核查验证；独立机构（如锅炉压力容器监察部门）在任何情形下介入企业的质量控制管理；有其他焊接要求，如焊接材料的批量试验，焊缝金属铁素体含量、时效、氢含量；现场焊接环境条件，如低温、恶劣气候条件下的措施；分承包单位的管理；对不合格品的控制。在设计评审中所考虑的因素有：所有焊缝的位置；可操作性及焊接顺序；坡口加工（包括清理）及焊缝剖面图；母材的焊接技术要求及接头的性能；使用衬垫情况；施焊焊缝的场合；接头的制备及焊完后接头的尺寸及其详细情况；特殊方法的使用，如单面焊双面成形；焊缝的质量及合格要求；其他特殊要求，如热处理、弹丸处理等。

（3）分承包。当企业在采用分承包服务时（即焊接、检查、无损探伤检验、热处理），标准中也规定了企业必须向分承包商提供有关的规程及标准，并要求分承包商实施，以保证产品实施标准的统一性和完整性，保证焊接质量。

（4）焊接人员。焊接人员包括焊工和焊接协作人员。标准中规定焊工及焊接操作工应按 GB/T 15169—2003 或有关标准，经相应考试后，方可从事焊接作业，焊接协作人员要在职责范围内分工明确，并要根据生产需要制订出必要的工艺规程或作业指导书。

（5）检查、试验及检验人员。标准中要求企业配置足够的胜任从事焊接生产检查、试验及检验人员。这些人员必须经过有关标准的认可取得资质。无损探伤检测人员要求按 GB/T 9445—1999 标准或其他标准考核认可。

（6）设备。为保证焊接生产按照标准中规定的要求去落实，保证焊接质量，标准对企业要求配置有关焊接设备以及设施也作出了规定。这些设备和设施有：

1）焊接电源及其他机器；

2）接头制备及切割设备（包括热切割设备）；

3）预热及焊后热处理设备（包括温度指示仪）；

4）夹具及固定机具；

5）用于焊接生产的起重及装夹设备；

6）人员防护设备及直接与焊接有关的其他安全设备；

7）用于焊接材料处理的烘干炉、保温筒；

8）清理设施；

9）破坏性试验及无损探伤检验设备。

为了能反映企业设备的焊接生产能力以及质量保证能力，还要求对上述的有关设备登录明细表。内容包括最大起重机的容量，车间可装夹的构件尺寸，机械化或自动化焊接设备能力，焊后热处理炉的尺寸及最高温度；平板、弯曲及切割设备的能力等。这样，可通过明细表的内容对企业设备的焊接生产能力乃至焊接质量保证能力作出评估。对于新设备（或改造后的设备）安装之后，应进行相应的试验，试验结果符合有关标准后，可投入生产。此外对影响到焊接结构质量的设备保养和维修（包括检验等）计划安排，标准也作出了规定。

（7）焊接。焊接生产前应制订出指导生产的文件，包括生产计划、焊接工艺规程、作业指导书等文件，这些文件应按相关标准或经过认可。生产计划的内容包括结构制造顺序的规定，结构制造所要求的每个工艺说明，相应的焊接及相关工艺规程的参照，每个工艺实施时的指令及时间，试验检验规程（包括独立机构的介入）；环境条件如防风、防雨措施等。焊接工艺规程是由企业的技术主管部门的有关负责人员根据焊接工艺评定结果并结合实践来确定。工艺规程一旦形成并最终确定，则企业确保其在生产中得到正确运用，并成为在产品生产中必须遵守的法则。焊接工艺规程可以直接用于焊工进行焊接作业，也可根据焊接工艺规程编制专门的作业指导书，这些作业指导书来源于认可的焊接工艺规程而无须作单独的认可。企业应建立并保持焊接工艺规程、焊接工艺评定记录、焊工合格证书等。

(8) 焊接材料。对焊接材料的控制标准要求按 GB/T 3223—1996 标准执行，以及遵循标准中列出的储存和保管的有关规定。

(9) 焊后热处理。对于焊后需做热处理的接头应严格按照相应的标准或规定进行热处理。热处理记录中应反映出规程已被遵照执行，对特殊的热处理操作应具有可追溯性。

(10) 与焊接相关的试验、检验及检查。焊接生产的检验是贯穿于焊前、焊接过程中和焊后全过程的检验。对检查、检验和试验的内容标准中也做了详细的规定。

焊前检查的内容有：

1) 焊工考核证书的适用性、有效性；

2) 焊接工艺规程的适用性；

3) 母材的识别；

4) 焊接材料的识别；

5) 接头的制备（符合 GB/T 985—1998、GB/T 986—1998 的形式及尺寸要求）；

6) 工装、夹具及定位；

7) 焊接工艺规程中的任何特殊要求，如防止变形；

8) 所有生产试验的安排；

9) 焊接工作条件（包括环境）的适宜性。

焊接过程中的检查内容有：

1) 主要焊接参数（焊接电流、电弧电压及焊接速度）；

2) 预热/道间温度；

3) 焊道的清理与形状，焊缝金属的层数；

4) 根部清理；

5) 焊接顺序；

6) 焊接材料的正确使用及保管；

7) 焊接变形的控制；

8) 所有的中间检查，如尺寸检验。

焊后检查的内容有：

1) 利用宏观检验检查外部缺陷情况；

2) 按相应的标准进行无损探伤检验；

3) 按相应的标准进行破坏性检验；

4) 焊接结构的形式、形状及尺寸符合设计要求；

5) 焊后操作的结果及记录，如研磨、焊后热处理、时效。

在进行上述试验及检验时，还要对试验和检验的状态、采取的方式加以说明或加上标志等。

(11) 不符合项及改正措施。企业应制订严格措施，并加强对不合格品的控制，对不合格项的修复及矫正应制订相应的程序。修复后仍要按原要求进行检验、试验和检查，确保不合格品不得被使用。

(12) 检验设备的校准。由于检测设备的检验结果直接关系到产品的质量状况，因此企业要对检验、测量和试验设备的有关计量器具进行适时校准，保证检验结果的准确性。

(13) 标志及可追溯性。在整个生产过程中应保持标志及可追溯性。涉及焊接操作识别以及可追溯性的文件有：生产计划、跟踪卡片、结构中焊缝部位的记录、焊缝标志、钢印、标签等；对特殊焊缝的可追溯性（包括焊工、焊接操作者在内的全机械化、全自动化焊接设备）；焊工及焊接工艺的认可；无损探伤检验工艺及人员的认可；使用的焊接材料，包括型号、批号或炉号；母材的型号、批号；修复部位。这些都应保持标志及其可追溯性。

(14) 质量记录。质量记录是反映焊接质量状况的客观证据文件。标准中规定质量记录的文件有：

1) 合同/设计评审记录；

2) 材料合格证；

3) 焊接材料合格证；

4) 焊接工艺规程；

5) 焊接工艺评定记录；

6) 焊工或焊接操作者考核证书；

7) 无损探伤检验人员证书；

8) 热处理工艺规程及记录；

9) 无损探伤检验及破坏性试验程序及报告；

10) 尺寸报告；

11) 修复记录及其他不符合项的报告。

当无特殊规定时，上述质量记录应至少保持5年。

6.1.1.3 《焊接质量要求　金属材料的熔化焊——第3部分：一般质量要求》(GB/T 12467.3— 1998 idt ISO 3834-3：1994)

本标准对企业建立质量体系涉及焊接生产时焊接质量要素按照“一般质量要求”进行明确与规定。与GB/T 12467.2—1998标准相比，除没有“检测设备的校准”这一要素外，其他要素均一样。但在对要素规定的程度上有一定的区别，这里通过与GB/T 12467.2—1998标准的比较来说明GB/T 12467.3—1998标准。内容要求相同的要素不再叙述。

(1) 合同评审。在评审文件的项目上一样，但GB/T 12467.3—1998的评审范围比GB/T 12467.2—1998要小。

(2) 设备。在设备维修方面本标准没有明确规定要求，强调只要适用并得到保养即可。在有关新设备（包括改造后的设备）使用方面与GB/T 12467.2—1998一样做明确规定。

(3) 焊接。本标准在有关生产计划内容中的要求有：结构制造的顺序规定；制造结构所需的焊接及有关工艺的说明，相应工艺规程的参照，焊接工艺规程制订的相关标准；试验及检验规程。与GB/T 12467.2—1998标准相比，对制造结构所要求的每个工艺说明，环境条件以及对按批量、零部件物品的标志等方面并无要求。对焊接工艺要求按JB/T 6963—1993或相应标准进行认可，而对焊接工艺规程的制订及其运用没有明确规定，在有关质量文件的编制及控制方面，本标准也没有明确要求。

(4) 焊接材料。本标准对焊接材料的储存及保管要求应按照JB/T 3223—1996要求执行，这一点与GB/T 12467.2—1998标准一样。但在对焊接材料根据合同规定要求做批量试验没有规定。

(5) 焊后热处理。本标准要求焊后热处理工艺符合相应标准和规定，焊后需要做适当的热处理记录。对特殊的热处理操作并无规定。

(6) 检测设备的校准。本标准中没有检测设备的校准这项要求。

(7) 标志及可追溯性。本标准只规定必要时，在生产过程中应保持标志及可追溯性。对焊接操作、标志和可追溯性文件体系也没有明确规定。

(8) 质量记录。本标准对质量记录要求的内容与GB/T 12467.2—1998标准一样，但强调质量记录按合同要求进行。

6.1.1.4　《焊接质量要求　金属材料的熔化焊——第4部分：基本质量要求》(GB/T 12467.4—1998 idt ISO3834-4：1994)

本标准对企业在焊接生产建立质量体系按照“基本质量要求”时，对焊接质量要素进行了明确与规定。与GB/T 12467.2—1998和GB/T 12467.3—1998两个标准相比，在焊接质量要素与对质量要素内容规定的程度上均减少或降低。

(1) 引用标准。引用的标准有三个：

1) GB/T 9445—1999《无损探伤检验人员技术资格鉴定与认证》；

2) GB/T 12467.1—1998《焊接质量要求金属材料的熔化焊——第1部分：选择及使用指南》；

3) GB/T 15169—1994《钢熔化焊手焊工资格考核方法》。

(2) 合同及设计评审。标准中明确要求企业对焊接结构的相关数据进行评审，获得保证 生产的必要信息，做好准备工作。对有关评审的具体内容与要求未明确规定。

(3) 分承包。对分承包商的要求按照订货要求及本标准来生产即可。

(4) 焊工。所有焊工及焊接操作工按GB/T 15169—1994或有关标准考核认可。

(5) 焊接设备。要求焊接设备应维护以适应工作需要，有关设备的其他方面没有要求。

(6) 焊接。只要求按正确的焊接工艺实施，相关生产计划、作业指导书等文件均无要求。

(7) 焊接材料。要求企业按焊接材料生产厂的建议进行保管和使用。

(8) 与焊接相关的试验、检验及检查。要求企业对焊接生产进行有效的监督。有关检验和试验按合同要求进行。

(9) 质量记录。对焊接质量记录要求按合同进行确定，质量记录保持5年以上。

6.1.1.5 《焊接质量保证 钢熔化焊接头的要求和缺陷分级》(GB/T 12469—1990)

本标准规定了钢熔化焊接头的要求以及缺陷的分级，它适用的范围为采用熔化焊焊接的对接和角接（搭接及T形）接头。

（1）引用标准。该标准中引用了下列标准：

GB/T 2649~2655—1989《焊接接头力学性能试验方法》；

GB/T 6417—1986《金属熔化焊缝缺陷分类及说明》；

GB/T 324—1988《焊缝符号表示方法》；

GB/T 3323—2005《金属熔化焊焊接接头射线照相》；

GB/T 11345—1989《钢焊缝手工超声波探伤方法和探伤结果分级》；

GB/T 5185—1985《金属焊接及钎焊方法在图样上的表示代号》；

GB/T 7949—1999《钢焊缝外形尺寸》。

（2）对焊接接头的要求和缺陷分级。标准中对接头力学性能试验项目以及接头的外观和内在缺陷分级做了规定。

1）对接头性能的要求。对接头性能要求有9项内容，包括常温拉伸、冲击和弯曲；高温瞬时拉伸、持久拉伸及蠕变；低温冲击韧度以及疲劳、断裂、耐蚀、耐磨性能指标。对于具体的产品必须在设计文件或技术要求中明确规定其产品对焊接接头性能项目和指标的要求，同时也应符合相应的产品设计规程、规则或法规。

2）接头外观及内在缺陷分级。本标准对钢熔化焊接头外观及内在缺陷的分级做了规定，以供产品制造及焊接工艺评定时使用，见表6-2。

表6-2 焊接外观及内在缺陷分级

缺陷名称	GB/T 6417—2005 代号	缺陷分级			
		Ⅰ	Ⅱ	Ⅲ	Ⅳ
焊缝外形尺寸	GB/T 7949—1999	按选用坡口由焊接工艺确定，只需符合GB/T 7949—1999或产品相关规定要求，本标准不做分级规定			
未焊满（指不足）设计要求	511	不允许		≤0.2+0.02δ且≤1mm，每100mm焊缝内缺陷总长≤25mm	≤0.2+0.04δ且≤2mm，每100mm焊缝内缺陷总长≤25mm
根部收缩	515 5013	不允许	≤0.2+0.02δ且≤0.5mm	≤0.2+0.02δ且≤1mm	≤0.2+0.04δ且≤2mm
			长度不限		
咬边	5011 5012	不允许		≤0.05δ且≤0.5mm，连续长度≤100mm且焊缝两侧咬边总长≤10%焊缝全长	≤0.1δ且≤1mm长度不限
裂纹	100	不允许			

续表 6-2

缺陷名称	GB/T 6417—2005 代号	缺陷分级			
		Ⅰ	Ⅱ	Ⅲ	Ⅳ
弧坑裂纹	104	不允许			个别长≤5mm的弧坑裂纹允许存在
电弧擦伤	601	不允许			个别电弧擦伤允许存在
飞溅	602	清除干净			
接头不良	517	不允许		造成缺口深度≤0.05δ且≤0.5mm，每米焊缝不得超过1处	缺口深≤0.1δ且≤1mm，每米焊缝不得超过1处
焊瘤	506	不允许			
未焊透（按设计焊缝厚度为准）	402	不允许		不加垫单面焊允许值≤0.15δ且≤1.5mm，每100mm焊缝内缺陷总长≤25mm	≤0.1δ且≤2.0mm，每100mm焊缝内缺陷总长≤25mm
表面夹渣	300	不允许		深≤0.1δ，长≤0.3δ且≤10mm	深≤0.2δ，长≤0.5δ且≤20mm
表面气孔	2017	不允许		每50mm焊缝长度内允许直径≤0.3δ且≤2mm的气孔2个，孔间距≥6倍孔径	每50mm焊缝长度内允许直径≤0.4δ且≤3mm的气孔2个，孔间距≥6倍孔径
角焊缝厚度不足（按设计焊缝厚度计）		不允许		≤0.3+0.05δ且≤1mm，每100mm焊缝长度内缺陷总长度≤25mm	≤0.3+0.05δ且≤2mm，每100mm焊缝长度内缺陷总长度≤25mm
角焊缝焊脚不对称	512	差值≤1+0.1*a*		差值≤2+0.15*a*	差值≤2+0.2*a*
		a——设计焊缝有效厚度			
内部缺陷	GB/T 3323—2005 Ⅱ级	GB/T 3323—2005Ⅰ级	GB/T 3323—2005Ⅱ级	GB/T 3323—2005Ⅲ级	不要求
		GB/T 11345—1989 Ⅰ级			GB/T 11345—1989Ⅱ级

3）缺陷分级依据。标准中规定，对已有产品设计规程或法定验收规则的产品，应遵循标准的规定，并换成相应的级别。对没有相应规定或法定验收规则的产品，在评级是时应考虑载荷性质、服役环境、产品失效后的影响、选用材质和制造条件等因素。对技术要求较高但又无法实施无损探伤检验的产品，必须对焊工操作及工艺，实施产品适应性模拟

件考核，并明确规定焊接工艺实施全过程监督制度和责任记录制度。

4）缺陷检验。标准中规定，外观检验和断口宏观检验使用放大镜的倍数以5倍为限，当然也可以用磁粉或渗透检验方法进行检验。无损探伤检验时，应按GB/T 3323—1987或GB/T 11345—1989的规定进行。在确定缺陷的性质、尺寸及部位时，可以使用多种检验方法进行综合分析。

5）缺陷标志。当按照本标准要求对焊接缺陷进行规定分级时，可以在图样上直接标注本标准号及分级代号，以简化技术文件内容，如图6-2所示。图6-2（a）所示为除咬边按照标准Ⅲ级设计、其余均按本标准Ⅱ级设计的缺陷标志。图6-2（b）所示为*N*条相同焊缝的缺陷按本标准的评定为Ⅳ级。

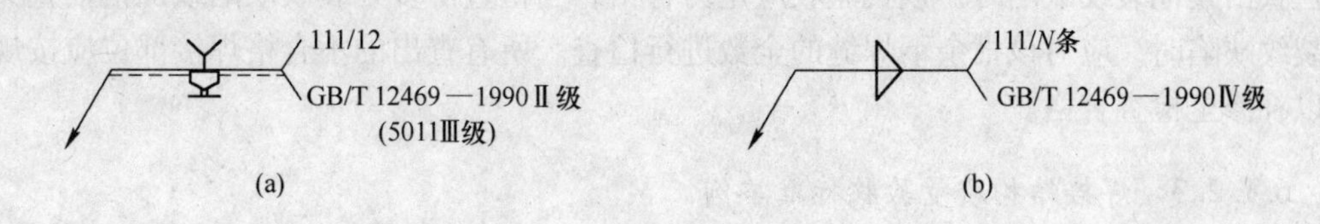

图6-2 焊接缺陷标志示例

6.1.2 焊接结构验收

6.1.2.1 焊接结构质量验收依据

（1）施工图样。图样是生产使用的最基本资料，加工制作应按图样的规定进行。图样规定了原材料、焊缝位置、坡口形式和尺寸及焊缝的检验要求等。

（2）技术标准。技术标准包括有关的技术条件，其规定了焊接结构的质量要求和质量评定方法，是从事检验工作的指导性文件。

（3）检验文件。检验文件包括工艺规程、检验工程、检验工艺等，其具体规定了检验方法和检验程序，用以指导现场检验人员进行工作。

除此之外，还包括检查过程中收集的检验单据：检验报告、不良品处理单、更改通知单（图样更改、工艺更改、材料代用、追加或改变检验要求等使用的书面通知）。

（4）订货合同。用户在合同中明确提出的焊接质量要求，可作为图样和技术文件的补充规定。

6.1.2.2 焊接结构质量验收方法

（1）验收前准备工作。验收前应根据施工图样及其说明文件规定的焊缝质量要求来编制检查方案，并由技术负责人批准，报请监理工程师备案。

检查方案应包括检查批的划分、抽样检查的抽样方法、检查项目、检查方法、检查时机及相应的验收标准等内容。

（2）抽样检查。抽样检查时，应符合下列要求：焊缝处数的计数方法，工厂制作的焊缝长度小于或等于100mm时，每条焊缝为1处；焊缝长度大于1000mm时，将其划分为每300mm为1处；现场安装焊缝，每条焊缝为1处。

按下列方法确定检查批：按焊接部位或接头形式分别组成批；工厂制作焊缝以同一工区（车间），按一定的焊缝数量组成批；多层框架结构以每节柱的所有构件组成批；现场安装焊缝以区段组成批。批的大小宜为300~600处。

抽样检查除设计指定焊缝外，应采用随机取样方式取样。

抽检检查的焊缝数如不合格率小于2%时，该批验收应定为合格；不合格率大于5%时，该批验收应定为不合格；不合格率为2%~5%时，应加倍抽检，且必须在原不合格部位两侧的焊缝延长线各增加1处。如在所有抽检焊缝中不合格率小于或等于3%时，该批验收应定为合格，大于3%时，该批验收应定为不合格。当批量验收不合格时，应对该批余下焊缝的全数进行检查。当检查出一处裂纹缺陷时，应加倍抽查，如在加倍抽检焊缝中未检查出其他裂纹缺陷时，该批验收应定为合格，当检查出多处裂纹缺陷或加倍抽查又发现裂纹缺陷时，应对该批余下焊缝的全数进行检查。所有查出的不合格焊接部位应按规定予以补修至检查合格。

6.1.2.3 焊接结构质量验收标准举例

（1）管道检查和验收管道的检查和验收标准很多，现以GB/T 50268—1997《给水排水管道工程施工及验收规范》中的规定为例，说明钢管的安装及焊缝质量检查和验收的有关要求和规定。

1）钢管质量应符合下列要求：

① 管节的材料、规格、压力等级、加工质量应符合设计规定；

② 管节表面无斑痕、裂纹、严重锈蚀缺陷；

③ 焊缝外观质量应符合表6-3所示的规定；

表6-3 焊缝的外观质量

项 目	技术要求
外观	不得有熔化金属流到焊缝外未溶化的母材上，焊缝和热影响区表面不得有裂纹、气孔、弧坑和夹渣等缺陷；表面光顺、均匀，焊道与母材应平缓过渡
宽度	应焊出坡口边缘2~3mm
表面余高	应小于或等于1+0.2坡口边缘宽度，且不应大于4mm
咬边	深度应小于或等于0.5mm，焊缝两侧咬边总长不得超过焊缝长度的10%，且连续长不应大于100mm
错边	应小于或等于0.2t，且不应大于2mm
未焊满	不允许

注：t为壁厚（mm）。

④直焊缝卷管管节几何尺寸允许偏差应符合表6-4所示的规定。

表6-4 直焊缝卷管节几何尺寸允许偏差

项 目	允许偏差	
周长	$D \leq 600$mm	±2.0mm
	$D > 600$mm	±0.0035D

续表 6-4

项　目	允许偏差
圆度	管端 0.005D；其他部位 0.01D
端面垂直度	0.001D，且不大于 1.5 mm
弧度	用弧长 $\pi D/6$ 的弧形板测量管内壁纵缝处形成的间隙，其间隙为 $0.1t+2$ 且不大于 4mm；距管端 200mm，纵缝处的间隙不大于 2mm

注：1. D 为管内径（mm），t 为壁厚（mm）；

2. 圆度为同端管口相互垂直的最大直径与最小直径之差；

3. 同一管节允许有两条纵缝，管径大于或等于 600mm 时，纵向焊缝的间距应大于或等于 300mm；管径小于 600mm 时，其间距应大于 100mm。

2）管节焊接采用的焊条应符合下列规定：

① 焊条的化学成分、力学强度应与母材相同且匹配，要兼顾工作条件和工艺性；

② 焊条质量应符合现行国家标准《碳钢焊条》和《低合金钢焊条》的规定；

③ 焊条应干燥。

3）管节焊接前应先修坡口、清根，管端端面的坡口角度、钝边、间隙应符合表 6-5 所示的规定，不得在坡口间隙夹焊帮条或用加热法缩小间隙施焊。

表 6-5　电弧焊管端修口各部尺寸

坡口形式		间隙 b/mm	钝边 p/mm	坡口角度 α/(°)
（图：α、t、p、b）	壁厚 t/mm			
	4~9	1.5~3.0	1.0~1.5	60~70
	10~26	2.0~4.0	1.0~2.0	60±5

4）对口时应使内壁齐平，采用长 300mm 的直尺在接口内壁周围顺序贴紧，错口的允许偏差应为 0.2 倍壁厚，且不得大于 2mm。

5）对口时纵向、环向焊缝的位置应符合下列规定：

① 纵向焊缝应放在管道中心垂线上半圆的 45°左右；

② 纵向焊缝应错开，当管径小于 600mm 时，错开的间距不得小于 100mm，当管径大于或等于 600mm 时，错开的间距不得小于 300mm；

③ 有加固环的钢管，加固环的对焊焊缝应与管节纵向焊缝错开，其间距不应小于 100mm；加固环距管节的环向焊缝不应小于 50mm；

④ 环向焊缝距支架净距不应小于 100mm；

⑤ 直管管段两相邻环向焊缝的间距不应小于 200mm；

⑥ 管道任何位置不得有十字形焊缝。

6）不同壁厚的管节对口时，管壁厚度相差不宜大于 3mm。不同管径的管节相连时，当两管径差大于小管径的 15%时，可用渐缩管连接。渐缩管的长度不应小于两管直径差值的 2 倍，且不应小于 200mm。

7）管道上开孔应符合下列规定：

① 不得在干管的纵向环向焊缝处开孔；

② 管道上任何位置不得开方孔；

③ 不得在短节或管件上开孔。

8）直线管段不宜采用长度小于800mm的短节拼接。

9）组合钢管固定口焊接及两管段的闭合焊接应在无阳光直照和气温较低时施焊。当采用柔性接口代替闭合焊接时，应与设计单位协商确定。

10）在寒冷或恶劣环境下焊接应符合下列规定：

① 应清除管道上的水、雪、霜等；

② 当工作环境的风力大于5级、雪天或相对湿度大于90%时，应采取保护措施施焊；

③ 焊接时应使焊缝可自由伸缩，并应使焊口缓慢降温；

④ 冬季焊接时，应根据环境温度进行预热处理，并应符合表6-6所示的规定。

表6-6　冬季焊接预热的规定

钢　号	环境温度/℃	预热宽度	预热达到温度/℃
$w(\mathrm{C})\leqslant 0.2\%$的碳素钢	≤-20	焊口每侧不小于40mm	100~150
$0.2\%<w(\mathrm{C})<0.3\%$	≤-10		
16Mn	≤0		100~200

11）钢管对口检查合格后，方可进行点焊。点焊时，应符合下列规定：

① 点焊焊条应采用与接口焊接相同的焊条；

② 点焊时应采用对称施焊，其厚度应与第一层焊接厚度一致；

③ 点焊长度与间距应符合表6-7所示的规定；

表6-7　点焊长度与间距

管径/mm	点焊长度/mm	环向点焊点
350~500	50~60	5处
600~700	60~70	6处
≥800	80~100	点焊间距不宜大于400mm

④ 钢管的纵向焊缝及螺旋焊缝处不得点焊。

12）管径大于800mm时，应采用双面焊。

13）管道对接时，环向焊缝的检验及质量应符合下列规定：

① 检查前应清除焊缝的渣皮、飞溅物；

② 应在油渗、水压试验前进行外观检查；

③ 管径大于或等于800mm时，应逐口进行油渗检验，不合格的焊缝应铲除重焊；

④ 焊缝的外观质量应符合表6-3所示的规定；

⑤ 当有特殊要求、进行无损探伤检验时，取样数量与要求等级应按设计规定执行；

⑥ 不合格的焊缝应返修，返修次数不得超过3次。

14）与法兰接口两侧相邻的第一至第二个刚度接口或焊接接口，待法兰螺栓紧固后才能施工。

15）钢管道安装允许偏差应符合表6-8所示的规定。

表 6-8 钢管道安装允许偏差 (mm)

项 目	允许偏差	
	无压力管道	压力管道
轴线位置	15	30
高程	±10	±20

(2) 钢结构检查和验收根据《市政桥梁工程质量检验评定标准》(CJJ2—1990) 中的有关要求，对梁、柱等钢结构的检查和验收摘要如下。

1) 钢材切割后应矫正，其质量标准应符合以下规定：

① 矫正后的钢板表面无明显的凹面和损伤，表面划痕深度不大于 0.5mm；

② 型钢垂直度，每米范围内不超过 0.5mm，并无锐角；

③ 冷压折弯的部件边缘无裂纹；

④ 钢材矫正后的允许偏差应符合表 6-9 所示的规定。

表 6-9 钢材矫正后的允许偏差

序号	项 目		示意图	允许偏差	检验频率		检查方法
					范 围	点数	
1	钢板、扁钢的局部挠曲矢高 f（每 1m 范围内）	$\delta \leqslant 14$mm		≤1.5mm	每件（每批抽查 10%，且不少于 2 件）	2	用塞尺测量
		$\delta > 14$mm		≤1.0mm		2	拉小线或用尺测量
2	角钢肢垂直角度 q			≤b/100，但双肢铆接、螺栓连接角钢不得大于 90°		2	用角尺测量
3	槽钢、工字钢翼缘的倾斜率 q			<b/80		2	用角尺测量

2) 焊接坡口加工尺寸的允许偏差应符合现行的《焊条电弧焊焊接接头的基本形式与尺寸》(GB 985—1988) 和《焊剂层下自动与半自动焊焊接接头的基本形式与尺寸》(GB 986—1988) 中的有关规定。

3) 边缘加工质量应符合下列规定：

① 刨（铣）加工的边缘，要求平直光洁。

② 除施工图另有规定外，刨（铣）范围及允许偏差应符合表 6-10 所示的规定。

表 6-10　钢焊梁（板梁）刨（铣）范围及允许偏差

序号	项目		刨边范围	允许偏差/mm	检验频率		检验方法
					范围	点数	
1	弦、斜、Ⅱ竖杆，纵、横梁、板梁，托架、平联杆件	盖板（Ⅰ型）	2边	±2.0	每件（每批抽查 10%，且不少于两件）	2	用尺量
		竖板（箱型）	2边	±1.0			
		腹板	2边	+0.5 -0①			
2	主桁节点板孔边距		3边	±2.0			
3	底板宽度		4变	±1.0			
4	拼接板、鱼形板、桥门节点弯板的宽度		2边	2.0			
5	支撑节点板、拼接板、支撑角的孔边距		支撑边端	+0.3 +0.5			
6	填板宽度		按工艺要求（2边）	±2.0			
7	焊接坡口		开口（B）	+1.0 0			
			钝边（a）	±0.5			
8	箱形杆件内隔板宽度		4边	+0.5 -0②			
9	工字形、槽形隔板的腹板宽度		2边	-0.5 -1.5			
10	加筋肋宽度		焊接边（端）及顶紧端	按工艺要求			

①腹板加工公差是按盖板厚度正公差不大于 0.4mm 而定的，如盖板厚度为负公差，则腹板加工公差必须随之相应改变。

②箱形杆件内隔板要求相互垂直。

4）钢结构组装应满足以下要求：

① 组装前连接表面及沿焊缝每边 30 ~50mm 范围内的铁锈、毛刺和油垢等必须清除干净。

② 用模架或按大样组装的构件，其轴线交点的允许偏差不得大于 3mm。

③ 焊接连接组装的允许偏差应符合表 6-11 所示的规定。

表 6-11　焊接连接组装的允许偏差

序号	项目	示意图	允许偏差	检验频率		检验方法
				范围	点数	
1	间隙 d		±1.0mm	每件（每批抽查 10%，且不少于 2 件）	2	用尺量

续表 6-11

序号	项目		示意图	允许偏差	检验频率		检验方法
					范围	点数	
2	边缘高度 δ	$4\text{mm}<\delta\leqslant 8\text{mm}$	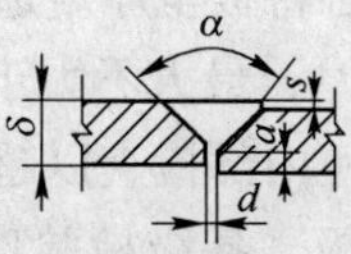	1.0mm			
		$8\text{mm}<\delta\leqslant 20\text{mm}$		2.0mm			
		$\delta\leqslant 20\text{mm}$		$\delta/10$，但不大于 3.0mm			
3	坡口	角度 α	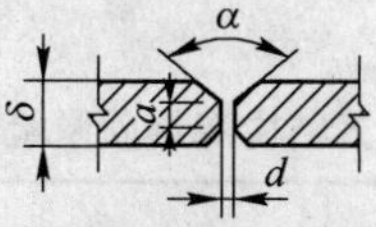	±5°			
		钝边 a		±1.0mm			
4	搭接	长度 L	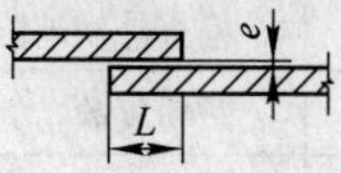	±5.0mm			
		间隙 e		1.0mm			
5	最大间隙 e		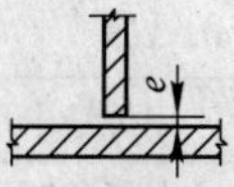	1.0mm			
6	宽度 B		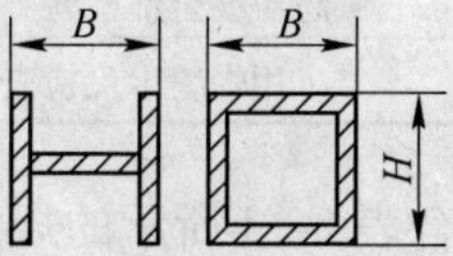	+1.0mm 0			
	高度 H			±1.0mm（有水平拼接时）	每件（每批抽查 10%，且不少于 2 件）	2	用尺量
7	竖板中线与水平板中线的偏移 s		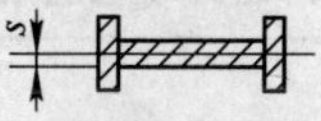	≤1.0mm			
8	两竖板中线偏移 s			≤2.0mm			
9	盖板的倾斜 q			<0.5mm			
10	桥梁、纵横梁加强肋间距 L	有横向连接关系者	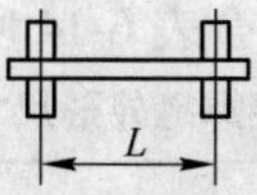	±1.0mm			
		无横向连接关系者		±3.0mm			
11	纵、横梁腹板的局部不平度 f		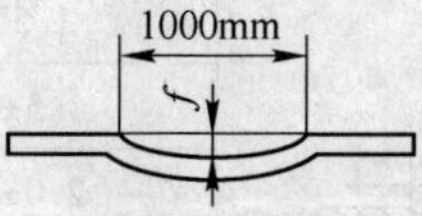	<1.0mm			

5）焊接质量应符合下列要求：

① 焊缝金属表面焊波均匀，无裂纹、沿边缘或角顶的未熔合、溢流、烧穿、未填满

的火口和超出允许限度的气孔、夹渣、咬边等缺陷；

② 对接焊缝要求熔透者，咬合部分不小于 2mm，角焊缝（船形焊）正边尺寸允许偏差$^{+2.0}_{-1.0}$mm；

③ 采用双侧贴角焊缝时，焊缝不必将板全厚熔透，箱形组合构件用单侧焊缝连接时，其未熔透部分的厚度不大于 0.25 倍板厚，最大不大于 4.0mm；

④ 对所有焊缝都应进行外观检查，内部检查以超声波探伤为主；

⑤ 钢结构的焊缝质量检验分为三级，各级检验项目、检查数量和检验方法应符合表 6-12 所示的规定。

表 6-12　钢结构焊缝质量检验级别

级别	检验项目	检查数量	检验方法
1	外观检查	全部	检查外观缺陷及几何尺寸
	超声波检验	全部	磁粉复验
	X 射线检验	抽查焊缝长度的 2%，至少应有一张底片	缺陷超出表 6-13 的规定时，应加倍透照，如不合格应 100% 的透照
2	外观检查	全部	用焊缝卡尺检查外观缺陷及几何尺寸
	超声波检验	抽查焊缝长度的 50%	有疑点时用 X 射线透照复验；如果发现有超标缺陷，应用超声波全部检验
3	外观检查	全部	用焊缝卡尺检查外观缺陷及几何尺寸

6）焊缝外观检验质量标准应符合表 6-13 所示的规定。

表 6-13　焊缝外观检验质量标准

序号	项　目		质量标准		
			一级	二级	三级
1	气孔		不允许	不允许	直径小于或等于 1.0mm 的气孔，在 1000mm 长度范围内不得超过 5 个
2	咬边	不要求修磨的焊缝	不允许	深度不超过 0.5mm，累计总长度不得超过焊缝长度的 10%	深度不超过 0.5mm，累计总长度不得超过焊缝长度的 20%
		要求修磨的焊缝	不允许	不允许	—

7）对接焊缝外形尺寸允许偏差应符合表 6-14 所示的规定。

表 6-14　对接焊缝外形尺寸允许偏差

序号	项　目			示意图	允许偏差	检验频率		检验方法
						范　围	点数	
1	焊缝余高 c	b<20mm	一级	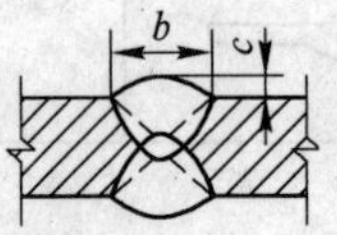	$1.5^{+1.5}_{-1.0}$	抽查累计焊缝长度的 20%，且不少于 2 件	2	用焊缝卡尺量
			二级		1.5±1.0			
			三级		2.0±1.5			
		b≥20mm	一级		$2.0^{+1.0}_{-1.5}$			
			二级		2.0±1.5			
			三级		$2.5^{+1.5}_{-2.0}$			

续表 6-14

序号	项目		示意图	允许偏差	检验频率		检验方法
					范围	点数	
2	焊缝凹面值 e	一级	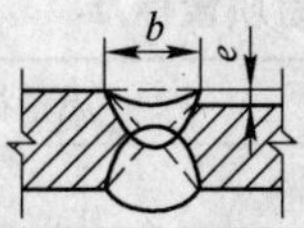	0	抽查累计焊缝长度的 20%，且不少于 2 件	2	用焊缝卡尺量
		二级		0~0.5mm			
		三级		0~1.5mm			
3	焊缝错边 d	一级	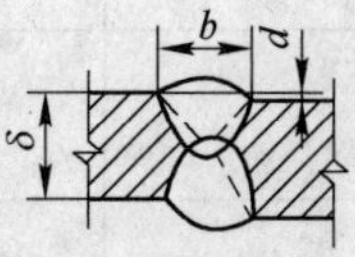	$d<0.1\delta$，但不得大于 2.0mm			
		二级		$d<0.1\delta$ 但不得大于 2.5mm			
		三级		$d<0.15\delta$，但不得大于 3.0mm			

8）贴角焊缝外形尺寸允许偏差应符合表 6-15 所示的规定。

表 6-15 贴角焊缝外形尺寸允许偏差

序号	项目		示意图	允许偏差/mm	检验频率		检验方法
					范围	点数	
1	焊脚尺寸 B	$B\leqslant$6mm	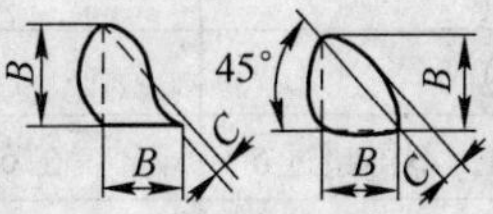	+1.5 0	抽查累计焊缝长度的 20% 且不小于 2m	2	用焊缝卡尺量
		$B>$6mm		+3.0 0			
2	焊缝余高 C	≤6mm		+1.5 0			
		大于 6mm		+3.5 0			

注：1. 表中 B 为设计要求的焊脚尺寸，mm。

2. $B>8.0$mm 贴角焊缝的局部焊脚尺寸，允许低于设计要求值的 1.0mm，但不得超过焊缝长度的 10%。

3. 焊接梁的腹板与翼缘板之间焊缝的两端，在其 2 倍翼缘板宽度范围内，焊缝的实际焊脚尺寸不允许低于设计要求值。

9）T 形接头设计要求焊透的 K 形焊缝，外形尺寸的允许偏差应符合表 6-16 所示的规定

表 6-16 T 形接头焊缝外形尺寸允许偏差

项目	示意图	允许偏差/mm	检验频率		检验方法
			范围	点数	
接头焊缝	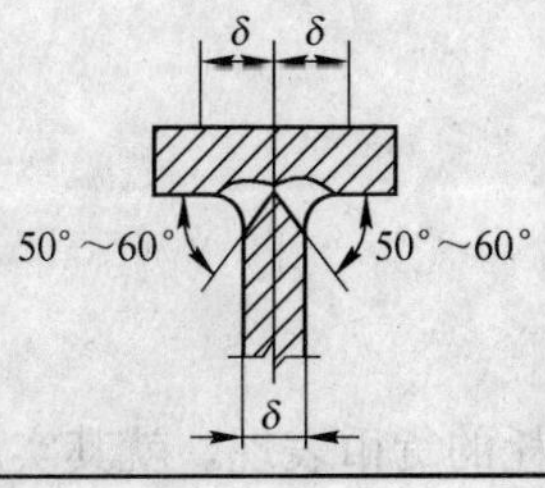 δ δ 50°~60° 50°~60° δ	+1.5 0	抽查累计焊缝长度的 20%，且不少于 2 件	2	用焊缝卡尺量

10）X 射线检验焊缝缺陷分两级，质量标准应符合表 6-17 所示的规定。检验方法应按现行的 GB 3323—2005 的规定执行。

表 6-17　X 射线检验质量标准

序号	项　目		质量标准	
			一级	二级
1	裂纹		不允许	不允许
2	未熔合		不允许	不允许
3	未焊透	对接焊缝及要求焊透的 K 形焊缝	不允许	不允许
		管件单面焊	不允许	深度不大于 10% δ，但不得大于 1.5mm；长度不得大于条状夹渣总长度
4	气孔和点状夹渣	母材厚度/mm	点数	点数
		5.0	4	6
		10.0	6	9
		20.0	8	12
		50.0	12	18
		120.0	18	24
5	条状夹渣	单个条状夹渣	(1/3) δ	(2/3) δ
		条状夹渣总长	在 12δ 的长度内，不得超过 δ	在 6δ 的长度内，不得超过 δ
		条状夹渣间距	$6L$	$3L$

注：1. 表中 δ 为母材厚度，mm。
2. 表中 L 为相邻两夹渣中较长者，mm。
3. 点数是一个计数指数，是指 X 射线底片上任何 10mm×50mm 焊缝区域内（宽度小于 10mm 的焊缝，长度仍用 50mm）允许的气孔点数。母材厚度在表中所列厚度之间时，其允许气孔点数可用插入法计算取整数。各种不同直径的气孔应按表 6-18 换算点数。

表 6-18　气孔换算点数

气孔直径/mm	<0.5	0.6～1.0	1.1～1.5	1.6～2.0	2.1～3.0	3.1～4.0	4.1～5.0	5.1～6.0	6.1～7.0
换算点数	0.5	1	2	3	5	8	12	16	20

11）超声波检验焊缝质量应符合表 6-17、表 6-18 所示和 JB/T 4730—2005 的规定。

6.2　焊接生产管理

6.2.1　成本核算

6.2.1.1　产品成本的含义

一般来讲，产品成本是产品生产经营过程中劳动消耗的货币表现。就其实质而言，可从以下两个方面来理解。

一方面从产品价值的形成来看，产品成本是价值的一部分，产品（即商品）价值构成的具体关系如图 6-3 所示。

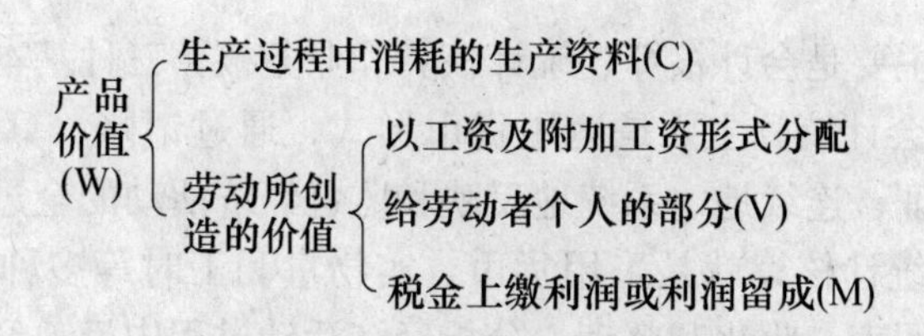

图 6-3　产品价值的构成

可以看出，产品成本是产品价值 W 中 C+V 两部分之和。

从生产消耗来看，产品成本也可以认为是企业生产和销售产品所支出费用的总和。

6.2.1.2　成本核算的目的

（1）确定产品销售价格。根据产品成本核算，可以确定产品的销售价格。

（2）降低生产成本，提高产品市场竞争能力。根据产品实际成本及市场情况，分析企业的生产率，确定降低成本的途径，尽量做到以最低的成本达到预先规定的质量和数量，提高产品的市场竞争能力。

（3）衡量经营活动的成绩和效果。通过成本核算，可以综合反映企业经营活动的成绩和效果。

（4）进行成本控制。根据成本核算结果，进行成本控制，以增加利润，求得生存与发展。

6.2.1.3　成本核算的内容

在焊接工程施工中，必须加强焊接成本的核算，通常焊接成本包括：

（1）为制造产品而耗用的各种原料、材料和外购半成品的费用。包括金属母材费、焊条（或焊丝）费、气体（如氧气、乙炔、保护气体等）费用、焊剂及衬垫费用、钨极和炭棒、半成品费等。

（2）职工工资及福利基金。包括生产工人、管理人员的工资和按工资总额提取的职工福利基金。

（3）为制造产品而耗用的燃料和动力费用。包括水电费及其他燃料动力费等。

（4）折旧费及设备维修费。按规定提取的固定资产基本折旧基金、大修折旧基金和固定资产中的中小修理费用，厂房、焊机、气瓶、加工设备及工夹具辅助设备等的折旧费，设备保养修理费。

（5）低值易耗品费。按规定应当列入产品成本的低值易耗品购置费用。

（6）停工与废品损失费。按规定应当列入产品成本的停工、废品损失费用。

（7）包装与销售费。产品包装和销售经营管理费用。

（8）其他生产费用。管理费、运输费、检验费、外协加工费、研究试验费、劳动保护费、租赁费、保险费、排污费、材料与产品的存货盘亏损失费、广告宣传费、培训费等。

6.2.1.4 产品成本的核算方法

成本核算的方法主要是会计核算、统计核算和业务核算三种基本方法。

(1) 会计核算。会计核算主要是运用货币形式，通过记账、算账和报账等手段，严格地以审核无误的凭证，连续地、系统地反映和监督经济活动的全过程。

(2) 统计核算。统计核算就是采用货币、实物量和工时等多种计算单位，运用一系列的统计指标和统计图表、收集和整理、分析经济活动过程中反映经济现象特征和规律性的数据资料。

(3) 业务核算。业务核算就是对个别业务事项的记载，主要是进行单个业务的抽样核算。业务核算的形式是多种多样的，没有一套专门的方法。

成本核算采用什么方法是由成本管理制度以及企业所达到的实际水平决定的。一般来讲，企业在开展成本核算的初期，可以采用以统计方法为主，沟通、理顺数据收集渠道，形成成本报表体系。待条件成熟后，再过渡到以会计核算为主的方法。

6.2.1.5 成本控制

成本控制是通过各种措施和控制手段达到成本预期的目标和效果的一项管理工作。要完成成本计划，实现降低成本和优化质量的目标，很大程度上取决于日常的成本控制。

成本控制一般分为三个步骤，即事前控制、事中控制和事后处置。

(1) 事前控制。事前控制就是事前确定成本控制的标准。根据成本计划所规定的目标，为各项费用开支和资源消耗确定其数量界限，形成成本费用指标计划，作为成本控制的主要标准，以便对费用开支进行检查和评价。

(2) 事中控制。事中控制就是在生产经营过程中控制监督成本的形成过程，这是控制的重点。对于日常发生的各种费用都要按照既定的标准进行控制监督，力求做到所有直接费用都不突破定额，各项间接费用都不超过预算。

(3) 事后处置。事后处置是在一个阶段性的生产经营活动结束后，分析造成实际成本偏离目标的原因，然后在此基础上提出切实可行的措施，使实际成本管理更好地达到目标成本的要求。

6.2.1.6 降低焊接生产成本的途径

降低焊接生产成本应在保证焊接质量的基础上进行，主要从提高焊接生产率、保证焊接质量、减少返修、减少非生产性开支、加强生产管理和财务管理等方面入手。

(1) 采用先进的焊接和切割方法。焊接方法不同，其熔敷相同的金属所消耗的电能是不同的。实践证明：埋弧焊、气体保护焊与焊条电弧焊相比，可以减少工件的加工量和准备工时，提高焊接速度和质量，提高焊接生产率。如焊条电弧焊的熔化系数一般为8～12g/(A·h)，而埋弧焊可达14～18g/(A·h)，窄间隙埋弧焊焊接100～350mm厚的钢板时，对接坡口间隙仅为18～24mm，若采用焊条电弧焊来进行焊接，应开多大的坡口是难以想象的。又如热丝焊、双丝焊等都可以大大提高熔化效率及焊接速度。

采用液化石油气切割、火焰精密切割、激光切割代替一般氧-乙炔切割，不但可取得显著的节能效果，而且还能“以割代削”缩短工时，从而提高产品质量。

（2）采用高生产率的焊接材料。如焊条电弧焊时采用含铁粉的高效率焊条，可提高熔敷系数30%左右。

（3）选用节能焊接设备。采用半自动和自动焊接技术，再加装必要的变位器、滚轮胎架或自动操纵台，既可以大幅度提高焊接生产率，又可以显著节能。

选用逆变式弧焊电源，与传统的弧焊变压器、弧焊整流器相比，逆变式弧焊电源体积小、质量轻、节约材料，例如300A晶闸管整流式焊机质量为180kg，体积为0.65m³，而逆变式弧焊电源质量只有35kg，体积为0.06m³，高效节能，比一般弧焊电源可节能10%~20%，且适应性强，引弧成功率高，焊接过程控制性好，飞溅降低。因此，随着电子元件质 量要求的提高，逆变式弧焊电源应用越来越广，是弧焊电源的发展方向。

（4）采用合理的焊接工艺。选择合理的接头形式，采用转胎、变位器等实现平焊与角接的船形焊，合理的焊接次序，合适的焊接规范等，可提高焊接速度和质量并减少返修量。

（5）提高焊接工素质和技术操作水平。在生产中，人的因素是第一位的，所以不断进行焊工培训和考核，提高焊工的素质和技术操作水平，是保证焊接生产顺利进行、保证焊接质量、减少焊接缺陷和返修量、降低生产成本的关键。

（6）减少不必要的非生产性开支。加强管理，精打细算，减少一切不必要的非生产性开支。

（7）加强生产和财务管理。加强生产管理，制订合理的生产计划和焊接工艺规程并严格执行，严格控制焊接质量，发现问题及时解决。坚持财务制度，加强财务管理，对生产成本有预算、有检查、有总结，并不断挖掘降低生产成本的潜力。

6.2.2 定额管理

焊接车间生产中的定额管理包括材料消耗定额和工时定额两大部分，这是保证焊接产品优质、高产的重要手段。

6.2.2.1 焊接原材料的消耗定额

制订焊接材料的消耗定额是保证均衡生产、计算产品成本的一个重要因素。它包括焊条消耗定额、焊丝消耗定额、焊剂消耗定额和保护气体消耗定额四部分。

A 焊条消耗定额的制订

单件焊条消耗量 $g_{条}$（kg）可由下式决定：

$$g_{条} = (AL\rho/1000K_n)(1 + K_b) \tag{6-1}$$

式中 A——焊缝熔敷金属横截面积，mm^2，其计算公式见表6-19；

L——焊缝长度，m；

ρ——熔敷金属密度，g/cm^3；

K_b——药皮的质量系数，见表6-20；

K_n——金属由焊条到焊缝的转熔系数，包括因烧损、飞溅及未利用的焊条头损失在内，见表6-21。

表 6-19　焊缝熔敷金属横截面积计算公式

序号	焊缝名称	焊缝横截面图	计算公式
1	开 I 形坡口的单面对接焊缝		$A = Sa + \frac{2}{3}bc$
2	不开坡口的双面对接焊缝		$A = Sa + \frac{4b}{3}c$
3	V 形对接焊缝（不作封底焊）		$A = Sa + (S-p)^2\tan\frac{\alpha}{2} + \frac{2}{3}bc$
4	单边 V 形对接焊缝（不作封底焊）		$A = Sa + \frac{(S-p)^2\tan\beta}{2} + \frac{2}{3}bc$
5	单 U 形对接焊缝（不作封底焊）		$A = Sa + (s-p-r)^2\tan\beta + 2r(S-p-r) + \frac{\pi r^2}{2} + \frac{2}{3}bc$
6	V 形、U 形对接，根部不挑根的封底焊		$A = \frac{2}{3}bc$
7	V 形、U 形对接，根部封底焊		$A = (S-p)^2\tan\frac{\alpha}{2} + \frac{2}{3}bc$
8	保留钢垫板的 V 形对接焊缝		$A = Sa + S^2\tan\frac{\alpha}{2} + \frac{2}{3}bc$

续表 6-19

序号	焊缝名称	焊缝横截面图	计算公式
9	双V形对接焊缝（坡口对称）	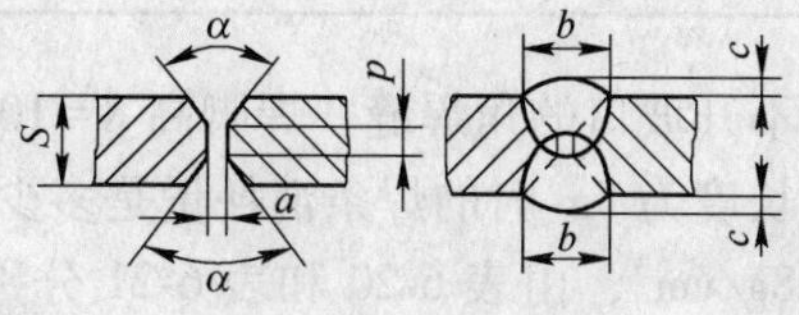	$A = Sa + \frac{(S-p)^2\tan\frac{\alpha}{2}}{2} + \frac{4}{3}bc$
10	K形对接焊缝（坡口对称）	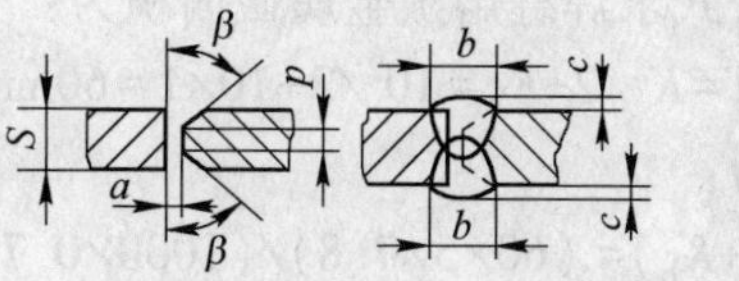	$A = Sa + \frac{(S-p)^2\tan\beta}{4} + \frac{4}{3}bc$
11	双U形对接焊缝（坡口对称）	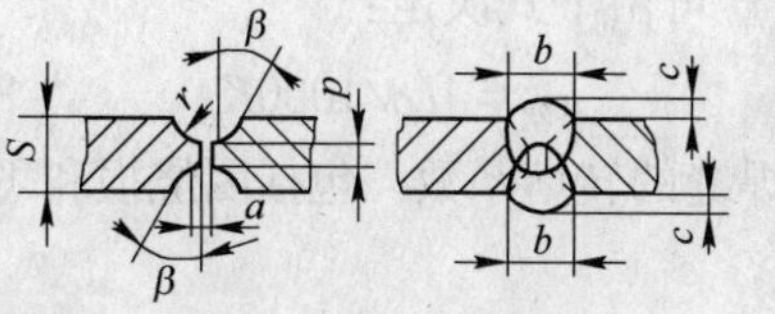	$A = Sa + 2r(S-2r-p) + \pi r^2 + \frac{(S-2r-p)^2\tan\beta}{2} + \frac{4}{3}bc$
12	不开坡口的角焊缝	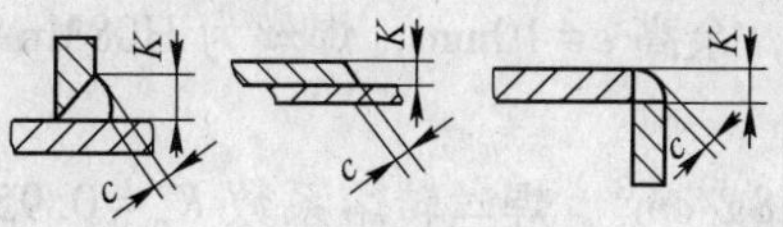	$A = \frac{K^2}{2} + Kc$
13	单边V形、T形接头焊缝	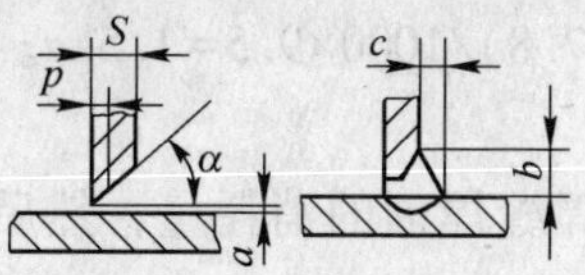	$A = Sa + \frac{(S-p)^2\tan\alpha}{2} + \frac{2}{3}bc$
14	K形、T形接头焊缝	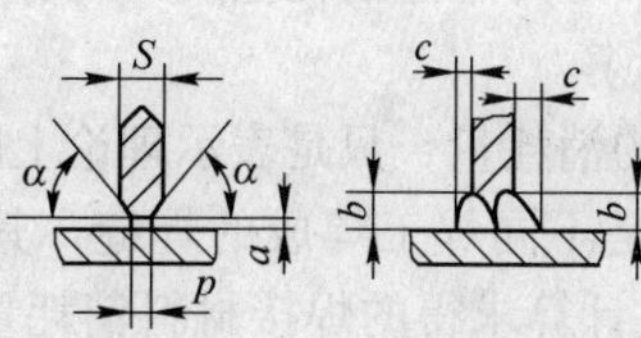	$A = Sa + \frac{(S-p)^2\tan\alpha}{2} + \frac{4}{3}bc$

表 6-20 药皮的质量系数 K_b

E4301	E4320	E4316	E5015
0.32	0.42	0.32	0.32

表 6-21　焊条的转熔系数 K_n

E4301	E4320	E4303	E5015
0.70	0.77	0.77	0.79

【例 6-1】 T 形接头单面不开坡口的角焊缝，焊脚高 $K=10$mm，余高 $c=1$mm，母材为 20g 钢，焊条为 E5015，焊缝长度为 5m 时的焊条消耗量是多少？

解：20g 钢的密度 $\rho=7.8\text{g/cm}^3$，由表 6-20 和表 6-21 分别查到 E5015 焊条的药皮质量系数 $K_b=0.32$，焊条转熔系数 $K_n=0.79$。

根据表 6-19 序号 12 的公式求焊缝熔敷金属截面积为：

$$A=K^2/2+Kc=10^2/2+10\times1=60\text{mm}^2$$

所以 5m 长的焊缝条消耗量为：

$$g_{条}=(AL\rho/1000K_n)(1+K_b)=(60\times5\times7.8)/(1000\times0.79)\times(1+0.32)=4.3\text{kg}$$

B　焊丝消耗定额的制订

单件焊条消耗量 $g_{丝}$（kg）可由下式决定：

$$g_{丝}=AL\rho/1000K_n \tag{6-2}$$

式中　K_n——金属由焊丝到焊缝的转熔系数。包括因烧损和飞溅等损失在内，常取 0.92~0.99。

其余符号意义同式（6-1）。

【例 6-2】 对接接头不开坡口双面埋弧自动焊，母材为 20g 钢，板厚 $S=12$mm，间隙 $a=2$mm，焊缝宽度 $b=10$mm，余高 $c=10$mm，焊丝为 H08MnA，焊缝长度为 5m 时的焊丝消耗量是多少？

解：20g 钢的密度 $\rho=7.8\text{g/cm}^3$，焊丝转熔系数 $K_n=0.95$，根据表 6-19 序号 2 公式，求焊缝熔敷金属截面积为：

$$A=Sa+(4b/3)c=12\times2+(4\times10/3)\times1=37.3\text{mm}^2$$

所以 $g_{丝}=AL\rho/1000K_n=(37.3\times5\times7.8)/1000\times9.5=1.5\text{kg}$。

C　焊剂消耗定额的制订

常用实测方法得到单位长度焊缝焊剂的消耗量，然后由焊缝总长度计算总的焊剂消耗量。

在概略计算中，焊剂消耗量可定为焊丝消耗量的 0.8~1.2 倍。

D　勾焊接材料定额的经验估算

通过计算公式求得焊接材料的消耗量，只是表示理论上的精确，因为这种计算是建立在焊缝横截面积的基础之上，但是不同焊工焊成的焊缝，其横截面积是不一样的（焊缝的几何尺寸不尽相同），因此通过计算求得的焊接材料消耗量落实到每个焊工身上便会产生一定的误差，即使是同一名焊工焊成的焊缝，其横截面积也不可能前后完全一致。另外，用计算公式法来求焊接材料的消耗量要通过繁杂的数学运算，工作量大，速度慢，实际应用比较困难。比较实用的方法是根据工厂实际生产的经验积累，将每米长度焊缝的焊接材料消耗量根据不同的焊接方法、母材金属厚度、坡口形式等制订成表格，使用时，只要计算焊缝的长度再乘以从表中查得的每米长度焊缝的焊接材料消耗量即可。当然，这是一种近似估算的方法，需要在实际应用中不断修改与完善。

a 平板对接焊接材料消耗定额

（1）手工焊（气焊、焊条电弧焊）单面焊焊接材料消耗定额见表6-22。

表6-22 平板对接单面焊焊接材料消耗定额

母材金属厚度/mm	焊接方法	
	气焊（焊丝）/kg·m^{-1}	焊条点弧焊（焊条）/kg·m^{-1}
3	0.11	0.19
3.5	0.125	0.22
4	0.14	0.24
5	0.21	0.36
6	0.26	0.44
7	0.39	0.66
8	0.49	0.83

注：开V形坡口。

（2）手工焊（气焊、焊条电弧焊）双面焊焊接材料消耗定额见表6-23。

表6-23 平板对接双面焊焊接材料消耗定额

母材金属厚度/mm	焊接方法	
	气焊（焊丝）/kg·m^{-1}	焊条点弧焊（焊条）/kg·m^{-1}
3	0.24	0.33
4	0.34	0.47
5	0.40	0.55
6	0.53	0.72
8	0.57	0.78

注：开I形坡口。

（3）手工焊（气焊、焊条电弧焊）开单边V形坡口单面焊焊接材料消耗定额见表6-24。

表6-24 平板对接单边V形坡口单面焊焊接材料消耗定额

母材金属厚度/mm	焊接方法	
	气焊（焊丝）/kg·m^{-1}	焊条点弧焊（焊条）/kg·m^{-1}
6	0.30	0.41
8	0.46	0.63
10	0.68	0.93
12	0.97	1.33
14	1.20	1.64
16	1.56	2.14
18	1.96	2.68
20	2.41	3.30
22	2.90	3.97
24	3.46	3.46
26	4.05	4.05

（4）埋弧焊开I形坡口双面焊焊接材料消耗定额见表6-25。

表 6-25　埋弧焊开 I 形坡口双面焊焊接材料消耗定额

母材金属厚度/mm	焊丝/kg·m^{-1}		焊剂/kg·m^{-1}	
8	1	内 0.35	1	内 0.35
		外 0.65		外 0.65
10	1.1	内 0.35	1.1	内 0.35
		外 0.75		外 0.75
12	1.2	内 0.40	1.2	内 0.40
		外 0.80		外 0.80
14	1.3	内 0.43	1.3	内 0.43
		外 0.86		外 0.86
16	1.4	内 0.46	1.4	内 0.46
		外 0.94		外 0.94

注：外侧碳弧气刨清根。

（5）埋弧焊开单面 V 形坡口焊接材料消耗定额见表 6-26。

表 6-26　埋弧焊开单面 V 形坡口焊接材料消耗定额

母材金属厚度/mm	焊丝/kg·m^{-1}		焊剂/kg·m^{-1}	
18	2.3	内 1.00	2.3	内 1.00
		外 1.30		外 1.30
20	2.6	内 1.20	2.6	内 1.20
		外 1.40		外 1.40
22	2.9	内 1.40	2.9	内 1.40
		外 1.50		外 1.50

注：外侧碳弧气刨清根。

（6）埋弧焊开 X 形坡口焊接材料消耗定额见表 6-27。

表 6-27　埋弧焊开 X 形坡口焊接材料消耗定额

母材金属厚度/mm	焊丝/kg·m^{-1}	焊剂/kg·m^{-1}
24	2.8	2.8
26	3.1	3.1
28	3.4	3.4
30	3.7	3.7
32	4.1	4.1
34	4.4	4.4
36	4.8	4.8
46	7.4	7.4
60	10.8	10.8

b　管子对接焊接材料消耗定额

管子对接采用氩弧焊、气焊、焊条电弧焊时，焊接材料的消耗定额见表 6-28。

表 6-28　管子对接焊接材料消耗定额

管子规格 $d \times \delta$ /mm×mm	氩弧焊丝 /kg·头$^{-1}$	气焊丝 /kg·头$^{-1}$	焊条/kg·条$^{-1}$	氩气/瓶·头$^{-1}$	氧气/瓶·头$^{-1}$
7×3	0.006	0.007	0.01	—	1/300
25×4	0.011	0.013	0.02	—	1/200
32×3	0.011	0.015	0.02	1/200	1/150
32×3.5	0.013	0.016	0.02	1/200	1/140
38×3.5	0.015	0.02	0.03	1/180	1/120
42×3.5	0.017	0.023	0.03	1/150	1/100
42×4	0.017	0.025	0.04	1/150	1/100
51×3	0.018	0.025	0.04	1/150	1/80
57×6	0.047	0.052	0.07	—	1/40
60×3	0.021	0.029	0.04	1/130	1/70
76×4	0.030	0.047	0.07	—	1/60
83×4	0.035	0.052	0.08	—	1/50
83×6	0.070	0.078	0.11	—	1/30
89×4	0.038	0.056	0.08	—	1/50
89×6	0.076	0.084	0.12	—	1/30
102×4	0.042	0.065	0.09	—	1/50
108×6	0.093	0.103	0.15	—	1/20
133×4.5	0.062	0.096	0.13	—	1/25

注：1. 氩弧焊打底，焊丝用量取 1/3；

2. 氩弧焊打底，氩气用量分母扩大 1 倍。

c　角焊缝焊接材料消耗定额

角焊缝采用焊条电弧焊、埋弧焊时，焊接材料的消耗定额见表 6-29。

表 6-29　角焊缝焊接材料消耗定额

焊脚尺寸/mm	焊条/kg·m^{-1}	埋弧焊	
		焊丝/kg·m^{-1}	焊剂/kg·m^{-1}
2	0.1	0.07	0.07
3	0.16	0.09	0.09
4	0.24	0.14	0.14
5	0.32	0.19	0.19
6	0.43	0.25	0.25
7	0.53	0.31	0.31
8	0.66	0.39	0.39
9	0.80	0.47	0.47
10	0.95	0.56	0.56
11	1.10	0.66	0.66
12	1.30	0.77	0.77
13	1.50	0.88	0.88
14	1.70	1.00	1.00
15	1.90	1.10	1.10
16	2.20	1.30	1.30
17	2.40	1.40	1.40
18	2.70	1.60	1.60
19	2.90	1.70	1.70
20	3.20	1.90	1.90

E　保护气体消耗定额的计算

保护气体消耗量由下式决定：

$$V = Q(1 + \eta) t_{基} n \tag{6-3}$$

式中　V——保护气体体积，L；

Q——保护气体流量，L/min；

$t_{基}$——单位焊接基本时间，min；

η——气体损耗系数，常取 0.03~0.05；

n——每年或每月焊件数量。

焊接用 CO_2 气体由瓶装的液态 CO_2 汽化而来，容量为 40L 的标准钢瓶可灌入 25kg 液态 CO_2。在 0℃和 0.1MPa 大气压力下，10kg 液态 CO_2 可以汽化成 509L 的气态 CO_2，瓶内有液态 CO_2 时，气态 CO_2 的压力大约为 4.90~6.86MPa，此压力随环境温度而变化。当瓶中气压降至 1MPa 大气压时，便不能再使用，以防止 CO_2 中的水汽含量超标。由此可知，每瓶可得到 CO_2 气体 12324L（标准状态）。因此，就可折算每日或每年需要用气（瓶数）为：

$$N_{瓶} = V/12324 \tag{6-4}$$

对于氩气，当温度在 20℃以下，40L 钢瓶的氩气压力为 15MPa，由此可知，每瓶在 20℃和 0.1MPa 大气压下得 6000L 氩气，则每月或每年需要用氩气（瓶数）为：

$$N_{瓶} = V/6000 \tag{6-5}$$

F　电力消耗定额的计算

电弧焊时电力消耗量可按下式进行计算：

$$A = A_1 + A_2 = UIt/\eta \times 1000 + P_0(T - 1) \tag{6-6}$$

式中　A——电力消耗量，kW · h；

A_1——弧焊电源工作状态时的电力消耗，kW · h；

A_2——弧焊电源空载时的电力消耗，kW · h；

U——电弧电压，V；

I——焊接电流，A；

t——电弧燃烧时间，h；

η——弧焊电源的效率；

P_0——弧焊电源空载功率，kW；

T——弧焊电源工作总时间，h。

用交流电焊接时，空载的电力消耗甚微，所以公式中 A_2 可忽略不计，此时电力消耗 A 为：

$$A \approx A_1 = UIt/\eta \times 1000 \tag{6-7}$$

用直流电焊接时，焊机空载电力消耗大，通常可达焊机工作状态时消耗电力的 40%，甚至更大，因而空载电力消耗不能忽略。

6.2.2.2　劳动工时定额

劳动定额是为了完成一定生产工作而规定的必要劳动量。劳动定额有两种：

一是工时定额，即用时向表示的劳动定额，它是指在一定的生产条件下，为完成某一项工作所必需消耗的时间。

二是产量定额，即用产量表示的劳动定额，它是指在一定的生产条件下，工人在单位时间内应完成的产品数量。两者的关系是：工时定额越低，产量定额就越高，产量定额是在工时定额的基础上计算出来的。

A 工时定额的组成

电弧焊的工时定额由作业时间、布置工作场地时间、休息和生理需要时间及准备结束时间四部分组成。

（1）作业时间。作业时间是直接用于焊接工作的时间。作业时间按其作用又可分为基本时间和辅助时间两大项。

基本时间是直接用于焊接工件的时间。它的特点是每焊一个零、部件就重复消耗一次。

辅助时间是为了保证实现基本工作而执行的各种操作所消耗的时间。它包括焊件边缘的检查和清理、焊条的更换、焊缝上的渣壳和母材上飞溅金属的清除、焊缝的测量检查以及在焊缝上打钢印等。辅助时间可能是每焊接一个零部件就重复一次，也可能是在焊接一定数量的零部件后才重复。

（2）布置工作场地时间。布置工作场地时间是用于照料工作地以保持工作地处于正常工作状态所需要的时间。它包括工具的放置、接电源线、电源的接通和调整、电源的关闭和工具与工作场地的收拾等。

（3）休息和生理需要时间。休息和生理需要时间是指工人休息、喝水和上厕所所消耗的时间，这类时间决定于工作条件和生产条件。休息时间仅在繁重的体力劳动情况下才包括在工时定额内，在一般情况下，工时定额只包括生理需要时间。

（4）准备结束时间。准备结束时间是指为了焊接某一批焊件所消耗的准备时间和结束时间。它包括：领取生产任务单、图样和焊接工艺卡片；了解工件、工艺规程和焊接工艺参数，听取组长指示；准备工作场地和工、夹具；工作开始时调整设备；将完成的产品交组长和检验员验收。

准备结束时间的特点是每加工一批焊件只消耗一次，其时间长短与零件数量无关，因此一般不包括在单件工时定额中。但为了简化计算，对成批生产焊件的准备结束时间则归并到 单件时间内，并以工作时间的百分数表示。对大量生产的焊件，由于每一个工作场地的加工对象不常变换，因此，准备和结束时间可以忽略不计。

B 制订工时定额的方法

焊接工时定额可以从经验和计算两个方面来进行制订。

（1）经验估工法。经验估工法是依靠经验，对图样、工艺文件和其他生产条件进行分析，用估算方法来确定定额。常用于多品种单件生产和新产品试制时的工时定额计算。

（2）经验统计法。经验统计法是根据同类产品在以往生产中的实际工时统计资料，经过分析，并考虑到提高劳动生产的各项因素，再根据经验来确定工时定额的一种方法。

经验法简单易行，工作量小，但定额准确性较差。

（3）分析计算法。分析计算法是在充分挖掘生产潜力的基础上，按工时定额的各个组成部分来制订工时定额的方法。

由于在不同的生产条件下，完成同一工作所需的时间不等，因此制订工时定额时，必须考虑到生产类型和具体的技术条件。生产类型不同，对所制订的工时定额的准确程度要求也不同。在大量生产中，每项工作都要重复很多次，定额即使有很小的误差，也会显著影响机器设备和整个工段生产能力的确定。因此，工时定额要尽可能的准确。虽然制订较准确的工时定额要花费比较多的时间，但由于准确的工时定额可以节约大量的工作时间，因此在大量生产的情况下，采用分析计算法是比较合适的。小批和单件生产中，由于生产对象不固定，产品经常更换，适宜于采用比较简化的制订定额的方法，但仍要求工时定额具有一定的准确性。因此，吸收分析计算法准确性比较高的优点，克服制订定额复杂的缺点，使其适用于单件和小批生产，制订工时定额还可以采用比较法。

（4）比较法。就是首先按焊件的结构和工艺过程的相似性，把焊件分组，在每组中选出几个在结构上和尺寸上具有代表性的典型工件，通过分析比较，制好该组中其他焊件的工时定额。

必须指出，不能把工时定额看成是一成不变的时间极限。随着焊接技术的发展，焊工技术水平的提高，生产工作的技术组织条件的改进，焊工的劳动生产率会不断提高。因此，工时定额应该根据实际情况随时进行必要的修订。

6.3 技师论文、总结的撰写和答辩

技师论文是参加技师培训的学员的一个总结性独立作业，目的在于总结学习专业的成果，培养综合运用所学知识解决实际问题的能力。在技师培训的各专业课程或课题通过后，即进入撰写论文、论文答辩的环节。技师论文的撰写及答辩考核是技师鉴定的重要环节之一，也是衡量学员是否具有应用所学知识解决生产中实际问题的能力和是否能取得技师职业资格的重要依据之一。从文体而言，它也是对某一专业领域的现实问题或理论问题进行科学研究探索的具有一定意义的论文。由于许多参加培训的学员缺少系统的课堂授课和平时训练，往往对论文的撰写感到压力很大，心中无数，难以下笔。

下面就如何撰写技师论文作指导性说明，大家撰写时可参考。

6.3.1 论文的组成结构

论文是系统地讨论或研究某种问题的文章，一个从事某个专业（工种）的学识、技术能力的基本反映，是科学成果和工作经验总结的文字体现，也是个人劳动成果、经验和智慧的升华。

论文主要由论题、论据、引证和结论等部分组成。

（1）论题。论题是需要进行证明的判断，即论点。论述中的正确性意见以及支持意见的理由。

论题的确立，即立论。立论分为两种：一种是以阐述正确的观点为主，称立论；另一种是以反驳错误的论点为主，称驳论。前者的方法有例证法、引证法、因果法和反证法等。驳法也有两种：一种是列举对方的论点，用事实和胆力进行反驳，使之论点不能成立。另一种是用归谬法进行反驳，即先假设正确，然后引申出一个荒谬的结论，即证明了假设的内容是错误的。

(2) 论据。论据是论题判断的依据，泛指立论的根据。论据一般可分为两类；一类指事实论据，包括现实资料、历史事实、经验数据、实验参数、统计资料；另一类事是指理论论据，即社会科学、自然科学理论中的原理、定理、公理、定律、推论等。

(3) 引证。引证是前人事例或著作为明证、根据、证据。

(4) 论证。引用论据来证明论题的真实性，或者说是用以反映论点与论题之间的逻辑关系。

(5) 结论。从一定的前提推论得到的结果，对事物作出总结性的判断。

就论文的性质而言，有解决学术问题的论文，有提出学术问题的论文两种。前者，不仅要明确提出问题，解决问题，还要进行深入细致的分析和研究，形成自己的观点，引出应有的和必要结论，对所提出的问题作出肯定的回答。后者，是仅就某一个问题，综合前人研究的结论，将各种结论说清楚，把问题摆出来，说明这个问题需要解决。一般来说，后者的写作比写前者困难得多，因为写后者，要求作者知识渊博、信息灵通、把握准确，能将他人的结论的合理性、不合理性明白无误地表达出来，可见发现问题和提出问题是很不容易的。

引证、论证时需收集材料，论文对材料的要求是：材料能够足以为论点服务，或者说材料的使用必然能导致确立的论点。材料本身必须是准确的、可靠的，材料必须经过仔细核对无谬误、无错误、无想当然，尽可能使用第一手的、原始的材料。为便于读者研究和查找，要在论文之后列出材料的名称、来源及出处。

在搜集材料的基础上，需要考虑论文采取什么形式，形式是由内容决定的，形式是为内容服务的，形式不仅是技巧，也是作者的思想、作风、品格以及学识水平的体现。

6.3.2 如何撰写论文

6.3.2.1 选择课题

选择课题是论文撰写成败的关键。因为，选题是论文撰写的第一步，它实际上就是确定“写什么”的问题，也就是确定科学研究的方向。如果“写什么”不明确，“怎么写”就无从谈起。

A 选题原则：理论与工作实践相结合，量力而行

(1) 要从技术革新中选题。学习了专业知识，不能仅停留在书本上和理论上，更重要的是融会贯通、学以致用，理论联系实际，用已掌握的专业知识，去寻找和解决工作实践中急待解决的问题（如自动生产线的改造、普通机床改专用机床或数控机床等）。

1）要从寻找技术和知识应用的空白处和边缘领域中选题。技术和知识的应用必定有许多没有被开垦的处女地，还有许多缺陷和空白，这些都需要填补。要用独特的眼光和超前的意识去思索、去发现、去研究（如单片机应用于充电器、吊灯用电子多路开关等）。

2）要从寻找前人研究的不足处和错误处选题，在前人已提出来的研究课题中，许多虽已有初步的研究成果，但随着社会的不断发展，还有待于丰富、完整和发展，这种补充性或纠正性的研究课题，也是有科学价值和现实指导意义的（如产品的改进等）。

(2) 要根据自己的能力选择切实可行的课题。论文的写作是一种创造性劳动，不但要有自己的见解和主张，同时还需要具备一定的客观条件。由于各位学员的主观、客观条

件都是各不相同的，因此在选题时，还应结合自己的特长、兴趣及所具备的客观条件来选题。具体地说，学员可从以下四个方面来综合考虑。

1）要有充足的资料来源。俗话说“巧妇难为无米之炊”，在缺少资料的情况下，是很难写出高质量的论文的。选择一个具有丰富资料来源的课题，对课题深入研究与开展很有帮助。

2）要有浓厚的研究兴趣，选择自己感兴趣的课题，可以激发自己研究的热情，调动自己的主动性和积极性，能够以专心、细心、恒心和耐心的积极心态去完成。

3）要能结合发挥自己的业务专长，每个学员无论能力水平高低，工作岗位如何，都有自己的业务专长，选择那些能结合自己工作、发挥自己业务专长的课题，对顺利完成课题的研究大有益处。

4）课题规模要恰当，一人独立完成的课题与多人合作完成的课题在难易程度上和规模上应有明显区别。多人合作完成的规模较大的课题，每位合作者应分别承担其中的一部分。

B　技师论文选题的途径

学员可结合本单位或本人从事的工作实际，对技术革新、技术应用、设备改造、新的探索等方面的内容提出论文题目，报培训机构审查同意后确立。学员选择课题要坚持选择有科学价值和现实意义的、切实可行的课题，选好课题是技师论文成功的一半。

6.3.2.2　研究课题

研究课题一般程序是：搜集资料、研究资料，明确目标。最后是执笔撰写、修改定稿。

A　研究课题的基础工作——搜集资料

查阅图书馆、资料室的资料，做实地调查研究、实验与观察等三个途径都可获取有价值的资料。搜集资料越具体细致越好，最好把想要搜集资料的文献目录、详细计划都列出来。首先，查阅资料时要熟悉、掌握图书分类法，要善于利用书目、索引，要熟练地使用其他工具书。其次，做实地调查研究，调查研究能获得最真实可靠、最丰富的第一手资料，调查研究时要做到目的明确、对象明确、内容明确。实验与观察是搜集科学资料数据、获得感性知识的基本途径，是形成、产生、发展和检验科学理论的实践基础，本方法在撰写技术革新类论文时较常用，运用本方法时要认真全面做好记录。

B　研究课题的重点工作——研究资料

对搜集到手的资料要进行全面浏览，并对不同资料采用不同的阅读方法，选择重点关心的内容进行详细研读。对与研究课题有关的内容进行全面、认真、细致、深入、反复的阅读。在研读过程中要积极思考，发挥想象力，进行新的创造。在研究资料时，还要做好资料的记录。

C　研究课题的核心工作——明确目标

在研究资料的基础上，明确自己的观点和见解，明确本文所要说明的或要解决的问题是什么。提出自己的观点要注重创新，创新是灵魂，不能只是重复别人的结论。

D　研究课题的关键工作——执笔撰写

下笔时要对以下两个方面加以注意：拟定提纲和基本格式（格式问题单独说明）。

拟定提纲包括题目、基本论点、内容纲要。拟定提纲有助于安排好全文的逻辑结构，构建论文的基本框架。

E 研究课题的保障工作——修改定稿

通过这一环节，可以看出写作意图是否表达清楚，基本论点和引用的知识是否准确、明确，材料用得是否恰当、有说服力，材料的安排与论证是否有逻辑效果，大小段落的结构是否完整、衔接自然，句子词语是否正确妥当，文章是否合乎规范。

6.3.2.3 论文撰写规范

A 论文格式

一般论文由论文题目、摘要及关键词、目录、正文（绪论、主体、结论）、致谢、参考文献、附录等7部分构成。

a 论文题目

题目应该简短、明确、有概括性。通过题目，能大致了解论文内容、专业特点和学科范畴。字数要适当，中文题目一般不宜超过20字，英文题目一般不宜超过10个实词。必要时可加副标题。

b 中英文摘要与关键词

中英文摘要：摘要应概括反映出毕业设计（论文）的内容、方法、成果和结论。摘要中不宜使用公式、图表，不标注引用文献编号。中文摘要一般300字左右，英文摘要内容应与中文摘要相对应。为了便于文献检索，应在摘要下方另起一行注明论文的关键词。

关键词：关键词是供检索用的主题词条，应采用能覆盖设计（论文）主要内容的通用技术词条（参照相应的技术术语标准）。关键词一般为3~5个，按词条的外延层次排列（外延大的排在前面）。

c 目录

目录按章、节、条三级标题编写（例如：1……、1.1……、1.1.1……），标题应层次清晰。目录中的标题要与正文中的标题一致。

d 正文

正文是论文的主体和核心部分，一般应包括绪论、论文主体及结论等部分。

（1）绪论。

绪论一般是论文主体的开端篇。包括：论文的背景及目的；国内外研究状况和相关领域中已有的成果；设计和研究方法；设计过程及研究内容等。

（2）主体。

主体是论文的主要部分，应该结构合理、层次清楚、重点突出、文字简练、通顺。主体的内容应包括以下几方面：

1）论文总体方案设计与选择的论证。

2）论文各部分（包括硬件与软件）的设计计算。

3）试验方案设计的可行性、有效性以及试验数据的处理及分析。

4）对本研究内容及成果进行较全面、客观的理论阐述，应着重指出本研究内容中的创新、改进与实际应用之处。理论分析中，应将他人研究成果单独书写，并注明出处，不得将其与本人的理论分析混淆在一起。对于将其他领域的理论、结果引用到本研究领域者，应说明该理论的出处，并论述引用的可行性与有效性。

5）自然科学的论文应推理正确，结论清晰，无科学性错误。

6）管理、法学和人文学科的论文应包括对所研究问题的论述及系统分析、比较研究，模型或方案设计，案例论证或实证分析，模型运行的结果分析或建议、改进措施等。

（3）结论。

结论是对整个研究工作进行归纳和综合而得出的总结，要求精炼、准确地阐述自己的创造性工作或新的见解及其意义和作用，还可进一步提出需要讨论的问题和建议。

e　致谢

致谢应以简短的文字对在课题研究和论文撰写过程中有直接贡献及帮助的人员（例如指导教师、辅导教师及其他人员）表示自己的谢意，这不仅是一种礼貌，也是对他人劳动的尊重，是治学者应有的思想作风。

f　参考文献

参考文献反映论文的取材来源、材料的广博程度和材料的可靠程度，也是作者对他人知识成果的承认和尊重。论文的撰写应本着严谨求实的科学态度，凡有引用他人成果之处，均应按论文中所出现的先后次序列于参考文献中。一般做论文的参考文献不宜过多，一篇论著在论文中多处引用时，在参考文献中只应出现一次，序号以第一次出现的位置为准。

g　附录

对于一些不宜放在正文中，但又是论文不可缺少的，或有重要参考价值的内容，可编入论文的附录中。例如，过长的公式推导、重复性的数据、图表、程序全文及其说明等。如果文章中引用的符号较多，为便于读者查阅，可以编写一个符号说明，注明符号代表的意义。一般附录的篇幅不宜过大，一般不要超过正文。

上述各项内容，并非每一篇论文都要项项不缺少，可按实际情况删改，可以不要其中的某些部分，如引言、参考文献等。

B　书写要求

页面设置：A4，不分栏；页边距为上 2.5cm，下 2.5cm，左 2.5cm，右 2.5cm；装订线 1.0 cm，左侧装订；页眉 1.5cm，页脚 1.5cm；每页 35 行，跨度 20 磅，每行 35 个字符，跨度 12.95 磅。

页眉为本人论文题目，页码在页脚居中，页眉、页脚均为五号宋体。

C　格式要求

封面格式如图 6-4 所示，内容格式如图 6-5 所示。

6.3.2.4　论文撰写应注意的问题

（1）检查不仔细，有明显的错字、漏字；

（2）标点符号用法；

（3）语句不通顺；

（4）内容层次混乱，无章法，不符合格式要求；

（5）图文配合不好。

国家职业资格全国统一鉴定

(上空四行，三号仿宋，居中)

×××(职业名称)论文(二号黑体，居中)

(国家职业资格×级)

(空四字，四号宋体)论文题目：×××

(空四字，四号宋体) 姓 名：××

身份证号：××

准考证号：××

所在省市：×× ×× ×× ××

所在单位：×× ×× ×× ××

图 6-4 论文封面格式

第一章 概论(黑小二，居中，加粗)

1.1概论(小三号宋体，居中，加粗)

1.1.1概论(四号宋体，顶格，加粗)

一、 概论(首行空两格，小四号宋体，加粗)

(一) 概论(首行空两格，小四号宋体)

1. (首行空两格，小四号宋体)

(1) (首行空两格，小四号宋体)

1) (首行空两格，小四号宋体)

① (首行空两格，小四号宋体)

图 6-5 论文内容格式

6.3.3 撰写各类论文及答辩的一般要求

A 撰写技术论文的一般要求

(1) 数据可靠。必须是经过反复验证，确定证明正确、准确可用的数据。

(2) 论点明确。论述中的正确意见以及支持意见的理由要充分。

(3) 引证有力。证明论题判断的论据在引证时要充分，要有说服力，经得起推敲，经得起验证。

(4) 论证严密。引用论据或个人了解、理解证明时要严密，使别人心服口服。

(5) 判断准确。做结论时对事物作出的总结性判断要准确，有概括性、科学性、严密性、总结性。

(6) 有一定的学术水平。撰写论文时，要注意论文的学术水平。

(7) 事实要求。文字陈述简练，不夸张捏造，不弄虚作假，全文的长短根据内容的需要而定，一般在3000~4000字以内。

B 生产管理方面论文的撰写

撰写有关电气生产管理方面的论文，除了与前面所述论文撰写的方法相同以外，还应注意以下几点：

(1) 充分体现到电气生产管理的新措施。

(2) 所撰写的内容一定要经过实践的验证。

(3) 具有一定的先进性和推广价值。

C 技术革新方面论文的撰写

撰写技术革新方面的论文，除了与前面所述论文撰写的方法相同以外，还应该注意以下几点：

(1) 充分体现技术革新。

(2) 所撰写的内容一定要经过实践的验证。

(3) 具有一定的技术含量和先进性。

D 新技术推广方面论文的撰写

撰写技术推广方面的论文，除了与前面所述论文撰写的方法相同以外，还应该注意以下几点：

(1) 内容要新，确实能体现出新技术。

(2) 新技术一定要经过实践的检查，经过总结年，才能撰写成论文。

(3) 具有一定的先进性和推广价值。

E 如何进行论文答辩

(1) 论文答辩是一个增长知识、交流信息的过程。

为了参加答辩，学员在答辩前就要积极准备，这种准备的过程本身就是积累知识、增长知识的过程。而且，在答辩中，答辩小组成员也会就论文中的某些问题阐述自己的观点，或者提供有价值的信息。这样，学员又可以从答辩评委中获得新的知识。当然，如果参评者的论文有独创性见解或在答辩中提供最新的新鲜材料，也会使答辩评委得到启迪。

论文答辩是参评者全面展示自己的勇气、学识、技能和智慧的最佳时机之一，大部分的参评者从未经历过这种场面，不少人因此而胆怯，缺乏自信心。其实答辩将是全面展示自己的素质和才能的良好时机。而且毕业论文答辩情况的好坏，不仅关系着此次技师考核能否通过，也是人生中一次难得的经历、一次最宝贵的体验。

(2) 论文答辩是参评者向答辩小组和有关专家学习、请求指导的机会。

论文答辩委员会，一般是有较丰富的实践和较高专业水平的人员以及专家组成的，他们在答辩会上提出的问题一般是本论文中涉及的专业或本工种的带有基本性质的最重要的问题，是论文作者应具备的基础知识，却又是论文中没有阐述周全、论述清楚、分析详尽的问题，也就是文章中的薄弱环节和作者没有认识到的不足之处。通过提问和指点，就可以了解自己撰写的论文中存在的问题，为今后研究其他问题时的参考。对于自己没有搞清楚的问题，还可以直接请求指点。

(3) 答辩者（论文作者）要做的准备工作。

答辩前的准备，最重要的是答辩者的准备。要保证论文答辩的质量和效果，关键在答辩者一边。论文作者要顺利通过答辩，在提交了论文之后，不要有松了一口气的思想，而应抓紧时间积极准备论文答辩。答辩者在答辩之前应从以下几个方面做准备：

1) 写好论文的简介，主要内容包括论文的题目，选择该题目的动机，论文的主要论点、论据和写作以及本议题的理论意义和实践意义。

2) 要熟悉自己所写论文的全文，尤其是要熟悉主体部分和结论部分的内容，明确论文的基本重要内容；同时还要仔细审查、反复推敲文章中有无自相矛盾、谬误、片面或模糊不清的地方等。如发现有上述问题，就要作好充分准备——补充、修正、解说等。要认真设防、堵死一切漏洞，这样在答辩过程中，就可以做到心中有数、临阵不慌、沉着应战。

3) 要了解和掌握与自己所写论文相关联的知识和材料，重要引文的出处和版本，论证材料的来源渠道等。这些方面的知识和材料都要在答辩前有比较好的了解和掌握。

对于上述内容，作者在答辩前面都要很好地准备，经过思考、整理，写成提纲，记在脑中，这样在答辩时就可以做到心中有数，从容作答。

(4) 答辩规则：

答辩时限在 30min 以内。

答辩时先由答辩者简述论文，然后由专家组进行提问考核。

对具体论文重要从论文项目的技术难度、项目的实用性、项目的经济效果、项目的科学性进行评估。

答辩时对论文提出的结构、原理、定义、原则、公式推导、方法等知识论证的正确性准确性通过采用一问一答的形式来考核。

(5) 答辩技巧。

1) 携带必要的资料和用品。

参评者参加答辩，要携带论文的底稿和主要参考资料。在答辩会上，答辩评委提出问题后，学员可以准备一定的时间再做当面回答，在这种情况下，携带论文底稿和主要参考资料的必要性是不言而明的。在回答过程中，也是允许翻看自己的论文和有关参考资料的，当遇到一时记不起来的时候，稍微翻阅一下有关的资料，就可以避免出现答不上来的尴尬和慌张。

2) 要有信心，不要紧张。

在做好充分准备工作的基础上，大可以不必紧张，要有自信心。树立信心。消除紧张荒乱心理很重要，因为过度的紧张会使本来可以答出来的问题也答不上来的。只有充满信心，沉着冷静，才会在答辩时有良好的表现。

3) 图表穿插。

任何技师论文，特别是维修电工技师论文，都可能会用到电器图或图表来表达论文观点，故应在此方面有所准备。图表不仅是一种直观的表达的方法，更是一种调节答辩气氛的手段，特别是对答评委员会成员来讲，长时间地听述，听觉难免会有排斥，不再对你论述的内容接纳吸收，这样，必然对答辩成绩有所影响。所以应该在答辩过程中适当穿插图表或多媒体手段，以提高成绩。

4）听清问题后经过思考再作回答。

答辩评委在提问时，学员要集中注意力认真聆听，并将问题回答略记在本子上，仔细推敲答辩评委所提问的要害和本质是什么，切忌未弄清题意就匆忙做答。如果对所提出的问题没有听清楚，可以请评委再说一遍。如果对问题中有些概念不太理解，可以请提问评委做些解释，或者把自己对问题的理解说出来，并问清是不是这个意思，等得到肯定的答复后再做回答。

5）回答问题要简明扼要，层次分明，紧扣主题。

在弄清了答辩老师所提出问题的确切含义后，要在较短的时间内做出反应，要充满自信地以流畅的语言和肯定的语气把自己的想法讲出来，不要犹豫。回答问题时，一要抓住要害，简明扼要。委员们一般容易就题目所涉及的问题进行提问，如果能自始至终地以论文题目为中心展开论述就会使评委思维明朗化，对论文加以首肯。二要力求客观、全面、辩证、留有余地、切忌把话说“死”了，三要条理清晰，层次分明。此外还要注意吐词清晰，声音适中等。

6）对回答不出的问题，不可强辩。

有时答辩委员会的评委对答辩人所做的回答不太满意，还会进一步提出问题，以求了解论文作者是否切实搞清和掌握了这个问题。遇到这种情况，答辩人如果有把握讲清，就可以申明理由进行答辩；如果不是非常有把握，可以审慎地试着答题，能回答多少就回答多少，即使讲得不很明确也不要紧，重要是同问题有所关联，评委会引导和启发你切入正题；如果是自己没有搞清楚的问题，就应该实事求是地讲明自己对这个问题还没有搞清楚，表示今后一定认真研究这个问题，切不可强词夺理，进行狡辩。因为答辩委员会的评委对这个问题有可能有过专门的研究，不可自作聪明蒙骗评委。这里我们应该明白：学员在答辩会上，被某个问题难住了不奇怪，因为答辩委员会成员一般是本专业或本工种的专家，他们提出来的某个问题答不上来是很自然的，但若所有问题都答不上来，一问三不知就不正常了。

7）要讲文明礼貌。

论文答辩的过程也是学术思想交流的过程。答辩人应把它看成是向评委和专家的学习、请求指导、讨论问题的好机会。因此在整个答辩过程中，答辩人应该尊重答辩员会的老师，言行举止要讲文明、有礼貌，尤其是在答辩老师提出的问题难以回答，或答辩评委的观点与自己的观点相左时，更应该如此。答辩结束，无论答辩情况如何，都要从容、有礼貌地退场。

此外，论文答辩之后，作者应该认真听取答辩委员会的评判，进一步分析、思考答辩评委提出的意见与结论。一方面，要搞清楚通过这次技师论文的协作，自己学习和掌握了哪些科学研究的方法，在提出问题、分析问题、解决问题以及科研能力得到了哪些提高，还存在哪些不足，以作为今后研究其他课题时的借鉴。另一方面，要认真思索论文答辩会上答辩老师提出的问题和意见，加深研究，精心修改自己的论文，力求纵深发展，取得更大的战果，使自己在知识上、能力上有所提高。

7 焊工培训和考核

7.1 焊工职业培训及考试要求

根据国家就业准入制度和职业资格证书制度的有关规定，从事焊接作业的人员，必须取得相应级别的“职业资格证书”后方可上岗作业。而职业资格取证的培训和考核标准，为中华人民共和国劳 动和社会保障部制定的《焊工国家职业标准》，其管理部门是国家动和社会保障部职业技能鉴定中心和省级职业技能鉴定指导中心，具体的培训考核任务由本地职业技能鉴定站或行业的职业技能鉴定所承担。

另外，不同的行业对焊工的要求也有较大区别，因此，对不同行业的焊工，如锅炉、压力容器、压力管道焊工、电力建设焊工、船舶工业焊工、建筑业焊工等，分别要求具有锅炉压力容器压力管道焊工合格证、电力建设行业焊工合格证、造船业焊工合格证、建筑业焊工合格证等。这些焊工在上岗操作时，必须具备本行业的焊工资格证书。

7.1.1 国家职业标准对焊工职业的概述

7.1.1.1 焊工的职业

（1）焊工职业定义。操作焊接和气割设备，进行金属工件的焊接和切割成形的人员。

（2）焊工职业等级。过去焊工分为八级制，即一级工、二级工、三级工、四级工、五级工、六级工、七级工和八级工，八级工为最高的技术等级。新的国家职业标准将焊工分为五个等级，即初级（国家职业资格五级）、中级（国家职业资格四级）、高级（国家职业资格三级、技师（国家职业资格二级）、高级技师（国家职业资格一级）。焊工国家职业标准经中华人民共和国劳动和社会保障部批准，于2000年5月10日起实施。

（3）焊工的职业环境。焊工将在室内外及高空作业，并且大部分在常温下工作（个别地区除外）焊接施工中会产生一定的光辐射、烟尘、有害气体和环境噪声。

（4）焊工的职业能力特征。从事焊接操作的焊工，应具有一定的学习理解和表达能力，手指、手臂灵活，动作协调，视力良好，具有分辨颜色色调和浓淡的能力。

（5）焊工的基本文化程度。焊工的基本文化程度为初中毕业。

7.1.1.2 焊工培训要求

（1）培训期限。全日制职业学校教育，根据其培养目标和教学计划，确定晋级培训期限，见表7-1。

表 7-1 全日制职业学校晋级培训期限

工人级别	培训期限	工人级别	培训期限
初级工	不少于 280 标准学时	技师	不少于 180 标准学时
中级工	不少于 320 标准学时	高级技师	不少于 200 标准学时
高级工	不少于 240 标准学时		

（2）培训教师。培训初级工、中级工、高级工的教师，应具有本职业大专以上（含大专）学历或高级以上职业资格证书；培训技师、高级技师的教师，应具有高级技师职业资格证书或相应的专业技术职称，口齿清楚、有较好的表达能力。

（3）培训场地。设备理论培训时，应具有可容纳 30 名以上学员的教室；实际操作培训时，培训场所应具有 80m^{2}以上、并且具有 8 个以上的焊接工位，同时，还要有与之相适应的设备和必要的工卡具，实际操作培训场所应是个通风良好、安全设施完备的场所。

7.1.1.3 鉴定要求

（1）申报人员。凡是从事或准备从事焊工职业的人员或准备晋升级别的焊工人员，都需要经过技能鉴定。

（2）申报条件。焊工申报级别鉴定的条件见表 7-2。

表 7-2 焊工申报级别鉴定的条件

焊工等级	申报条件（具备下列条件之一者）
初级工	（1）经本职业初级正规培训达规定标准学时数，并取得毕（结）业证书； （2）在本职业连续见习工作 2 年以上
中级工	（1）取得本职业初级职业资格证书后，连续从事本职业工作 3 年以上，经本职业中级正规培训达规定标准学时数，并取得毕（结）业证书； （2）取得本职业初级职业资格证书后，连续从事本职业工作 5 年以上； （3）连续从事本职业工作 6 年以上； （4）取得经劳动保障行政部门审核认定的，以中级技能为培养目标的中等以上职业学校本职业毕业证书
高级工	（1）取得本职业中级职业资格证书后，连续从事本职业工作 4 年以上，经本职业高级正规培训达规定标准学时数，并取得毕（结）业证书； （2）取得本职业中级职业资格证书后连续从事本职业工作年以上； （3）连续从事本职业工作 10 年以上； （4）取得高级技工学校或经劳动保障行政部门审核认定的，以高级技能为培养目标的高等职业学校本职业毕业证书； （5）取得本职业中级职业资格证书的大专以上本专业或相关专业毕业生，连续从事本职业工作 2 年以上
技 师	（1）取得本职业高级职业资格证书后，连续从事本职业工作 5 年以上，经本职业正规技能培训达规定标准学时数，并取得毕（结）业证书； （2）取得本职业高级职业资格证书后，连续从事本职业工作 3 年以上； （3）高级技工学校本专业毕业生，连续从事本职业工作满 2 年
高级技师	（1）取得本职业技师资格证书后，连续从事本职业工作 3 年以上，经本职业正规高级技师技能培训达规定标准学时数，并取得毕（结）业证书； （2）取得本职业技师职业资格证书后，连续从事本职业工作 5 年以上

7.1.1.4 技能鉴定

(1) 技能鉴定的方式。技能鉴定分为两种方式，即理论知识考试和技能操作考核。

理论知识考试采用笔试，技能操作考核采用现场实际操作方式。考试的成绩实行百分制，两项考试成绩皆达到60分以上者为合格。

技师和高级技师的鉴定，除进行理论知识和技能操作考核外，还需进行综合评审。

(2) 考评人员与考生配比理论考评员与考生配比为1∶20，且不少于3人；技能操作考评员与考生配比为1∶5，且不少于3人；综合评审考评员与考生配比为1∶10，且不少于5人。

(3) 鉴定时间理论知识考试时间为60~120min（等级不同，时间不同）技能操作考核时间为90~150min（项目不同时间不同）；综合评审时间为20~40min。

(4) 鉴定场所设备理论知识考试在标准教室里进行；技能操作考核在具有必备设备、工卡具及设施，通风条件和安全措施完善的场所里进行。

7.1.2 国家职业标准对焊工的基本要求

(1) 职业道德。

1) 职业道德基本知识；

2) 职业守则。

(2) 基础知识。

1) 识图知识：

① 简单装配图的识读知识；

② 焊接装配图识读知识；

③ 焊缝符号和焊接方法代号表示方法。

2) 金属学及热处理知识：

① 金属晶体结构的一般知识；

② 合金的组织结构及Fe-C合金的基本组织；

③ Fe-C合金相图的构造及应用；

④ 钢的热处理基本知识。

3) 常用金属材料知识：

① 常用金属材料的物理、化学和力学性能；

② 碳素结构钢、合金钢、铸铁、有色金属的分类、牌号、成分、性能和用途。

4) 电工基本知识：

① 直流电与电磁的基本知识；

② 交流电基本知识；

③ 变压器的结构和基本工作原理；

④ 电流表和电压表的使用方法。

5) 化学基本知识：

① 化学元素符号；

② 原子结构；

③ 简化的化学方程式。

6）安全卫生和环境保护知识：

① 安全用电知识；

② 焊接环境保护及安全操作规程；

③ 焊接劳动保护知识；

④ 特殊条件与材料的安全操作规程。

7）冷加工基础知识：

① 钳工基础知识；

② 钣金工基础知识。

7.2　锅炉、压力容器焊工的培训及考试

7.2.1　特种作业人员安全技术培训考核管理规定

为了规范特种作业人员的安全技术培训考核工作，提高特种作业人员的安全技术水平，防止和减少伤亡事故，我国于2010年4月26日由国家安全生产监督管理总局局长办公会议审议通过，正式颁布《特种作业人员安全技术培训考核管理规定》，自2010年7月1日起施行。《管理规定》明确提出“特种作业是指容易发生事故，对操作者本人、他人的安全健康及设备、设施的安全可能造成重大危害的作业。”特种作业包括电工作业、金属焊接切割作业、起重机械（含电梯）作业、企业内机动车辆驾驶、登高架设作业、压力容器操作、制冷作业、爆破作业、矿山通风作业（含瓦斯检验）、矿山排水作业（含尾矿坝作业）等。

为什么金属焊接、切割属于特种作业呢？这是因为在金属焊接、氧气切割操作过程中，焊工需要接触各种可燃易爆气体、氧气瓶和其他高压气瓶，需要用电和使用明火，而且有时需要焊补燃料容器、管道，需要登高或水下作业，或者需要在密闭的金属容器、锅炉、船舱、地沟、管道内工作。

因此，焊接作业是有一定的危险性的，容易发生火灾、爆炸、触电、高空坠落等灾难性事故。此外，焊接作业还有弧光、有毒气体与烟尘等有害物质，这些有害物质会伤害焊工身体。所以，焊接作业容易发生焊工及其他人员的伤亡事故，对周围设施有重大危害，可以造成财产与生产的巨大损失。因此，我国把焊接、切割作业定为特种作业。

《管理办法》的主要内容：

（1）目的。规范特种作业人员的安全技术培训、考核、发证工作，防止人员伤亡事故，促进安全生产。

（2）特种作业人员。特种作业人员是指直接从事特种作业的人员。

特种作业人员必须具备以下基本条件：

1）年龄满18周岁。

2）身体健康，无妨碍从事相应工种作业的疾病和生理缺陷。

3）初中以上文化程度，具备相应工种的安全技术知识，参加国家规定的安全技术理论和实际操作考核并成绩合格。

4）符合相应工种作业特点需要的其他条件。

（3）培训、考核和发证。

1）特种作业人员在独立上岗作业前，必须进行与本工种相适应的、专门的安全技术理论学习和实际操作训练。

2）参加特种作业安全操作资格考核的人员，应当填写考核申请表，由申请人或申请人的用人单位向当地负责特种作业人员考核的单位提出申请。

考核单位收到考核申请后，应在60日内组织考核。经考核合格的，发给相应的特种作业操作证；经考核不合格的，允许补考1次。特种作业操作证在全国通用。

3）特种作业操作证每2年复审1次。连续从事本工种10年以上的，经用人单位进行知识更新教育后，复审时间可延长至每4年1次。

复审内容包括健康检查、违章作业记录检查、安全生产新知识和事故案例教育、本工种安全知识考试。

4）复审合格的，由复审单位签章、登记，予以确认。复审不合格的，可在接到通知之日起30日内向原复审单位申请再次复审。复审单位可根据申请，再复审1次。再复审仍不合格或未按期复审的，特种作业操作证失效。

（4）监督管理。

1）特种作业人员必须持证上岗。无证上岗的，按国家有关规定对用人单位和作业人员进行处罚。

2）有下列情形之一的，由发证单位收缴其特种作业操作证：

① 未按规定接受复审或复审不合格的；

② 违章操作造成严重后果或违章操作记录达3次以上的；

③ 弄虚作假骗取特种作业操作证的；

④ 经确认健康状况已不适应继续从事所规定的特种作业的；

3）离开特种作业岗位达6个月以上的特种作业人员，应当重新进行实际操作考核，经确认合格后方可上岗作业。

4）特种作业操作证不得伪造、涂改、转借或转让。

关于特种作业人员的培训和考核具体内容，《管理办法》规定“各省、自治区、直辖市安全生产综合管理部门可依据本《管理办法》规定制定实施办法”。随着形势的发展，特种作业人员安全技术培训和考核也将逐步做到全国统一化、规范化。

7.2.2 锅炉压力容器焊工考试规则

由国家质量技术监督局颁布，自2009年实施的《固定式压力容器安全技术监察规程》（TSGR0004—2009）中规定“焊接压力容器的焊工，必须按照《锅炉压力容器焊工考试规则》进行考试，取得焊工合格证后，才能在有效期间内担任合格项目范围内的焊接工作。”目前执行的《锅炉压力容器压力管道焊工考试与管理原则》是由国家质量监督检验检疫总局批准颁布，并于2002年10月1日起开始实施。

7.2.2.1 锅炉压力容器焊工考试的目的

焊接质量是锅炉压力容器设备质量的关键。在一定的条件下，焊接质量主要取决于焊工的责任心和操作技能。因此，对焊工进行培训和考核，提高焊工的技术素质，对于保证锅炉和压力容器的质量具有十分重要的意义。

凡从事焊条电弧焊、氧-乙炔焊、钨极氩弧焊、熔化极气体保护焊和埋弧自动焊的焊工，必须按本规则经基本知识和操作技能考试合格后，才准许担任下列钢制受压元件的焊接工作：

（1）所有固定式承压锅炉的受压元件；

（2）最高工作压力大于或等于0.1MPa（不包括液体静压力）的压力容器的受压元件。

7.2.2.2　考试的内容和方法

考试包括基本知识和操作技能两部分，焊工基本知识考试合格后才能参加操作技能的考试。

（1）基本知识的考试内容。基本知识的考核内容包括焊接安全技术、锅炉和压力容器的特殊性和分类、钢材的分类和力学性能及焊接特点、焊接材料、焊接设备、常用焊接方法、焊接缺陷、焊接接头、焊接应力和变形、接头形式和焊缝符号等。

（2）操作技能的考试项目。操作技能考试项目包括以下四部分：

1）焊接方法。分焊条电弧焊（D）、气焊（Q）、手工钨极氩弧焊（W_s）、自动钨极氩弧焊（W_z）、自动熔化极气体保护焊（R_z）、半自动熔化极气体保护焊（R_b）、自动埋弧焊（M）共7种方法。

2）母材钢号。分为碳素钢、低合金高强度钢和铬含量不大于3%的耐热钢、铬含量不小于5%的耐热钢和铬不锈钢、铬镍奥氏体不锈钢四类。

3）试件类别。根据试件形式（板、管和管板）、厚度、位置（平、横、立、仰位和水平转动、水平固定、垂直固定等）划分的试件类别计26种。

4）焊条类别。焊条分酸性焊条和碱性焊条。

（3）试件的检验项目和合格标准：

根据试件形式分别进行外观检查、射线探伤、冷弯实验、断口检验、金相宏观检验。先进行外观检查，合格后再检查其他项目。

7.2.2.3　考试成绩评定和发证

（1）基本知识考试及格，操作技能考试至少有一个考试项目的试件检验合格（若有平 焊的板状试件，必须合格）时，焊工的考试才合格，否则为不合格。

考试合格的焊工，由考试委员会所在地的地、省辖市或省级劳动部门锅炉压力容器安全监察机构签发焊工合格证。

（2）焊工操作技能考试有某项或全部项目不合格者，允许在一个月内补考一次。补考不合格者或未补考的不合格者经一段时间培训可重新申请考试，但与前次考试的间隔时间应不少于三个月。考试内容包括基本知识和操作技能。

7.2.2.4　持证焊工的管理

（1）持证焊工只能担任考试合格范围内的焊接工作。

（2）合格项目的有效期，自签证之日起为3年。

（3）在有效期内全国有效，但焊工不得自行到外单位焊接，否则可吊销其合格证。

（4）需要增加操作技能项目时，须增考核项目的操作技能，一般可不考基本知识，但改变焊接方法时，应考基本知识。

（5）有效期满后，焊工应重新考试，须考操作技能，必要时考基本知识。

（6）若板状试件平焊项目有效期满重新考试不合格，则其他板状试件项目尽管有效期未满，都随之失效。

（7）焊工中断焊接工作6个月以上必须重新考试。

（8）企业职能部门对持证焊工平时的焊接质量进行检查、记录并定期统计（至少每季度一次），建立焊工的成绩档案，才可提出持证焊工免去重新考试的申请。

持证焊工的免试应分项计算，可免去重新考试的条件是：

1）连续中断该项焊接工作的时间不超过6个月。

2）该项在产品焊接工作中每年平均的焊缝射线探伤的一次合格率均大于或等于90%。

3）焊工在产品焊接工作中没有发生过同一部位返修超过两次或操作不当而割掉焊缝重焊或导致焊件报废的焊接质量问题。

附　录

附录1　焊工国家职业标准

一、职业概况

（一）职业名称

焊工。

（二）职业定义

操作焊接和气割设备，进行金属工件的焊接或切割成型的人员。

（三）职业等级

本职业共设五个等级，分别为初级（国家职业资格五级）、中级（国家职业资格四级）、高级（国家职业资格三级）、技师（国家职业资格二级）、高级技师（国家职业资格一级）。

（四）职业环境

室内外及高空作业且大部分在常温下工作（个别地区除外），施工中会产生一定的光辐射、烟尘、有害气体和环境噪声。

（五）职业能力特征

具有一定的学习理解和表达能力；手指、手臂灵活，动作协调；视力良好，具有分辨颜色色调和浓淡的能力。

（六）基本文化程度

初中毕业。

（七）培训要求

1. 培训期限

全日制职业学校教育，根据其培养目标和教学计划确定。晋级培训期限：初级不少于280标准学时，中级不少于320标准学时，高级不少于240标准学时，技师不少于180标准学时，高级技师不少于200标准学时。

2. 培训教师

培训初、中、高级焊工的教师应具有本职业大专以上（含大专）学历或高级以上职业资格证书，培训技师、高级技师的教师应具有高级技师职业资格证书或相应专业技术职称，口齿清楚、有较好的表达能力。

3. 培训场地设备

理论培训应具有可容纳30名以上学员的教室；实操培训场所应具有$80m^2$以上且能

安排8个以上工位，有相适应的设备和必要的工卡具，通风良好，安全设施完善的场地。

（八）鉴定要求

1. 适用对象

从事或准备从事本职业的人员。

2. 申报条件

初级（具备以下条件之一者）：

（1）经本职业初级正规培训达规定标准学时数，并取得毕（结）业证书。

（2）在本职业连续见习工作2年以上。

中级（具备以下条件之一者）：

（1）取得本职业初级职业资格证书后，连续从事本职业工作3年以上，经本职业中级正规培训达规定标准学时数，并取得毕（结）业证书。

（2）取得本职业初级职业资格证书后，连续从事本职业工作5年以上。

（3）连续从事本职业工作6年以上。

（4）取得经劳动保障行政部门审核认定的，以中级技能为培养目标的中等以上职业学校本职业毕业证书。

高级（具备以下条件之一者）：

（1）取得本职业中级职业资格证书后，连续从事本职业工作4年以上，经本职业高级正规培训达规定标准学时数，并取得毕（结）业证书。

（2）取得本职业中级职业资格证书后，连续从事本职业工作7年以上。

（3）连续从事本职业工作10年以上。

（4）取得高级技工学校或经劳动保障行政部门审核认定的，以高级技能为培养目标的高等职业学校本职业毕业证书。

（5）取得本职业中级职业资格证书的大专以上本专业或相关专业毕业生，连续从事本职业工作2年以上。

技师（具备以下条件之一者）：

（1）取得本职业高级职业资格证书后，连续从事本职业工作5年以上，经本职业正规技师培训达规定标准学时数，并取得毕（结）业证书。

（2）取得本职业高级职业资格证书后，连续从事本职业工作8年以上。

（3）高级技工学校本专业毕业生，连续从事本职业工作满2年。

高级技师（具备以下条件之一者）：

（1）取得本职业技师职业资格证书后，连续从事本职业工作3年以上，经本职业正规高级技师培训达规定标准学时数，并取得毕（结）业证书。

（2）取得本职业技师职业资格证书后，连续从事本职业工作5年以上。

3. 鉴定方式

分为理论知识考试和技能操作考核（可根据申报人实际情况选定项目）。理论知识考试采用笔试，技能操作考核采用现场实际操作方式。考试成绩均实行百分制，两项皆达60分以上者为合格。技师和高级技师鉴定还须进行综合评审。

4. 考评人员与考生配比

理论考评员与考生配比为1∶20且不少于3人；技能操作考评员与考生配比为1∶5且不少于3人；综合评审考评员与考生配比为1∶10且不少于5人。

5. 鉴定时间

理论知识考试60~120min（等级不同时间不同）；技能操作考核90~150min（项目不同时间不同）；综合评审20~40min。

6. 鉴定场所设备

理论知识考试在标准教室里进行。技能操作考核在具有必备设备、工卡具及设施、通风条件和安全措施完善的场所进行。

二、基本要求

（一）职业道德

1. 职业道德基本知识

《公民道德建设实施纲要》指出："职业道德是从业人员在职业活动中应遵循的行为准则，涵盖了从业人员与服务对象、职业与职工、职业与职业之间的关系。随着现代社会分工的发展和专业化程度的增长，市场竞争日趋激烈，整个社会对从业人员职业观念、职业态度、职业技能、职业纪律和职业作风的要求越来越高。"因此，学习了解职业道德的基本知识，对于从业人员的成长与发展具有重要意义。

2. 职业守则

（1）遵守法律、法规和有关规定。
（2）爱岗敬业，忠于职守，自觉认真履行各项职责。
（3）工作认真负责，严于律己，吃苦耐劳。
（4）刻苦学习，钻研业务，努力提高思想和科学文化素质。
（5）谦虚谨慎，团结协作，主动配合。
（6）严格执行工艺文件，重视安全，保证质量。
（7）坚持文明生产。

（二）基础知识

1. 识图知识

（1）简单装配图的识读知识。
（2）焊接装配图识读知识。
（3）焊缝符号和焊接方法代号表示方法。

2. 金属学及热处理知识

（1）金属晶体结构的一般知识。
（2）合金的组织结构及铁碳合金的基本组织。
（3）Fe-C 相图的构造及应用。
（4）钢的热处理基本知识。

3. 常用金属材料知识

（1）常用金属材料的物理、化学和力学性能。
（2）碳素结构钢、合金钢、铸铁、有色金属的分类、牌号、成分、性能和用途。

4. 电工基本知识

（1）直流电与电磁的基本知识。
（2）交流电基本概念。
（3）变压器的结构和基本工作原理。
（4）电流表和电压表的使用方法。

5. 化学基本知识

（1）化学元素符号。
（2）原子结构。
（3）简单的化学反应式。

6. 安全卫生和环境保护知识

（1）安全用电知识。
（2）焊接环境保护及安全操作规程。
（3）焊接劳动保护知识。
（4）特殊条件与材料的安全操作规程。

7. 冷加工基础知识

（1）钳工基础知识。
（2）钣金工基础知识。

三、工作要求

本标准对初级、中级、高级、技师、高级技师的技能要求依次递进，高级别包括低级别的要求。

（一）技师

技师的工作要求见附表1。

附表1 技师的工作要求

职业功能	工作内容	技能要求	相关知识
焊前准备	安全检查	(1) 能够指导焊工进行安全生产； (2) 焊接装配图	(1) 安全操作规程； (2) 焊接劳动卫生
	工件准备	(1) 能够看懂一般的焊接装配图； (2) 能够进行一般结构的放样和下料	焊接装面图
	设备准备	(1) 能够进行焊接设备的验收； (2) 能够进行焊接设备简单故障分析及维修	(1) 电子学基础知识； (2) 焊接设备知识
	焊接工艺规程制定	(1) 能够进行新材料、新工艺、新产品焊接工艺评定； (2) 能够编制焊接技术交底单（焊接工艺卡）	(1) 焊接工艺评定； (2) 焊接工艺规程
焊接	特种焊接方法焊接（可根据申报情况任选一种）	(1) 能够运用各种焊接方法对各种材料进行焊接，且能解决一般焊接结构生产问题； (2) 能够对特殊材料和结构的特种焊接方法进行选择运用	(1) 钎焊； (2) 电渣焊； (3) 激光焊接及切割； (4) 电子束焊接； (5) 堆焊； (6) 热喷涂
	新型材料的焊接	能够进行新型材料的焊接性分析	新型材料焊接（镍、陶瓷等）
焊接	焊接接头静载强度计算和结构可靠性分析	能够进行焊接接头简单受力分析	焊接接头受力分析
		能够进行简单焊接接头的静载强度计算	焊接接头静载强度计算
		能够进行简单的焊接接头可靠性分析	(1) 焊接结构的脆性断裂； (2) 焊接结构的疲劳破坏
	焊接结构生产	(1) 能够参与编制一般焊接结构生产工艺流程； (2) 能够进行工装卡具的选择和改进	(1) 焊接结构生产； (2) 工装卡具知识
焊后检查	焊接缺陷分析	能够进行焊接结构的缺陷分析	有关质量验收标准
	焊接检查	(1) 能够进行焊接结构的质量检查； (2) 能够撰写质量检查报告	
	焊接结构验收	能够进行一般焊接结构的质量验收	
管理	焊接生产管理	能够进行成本核算和定额管理	(1) 成本核算； (2) 定额管理
	技术文件编写	(1) 能够进行技术总结； (2) 能够撰写技术论文	(1) 技术总结内容和方法； (2) 论文内容和方法
培训	焊工培训	能够进行初、中、高级焊工培训	焊接及焊工培训有关知识

（二）高级技师

高级技师的工作要求见附表2。

附表2　高级技师的工作要求

职业功能	工作内容	技能要求	相关知识
焊前准备	安全检查	能够指导焊工安全生产	（1）安全操作规程； （2）焊接劳动卫生
	工件准备	（1）能够看懂复杂焊接结构装配图； （2）能够进行复杂结构的放样和下料	（1）焊接装配图； （2）复杂结构放样
	设备准备	能够进行焊接设备的调试和维修	（1）电子学知识； （2）焊接设备
焊接	焊接结构生产	能够综合利用焊接知识完成本职工作	焊接结构生产
		能够参与编制复杂焊接结构生产工艺流程	
		能够进行一般工装夹具的设计	（1）机械设计基础知识； （2）工装夹具结构和组成
		能够解决本职业较高难度焊接工艺难题	
	焊接自动控制	（1）能够参与焊接自动控制的方案设计； （2）能够选择焊接机械手和机器人	（1）自动控制基础理论； （2）焊接机械手和机器人基础知识
焊后检查	焊接检查	能够进行复杂焊接结构和工程的检查	焊接结构及工程质量验收标准
	质量验收	能够进行工程质量验收	
管理	施工组织设计	能够参与施工组织设计或焊接工艺规程的编制	（1）施工组织设计和焊接工艺规程编制原则； （2）施工组织设计和焊接工艺规程内容； （3）典型施工组织设计和焊接工艺规程
	质量管理	能够根据ISO 9000质量管理体系要求指导生产	ISO 9000质量管理体系
	技术文件编写	能够撰写技术总结和论文	
	科学试验及研究	（1）能够进行计算机的一般操作； （2）能够进行科学试验	（1）计算机基础知识； （2）计算机操作； （3）科学试验研究方法
培训	焊接培训	能够进行高级焊工和焊接技师的培训	焊接培训有关知识

四、比重表

（一）理论知识

理论知识考核比重见附表3。

附表3 理论知识比重表 (%)

项 目			初级	中级	高级	技师	高级技师
基本要求		职业道德	5	2	2		
		基础知识	25	15	15	10	10
相关知识	焊前准备	劳动保护准备	5				
		安全检查		3	3	2	5
		焊接材料准备	5	3	5		
		工件准备	5	3	5	2	5
		设备准备	5	3	5	5	5
		焊接工艺规程制定				5	
	焊接	手工电弧焊方法	45	32	5		
		特种焊接方法				20	
		焊接接头试验			10		
		焊接质量控制		12			
		常用金属材料的焊接		18			
		特殊材料焊接			30		
		新型材料的焊接				8	
		典型容器和结构的焊接			10		
		焊接结构静载强度计算和结构可靠性分析				12	
		焊接结构生产				8	15
		焊接自动控制					10
	焊后检查	外观检查	3				
		缺陷返修和焊补	2				
		焊接缺陷分析		5	5	3	
		焊接检验		4	5		
		焊接缺陷					
		焊接检查				5	3
	管理	焊接质量（结构、工程）验收				（结构）0	（工程）2
		焊接生产管理				10	
		技术文件编写				5	10
		施工组织设计					10
		质量管理					10
		科学试验及研究					10
	培训	焊工培训				5	5
合 计			100	100	100	100	100

（二）技能操作

操作技能考核比重见附表4。

附表4　操作技能考核比重表　（%）

项目			初级	中级	高级	技师	高级技师
技能要求	焊前准备	劳动保护准备	6	2			
		安全检查			3	5	5
		焊接材料准备	2	2	3		
		工件准备	5	2	3	5	5
		设备准备	2	2	3	10	5
		焊接工艺规程制定				15	
	焊接	手工电弧焊等焊接方法运用（可根据申报人情况任选一种）	75	60	25		
		焊接质量控制		10			
		焊接接头试验			10		
		常用金属材料的焊接（可根据申报人情况任选一种）		12			
		特殊材料焊接（可根据申报人情况任选一种）			40		
		典型容器和结构的焊接			5		
		新型材料的焊接				10	
		特种焊接方法				10	
		焊接结构静载强度计算和结构可靠性分析				5	
		焊接结构生产				10	15
		焊接自动控制					10
		焊接生产和质量管理				8	
	焊后检查	外观检查	6				
		缺陷返修和焊补	4				
		焊接缺陷分析		5	4	2	
		焊接检验		5	4	5	
		焊接检查				5	5
		焊接质量（结构、工程）验收				（结构）0	（工程）2
	管理	焊接生产管理				4	5
		技术文件编写				6	10
		施工组织设计					20
		科学试验及研究					18
合计			100	100	100	100	100

附录2 技术工作总结格式

技术工作总结格式

（用 A4 纸打印）

×××同志技术工作总结

省份　　　单位名称

正文

注：技术工作总结主要写自己任现职以来做的业务技术工作或科学研究工作，取得过哪些成就，提出过什么重要建议，解决过那些技术难题，获得了哪些成果、发表了哪些论著，对今后工作有何设想和建议，今后努力方向等，不超过1000字。

技术总结撰写要求如下。

（1）学习经历：

主要反映报考人在学历方面的状况，多年来参加培训的情况以及自学课程及掌握的程度。

1）学历。何时、何专业、什么学校毕业。

2）培训。何时、何地参加什么培训班，学习时间，主要课程。

3）自学。自学哪些课程，教材、层次（大学、中专、技校）、自订专业杂志。

（2）工作资历：

主要反映报考人的工龄、担任的工作职务、参与各种工程施工的经历、主持参与的技术工作项目、主持参与的技术攻关项目以及 QC 项目等方面的情况。

1）工龄情况。

2）职务年限。担任工班长、领工员、安全员、组长、项目负责人、技术攻关负责人、QC 小组长等方面的情况。

3）工作经历。历年参加或主持制造、修理的机器型号、数量。主持或参与修建的工程项目，特别是重点工程项目。主持或参与新技术、新工艺、新材料、新方法的应用经历。主持或参与的技术攻关、QC 小组的项目等。

4）其他工作经历。特别是相关工种的工作经历，掌握技术的程度。

（3）实际成就：

主要反映报考人解决关键技术问题的能力，本人高超的技能，主持或参与的技术革新、技术攻关、提出的合理化建议，应用四新技术合理组织施工生产取得的效益以及历年所获奖励等方面的情况。

1）解决关键技术问题。

① 问题的提出，现象应表述清楚；

② 理论分析，问题产生的原因，涉及的领域，参考的资料，最好能图文并茂；

③ 解决的措施和方法及手段；

④ 实际效果，经济效益。

2）利用本人高超的技能解决的实际技术难题，也应详述。

3）主持或参与技术革新、技术攻关、QC 小组、提出的合理化建议的具体内容，本人负责的项目，解决的问题。

4）应用四新技术合理组织施工生产取得的效益，新、老的对比，经济效益的分析。

5）历年所获奖励情况，应附奖状等证明材料的复印件。

（4）传授技艺：

主要反映报考人发挥传、帮、带作用的情况。

是否在各类学校、夜校、培训班授课（包括理论和实作指导），传授的课程、课时及主要内容；带徒情况，传授技术时传授的项目、方法以及传艺的效果，学员或徒弟目前的技术水平，实际成就等。

参考文献

[1] 陈祝年. 焊接工程师手册 [M]. 北京：机械工业出版社，2006.
[2] 葛兆祥. 焊接工艺及原理 [M]. 北京：电力工业出版社，1997.
[3] 雷世明. 焊接方法与设备 [M]. 北京：机械工业出版社，2004.
[4] 刘云龙. 焊工（技师、高级技师）[M]. 北京：高等教育出版社，2012.
[5] 曾平. 船舶材料与焊接 [M]. 哈尔滨：哈尔滨工程大学出版社，2006.
[6] 张波. 焊工（技师）技能培训与鉴定考试用书 [M]. 济南：山东科学技术出版社，2008.
[7] 劳动和社会保障部教材办公室. 电焊工技能实训 [M]. 北京：中国劳动社会保障出版社，2005.
[8] 邓洪军. 焊接结构生产 [M]. 北京：机械工业出版社，2004.
[9] 劳动社会保障部中国就业培训技术指导中心. 焊工 [M]. 北京：中国劳动社会保障出版社，2002.
[10] 李亚江. 特殊及难焊材料的焊接 [M]. 北京：化学工业出版社，2003.